Python漫游数学王国
离散数学与组合数学

毛悦悦 毕文斌 编著

清华大学出版社
北京

内 容 简 介

本书在查阅一系列经典"离散数学与组合数学"素材的基础上，使用Python语言实现相关理论、算法及应用，内容包含组合计数原理、逻辑基础、一阶逻辑、集合、离散概率、数论、归纳与递归、关系、容斥原理、生成函数、递推关系、图论、树、布尔代数与开关函数、文法、有限状态机与图灵机等。本书内容翔实，不乏应用实例，力求以朴素易懂的方式描述相关数学理论。

本书可以作为高等学校理工科专业在校本科生的学习实验用书，也可作为对Python编程感兴趣人员的参考用书。

版权所有，侵权必究。举报: 010-62782989, beiqinquan@tup.tsinghua.edu.cn。

图书在版编目（CIP）数据

Python漫游数学王国. 离散数学与组合数学 / 毛悦悦，毕文斌编著.
北京：清华大学出版社，2025.3. -- ISBN 978-7-302-68742-9
Ⅰ. TP312.8;O15
中国国家版本馆CIP数据核字第20259JM696号

责任编辑：黄 芝 薛 阳
封面设计：刘 键
责任校对：韩天竹
责任印制：刘海龙

出版发行：清华大学出版社
网 址：https://www.tup.com.cn, https://www.wqxuetang.com
地 址：北京清华大学学研大厦A座　　　　邮 编：100084
社 总 机：010-83470000　　　　　　　　　邮 购：010-62786544
投稿与读者服务：010-62776969, c-service@tup.tsinghua.edu.cn
质量反馈：010-62772015, zhiliang@tup.tsinghua.edu.cn
课件下载：https://www.tup.com.cn, 010-83470236

印 装 者：北京联兴盛业印刷股份有限公司
经 销：全国新华书店
开 本：185mm×260mm　　　印 张：18.5　　　字 数：489千字
版 次：2025年5月第1版　　　　　　　　　　印 次：2025年5月第1次印刷
印 数：1～2000
定 价：89.80元

产品编号：102789-01

编 委 会

主　　编：毛悦悦（河南中医药大学）
　　　　　毕文斌（河南中医药大学）
　　　　　关宏波（郑州轻工业大学）

副主编：黄　琼（河南中医药大学）
　　　　　贾爱娟（河南中医药大学）
　　　　　张　飞（河南中医药大学）
　　　　　岳红云（河南工业大学）
　　　　　耿宏瑞（郑州轻工业大学）
　　　　　闻　娇（郑州轻工业大学）
　　　　　豆铨煜（郑州轻工业大学）
　　　　　毛颖颖（河南职业技术学院）

编　　委：郭晓玉（河南中医药大学）
　　　　　崔红新（河南中医药大学）
　　　　　陈继红（河南中医药大学）
　　　　　张灵帅（河南中医药大学）
　　　　　张艺馨（河南水利与环境职业学院）

前言 PREFACE

离散数学研究各种离散形式对象的结构以及关系，是现代数学的一个重要分支，在计算机科学领域以及需要使用离散数学建模的学科领域有着广泛的应用，是相关专业的必修课程。

目前，国内外大多数教材是以数学的视角组织素材的，如 Ralph P. Grimaldi 编著的《离散数学与组合数学》，也有的教材以伪代码的方式融合计算机编程，如 Kenneth H. Rosen 编著的《离散数学及其应用》。伪代码独立于不同的编程语言，一般仅描述代码的组织结构和框架，对于没有编程基础或编程经验不丰富的读者来说，可能达不到学习的目的。

鉴于此，我和我的同事在两年前计划编写一本以计算机编程为主导的《离散数学》读物。在动笔之前，我们详细查阅了一些国内外的优秀教材，以期不遗漏经典的学习素材，在内容安排上尽量达到先易后难。同时，我们力求以朴素易懂的方式描述相关的数学理论，在代码的组织上争取做到规范化。

本书的代码是用 Python 语言并基于 Visual Studio Code 平台实现的。全书共 15 章，第 1 章和第 11 章由毛悦悦编写，第 2~3 章由毕文斌编写，第 4~5 章由贾爱娟编写，第 6 章由黄琼编写，第 7 章和第 10 章由岳红云编写，第 8~9 章由耿宏瑞编写，第 12 章由闻娇、豆铨煜编写，第 13 章由关宏波编写，第 14 章由张飞编写，第 15 章由毛颖颖编写。全书由毛悦悦、毕文斌负责组织与协调，由郭晓玉、崔红新、陈继红、张灵帅、张艺馨负责本书的排版和校对。

本书在编写过程中得到河南中医药大学药学院的大力支持，在此表示衷心的感谢。由于编者水平有限，书中不当之处在所难免，欢迎广大同行和读者批评指正。

本书提供案例程序源码下载，请读者扫描下方二维码获取。

下载源码

毛悦悦
2025 年 1 月

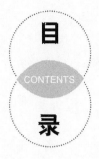

目录

第1章 组合计数原理 /1
1.1 加法原理与乘法原理 /1
1.2 排列 /2
  1.2.1 无重复排列 /2
  1.2.2 可重复排列 /2
1.3 组合 /3
  1.3.1 无重复的组合 /3
  1.3.2 可重复的组合 /4
1.4 Catalan 数 /6

第2章 逻辑基础 /8
2.1 基本联结词、命题与真值表 /8
2.2 逻辑运算法则 /13
2.3 范式 /15
2.4 逻辑蕴涵命题：推理规则 /19

第3章 一阶逻辑 /29
3.1 一阶逻辑基础 /29
3.2 合一 /30

第4章 集合 /34
4.1 集合 /34
4.2 集合的运算 /38

第5章 离散概率 /42
5.1 概率初步 /42
5.2 离散概率 /46
  5.2.1 为事件指定概率 /46
  5.2.2 事件的组合 /48

5.2.3 伯努利试验　　/49
　　　5.2.4 条件概率与独立性　　/50
　　　5.2.5 碰撞问题　　/53
　5.3 贝叶斯公式　　/55
　5.4 期望与方差　　/56

第6章　数论　　/58
　6.1 整除与模运算　　/58
　6.2 整数表示和算法　　/62
　6.3 素数　　/66
　6.4 最大公约数　　/70
　6.5 求解同余方程与方程组　　/74
　6.6 费马小定理、伪素数、原根和离散对数　　/78
　6.7 数论的应用　　/82

第7章　归纳与递归　　/90
　7.1 数学归纳法　　/90
　7.2 递归与迭代　　/99

第8章　关系　　/111
　8.1 关系和函数　　/111
　　　8.1.1 笛卡儿积和关系　　/111
　　　8.1.2 函数　　/113
　　　8.1.3 单射　　/113
　　　8.1.4 满射（到上）函数：第二类 Stirling 数　　/114
　　　8.1.5 复合函数和逆函数　　/116
　　　8.1.6 n 元关系及其应用　　/116
　8.2 关系的性质及表示　　/120
　8.3 关系的闭包　　/124
　8.4 等价关系与划分　　/127
　8.5 偏序关系与哈斯图　　/128

第9章　容斥原理　　/132
　9.1 容斥原理概述　　/132
　9.2 容斥原理的推广　　/136
　9.3 都不在正确位置的错排　　/136
　9.4 车多项式　　/137

第10章　生成函数　　/140
　10.1 从方程的非负整数解开始　　/140
　10.2 例子与公式　　/141
　10.3 正整数的拆分　　/145
　10.4 指数生成函数　　/146
　10.5 求和算子　　/148

第 11 章　递推关系　/150
- 11.1　时间复杂性　/150
- 11.2　一阶线性常系数递推关系　/153
- 11.3　二阶线性常系数递推关系　/157
- 11.4　生成函数法求解递推关系　/166
- 11.5　杂例　/169

第 12 章　图论　/174
- 12.1　图和图模型　/174
- 12.2　图的基本术语和几种特殊的图　/183
- 12.3　图的表示和图的同构　/191
- 12.4　连通性　/196
- 12.5　欧拉回路与欧拉通路　/204
- 12.6　哈密顿回路与哈密顿通路　/208
- 12.7　最短路径问题　/215
- 12.8　网络最大流　/220
- 12.9　平面图　/223
- 12.10　图着色　/226

第 13 章　树　/229
- 13.1　概述　/229
- 13.2　树的创建　/233
  - 13.2.1　自定义类　/233
  - 13.2.2　继承其他类　/234
- 13.3　二叉树　/236
- 13.4　决策树　/243
- 13.5　树的遍历　/245
- 13.6　博弈树　/249
- 13.7　生成树　/255
- 13.8　最小生成树　/258

第 14 章　布尔代数和开关函数　/261
- 14.1　布尔代数的结构　/261
- 14.2　开关函数　/262
- 14.3　开关函数的简化　/264

第 15 章　文法、有限状态机与图灵机　/266
- 15.1　文法　/266
- 15.2　带输出的有限状态机　/270
- 15.3　不带输出的有限状态机　/276
- 15.4　正则集合与语言的识别　/280
- 15.5　图灵机　/282

参考文献　/286

第1章

组合计数原理

本章我们学习计数的基本原理,和我们学习过的代数、几何及微积分相比,"计数"看似简单,实际上有很多问题非常困难。

1.1 加法原理与乘法原理

加法原理:如果第一个箱子里有 m 个标号为 1 至 m 的白色乒乓球,第二个箱子里有 n 个标号为 1 至 n 的黄色乒乓球,现在要从两个箱子里挑选一个乒乓球,则共有 $m+n$ 种挑选方式。

乘法原理:如果我们选择两个颜色不同的乒乓球,则共有 $m \times n$ 种选法。

例 1.1 计算机为不同类型的变量设置的存储单元的位数是不一样的,我们通过代码来了解计算机为整型变量分配的存储单元的位数。

```
import sys
minInt, maxInt = - sys.maxsize - 1, sys.maxsize
maxInt - minInt + 1 == 2 ** 64
```

输出结果为:

```
True
```

可以进一步观察整数的最大值和最小值:

```
maxInt == 2 ** 63 - 1, minInt == - 2 ** 63
```

输出结果为:

```
True, True
```

函数 bin() 可以将一个整数转换为二进制,读者可以观察 bin(maxInt) 和 bin(minInt) 的输出结果。

每一位仅有 0 和 1 两种选择,所以二进制下的 64 位整数可以表示的整数的数量为 2^{64}

个,这里就用到了乘法原理。

1.2 排列

1.2.1 无重复排列

从 n 个编号为 1 至 n 的物品中依次取出 r 个,不同的取法记为 $P(n,r)$。

$$P(n,r)=n\times(n-1)\times\cdots\times(n-r+1)$$

函数的实现如下:

```python
import numpy as np
def P(n,r):
    nums = np.linspace(n-r+1,n,r)
    return np.prod(nums)
```

其中 np.linspace(n-r+1,n,r) 生成从 n-r+1 到 n 长为 r 的数组,np.prod(nums) 将数组 nums 的各项相乘。

运行代码:

```python
P(5,2),P(5.5,2)
```

输出结果为:

```
20.0,24.75
```

Scipy.special 模块中也提供了求排列数的函数,调用方法为:

```python
from scipy.special import perm
perm(5,2),perm(5.5,2)
```

输出结果为:

```
20.0,24.75
```

另外,Python 也支持生成指定列表的排列,方法如下:

```python
from itertools import permutations
list(permutations(list('abc'),2))
```

输出结果为:

```
[('a', 'b'), ('a', 'c'), ('b', 'a'), ('b', 'c'), ('c', 'a'), ('c', 'b')]
```

对应从列表"abc"中选择两个字母的全部排列形式。

1.2.2 可重复排列

n 个物品中,n_1 是第 1 种物品重复出现的次数,n_2 是第 2 种物品重复出现的次数……n_r 是第 r 种物品重复出现的次数,其中 $\sum_{i=1}^{r} n_i = n$,则给定 n 个物品的全排列数为 $\dfrac{n!}{\prod_{i=1}^{r}(n_i!)}$,我们自定义一个函数计算这种情况的排列数：

```
from scipy.special import factorial
def hasRepeatPerm(listRepeatNums):
    return factorial(np.sum(listRepeatNums))/np.prod(factorial(listRepeatNums))
```

其中 factorial 函数用于求阶乘。

例 1.2 分别计算单词 orange、apple 和 banana 的全排列数。

调用 hasRepeatPerm() 函数：

```
hasRepeatPerm([1,1,1,1,1,1]),hasRepeatPerm([2,1,1,1]),hasRepeatPerm([3,2,1])
```

输出结果为：

```
(720,60,60)
```

> **注意**：阶乘函数 factorial() 可以传入一个列表，例如：
> factorial([2,3,4])
> 输出结果为：
> [2,6,24]
> 分别对应 2 的阶乘、3 的阶乘以及 4 的阶乘。

例 1.3 求 $(x+y+z)^5$ 的展开式中 x^2y^2z 的系数。

本题可理解为求 5 个物品中、2 个第一种物品、2 个第二种物品、1 个第三种物品的全排列数。

```
hasRepeatPerm([2,2,1])
```

输出结果为：

```
30
```

可以进一步验证，借助 expand() 函数将 $(x+y+z)^5$ 展开，代码如下：

```
from sympy import *
init_printing()
x,y,z = symbols('x y z')
expand((x+y+z)**5)
```

查看输出结果，可以看到 x^2y^2z 前的系数为 30。

1.3 组合

1.3.1 无重复的组合

从 n 个不同的物品中不计顺序地选取 r 个，不同的选取方法数记为 $C(n,r)$。

$$C(n,r)=\frac{n!}{r!(n-r)!}=\frac{P(n,r)}{r!}$$

调用这个函数的方法为:

```
from scipy.special import comb
comb(5,2),comb(5.5,2)
```

输出结果为:

```
10,12.375
```

> **注意**:以目前讨论的范畴,comb(5.5,2)没有现实意义,但以后的学习中会出现。实际上,$C(5.5,2)=\dfrac{5.5\times 4.5}{2!}$。

组合数有以下几个重要的性质,读者可自行验证:
(1) $C(n,0)=C(n,n)=1$。
(2) $C(n,r)=C(n,n-r)$。
(3) $C(n,r)=C(n-1,r)+C(n-1,r-1)$。
(4) $\sum\limits_{r=0}^{n}C(n,r)=2^n$。
(5) $\sum\limits_{r=0}^{n}(-1)^r C(n,r)=0$。

生成一个列表的组合与生成列表的排列,其方法类似:

```
from itertools import combinations
list(combinations([1,2,3],2))
```

输出结果为:

```
[(1,2),(1,3),(2,3)]
```

1.3.2 可重复的组合

问题:一家糖果店对某个厂家新出的水果糖、奶糖和夹心糖做促销,每个进店的顾客可以免费品尝这 3 种糖果中的 1 颗,现有 5 个顾客同时进入商店,假设他们均参与店家的促销活动,问从店主的角度来看,支出糖果的方式总共有多少种?

该问题可转换为将 5 个 x 和 2 个"|"做全排列:
$xx|xx|x$ ⇔ 两个水果糖、两个奶糖和一个夹心糖
$xx\|xxx$ ⇔ 两个水果糖、0 个奶糖和 3 个夹心糖
$xxxxx\|$ ⇔ 五个水果糖、0 个奶糖和 0 个夹心糖
……

所以共有 $\dfrac{7!}{5!2!}=C(7,5)=C(5+3-1,5)$ 种方式。

若从 r 种物品中选取 n 个,允许重复,我们可以看成在 $n+r-1$ 个空格中填入 n 个 x 和 $r-1$ 个"|",其全排列数为 $C(n+r-1,n)$ 或者 $C(n+r-1,r-1)$。

例 1.4 将 11 个橘子和 8 个苹果分给 5 个小朋友,要求每个小朋友至少要分到 1 个橘子和 1 个苹果,问有多少种分法?

先将每个同学分 1 个橘子和 1 个苹果，余下 6 个橘子和 3 个苹果；剩余橘子的分法相当于从 5 种物品中选取 6 个的可重复排列数 $C(10,6)$；剩余苹果的分法相当于从 5 种物品中选取 3 个的可重复排列数 $C(7,3)$；所以一共有 $C(10,6)\times C(7,3)=7350$ 种分法。

例 1.5 用代码生成在字母 A,B,C 中选取 5 个的可重复的组合方式。

本题可以看成在 7 个空格中填入 2 个"|"，第一个"|"左侧的空格填入"A"，两个"|"中间的空格填入"B"，第二个"|"右侧的空格填入"C"，代码如下：

```
chars = list('ABC')
#7 个空格的索引记为 0~6
d0_6 = list(range(7))
#0~6 中选取两个,用于存放"|"
pairs = list(combinations(d0_6,2))
result = []
for pair in pairs:
    #第一个"|"左侧的空格数,对应字母 A 的个数
    num1 = pair[0]
    #两个"|"中间的空格数,对应字母 B 的个数
    num2 = pair[1] - pair[0] - 1
    #第二个"|"右侧的空格数,对应字母 C 的个数
    num3 = 6 - pair[1]
    result.append(chars[0] * num1 + chars[1] * num2 + chars[2] * num3)
result.sort()
result
```

输出结果为：

```
['AAAAA', 'AAAAB', 'AAAAC', 'AAABB', 'AAABC', 'AAACC', 'AABBB', 'AABBC', 'AABCC', 'AACCC', 'ABBBB',
'ABBBC', 'ABBCC', 'ABCCC', 'ACCCC', 'BBBBB', 'BBBBC', 'BBBCC', 'BBCCC', 'BCCCC', 'CCCCC']
```

例 1.6 求方程 $x_1+x_2+x_3+x_4\leqslant 5$ 有多少组非负整数解？

原方程的非负整数解与 $x_1+x_2+x_3+x_4+y_5=5(\forall i,1\leqslant i\leqslant 4,x_i\geqslant 0,y_5>0)$ 的整数解相同，后者又可转换为 $x_1+x_2+x_3+x_4+x_5=4(\forall i,1\leqslant i\leqslant 5,x_i\geqslant 0)$ 的非负整数解。这个等式的所有非负整数解的个数相当于从 5 种不同的物品中可重复地选取 4 个的组合数 $C(8,4)=70$。

我们使用计算机模拟来求这个问题：

```
a = set()
#随机生成 0 到 4 的 4 个整数,筛选出其和小于 5 的,以元组形式添加进集合
for _ in range(10000):
    b = np.random.randint(0,5,size = 4)
    if np.sum(b)< 5:
        a.add(tuple(b))
len(a)
```

输出结果为：

```
70
```

例 1.7 正整数 3 可以按如下 4 种方式合成：
$$3,1+2,2+1,1+1+1$$
求正整数 n 的合成方式有多少种？

n 由 1 个被加数合成的方式为 1，不妨记为 $C(n-1,n-1)$；n 由 i 个被加数合成可以计算方程 $x_1+x_2+x_3+\cdots+x_i=n(x_1,\cdots,x_i>0)$ 正整数解的数目，相当于求解方程 $x_1+x_2+x_3+\cdots+x_i=n-i(x_1,\cdots,x_i\geqslant 0)$ 非负整数解的数目，这相当于从 i 种物品中可重复选取 $n-i$ 个的组合数 $C(n-1,n-i)$；n 由 n 个被加数合成的方式为 1，不妨记为 $C(n-1,0)$。所以总的合成方式为 $\sum_{i=0}^{n-1}C(n-1,i)=2^{n-1}$。

我们用计算机来模拟 $n=8$ 的情况：

```
a = set()
n = 8
np.random.seed(0)
maxTimes = 100000
for _ in range(maxTimes):
    #随机生成和为 n 的一组正整数,存入列表 b
    b = []
    while(np.sum(b)< n):
        x = np.random.randint(1,n + 1 - np.sum(b))
        b.append(x)
    a.add(tuple(b))
len(a)
```

输出结果为：

```
128
```

注意代码 a.add(tuple(b))执行比较费时。另外当 n 较大时，因为随机性的原因，不一定能得到所有的解，所以一般对于无法用公式推导的问题才使用模拟的方法，计算机模拟一般可以得到一个较优的结果。

1.4 Catalan 数

由坐标 $(0,0)$ 至 (n,n) 每次向右或向上移动一个单位的长度，相当于在 $2n$ 个空格中填入 n 个"右"和 n 个"上"的全排列，共有 $C(2n,n)$ 种不同的方式，现在如果要求：由起点 $(0,0)$ 至终点 (n,n) 的路径不允许向上越过 $y=x$ 这条直线，问一共有多少种路径？

我们举一个越界的例子：

右上上右右……上右上右上

第一次越界发生在第二个"上"。一般地，第一次越界时，前边如果有 m 个"右"，则必有 $m+1$ 个"上"，现在将后边的 $n-m$ 个"右"都换成"上"，而将 $n-(m+1)$ 个"上"都换成"右"，则现在路径必然为 $n-1$ 个"右"和 $n+1$ 个"上"，所以越界的路径数必然为 $C(2n,n-1)$，因此，不超越直线 $y=x$ 的路径数为 $b_n=C(2n,n)-C(2n,n-1)$，称此数为 Catalan 数。

例 1.8 在编写程序时，因为复杂的计算或逻辑，可能会出现括号嵌套的现象，编译器会自动检查括号的嵌套是否合法，例如由两个左括号和两个右括号的嵌套：(())、()()是合法的，而())(、)((是非法的，由 n 个左括号和 n 个右括号的合法嵌套的数量就是一个 Catalan 数。从左向右数，在任何时候，右括号的数量都不能超过左括号的数量，编写代码生成所有由

3个左括号和3个右括号的合法嵌套($C(6,3)-C(6,2)=5$个)。

每个"("用0代替,每个")"用1代替,随机生成由3个0与3个1构成的列表,对列表从左至右依次读取,当1出现的次数始终不超过0出现的次数时则对应合法嵌套。代码如下:

```
chars = list('()')
success = set()
for _ in range(100):
    a = [0,0,0,1,1,1]
    np.random.shuffle(a)
    left,right = 0,0
    bSuccess = True
    for i in range(6):
        if a[i] == 0:left += 1
        else:right += 1
        if right > left:
            bSuccess = False
            break
    if(bSuccess):
        s = ''
        for i in range(6):
            s += chars[a[i]]
        success.add(s)
success
```

输出结果为:

{'((()))','(()())','(())()','()(())','()()()'}

第2章

逻辑基础

逻辑是数学推导和证明的基础,计算机程序及算法也必须使用特定的逻辑结构,逻辑同时也是人工智能的预备知识。本章从编程的角度介绍有关逻辑的基本内容。

2.1 基本联结词、命题与真值表

在计算机程序中,代表"真"与"假"的量称为布尔变量,Python 用关键字 True 代表"真",用 False 代表"假",True 相当于整数 1,False 相当于整数 0。

代码 True==1,False==0 的输出为(True,True);True+True 的输出为 2。

布尔变量之间的逻辑运算有:

与(∧): and(&);

或(∨): or(|);

非(¬): not;

异或(⊻): ^。

```
a = True
b = False
a and b, a&b, a or b, a|b, not a, not b, a^b
```

输出结果为:

(False,False,True,True,False,True,True)

在程序设计中,我们说一个变量为真或为假,在数学中我们说一个命题为真或为假。命题之间除了有与、或、非及异或运算,同时还有蕴涵和等价(当且仅当)关系。

假设 p 和 q 为两个命题:

如果 $p \rightarrow q$(由命题 p 能推导出来命题 q),我们说 p 蕴涵 q;

如果 $p \rightarrow q$ 且 $q \rightarrow p$,我们记 $p \leftrightarrow q$,并说 p 当且仅当 q。

由于编程语言并不提供蕴涵与等价关系的运算,我们定义一个继承自 int 的子类——

Proposition(命题)类:

```
class Proposition(int):
    value = 1
    def __init__(self,value):
        self.value = value
    ♯蕴涵(前件真值小于或等于后件真值时蕴涵式为真)
    def imply(self,q):
        return int(self.value <= q)
    ♯当且仅当(等价连接词连接的两部分有相同真值时等价式为真)
    def biconditional(self,q):
        return int(self.value == q)
```

Proposition 类的使用方法如下:

```
p = Proposition(True)
q,r = False,True
p.imply(q),p.biconditional(r)
```

输出结果为:

(0,1)

这说明:(True→False)=0,(True↔True)=1。

例 2.1 p,q,r 为简单命题,求 $q \wedge (\neg r \rightarrow p)$ 的真值表。

首先定义一个函数,传入参数 p,q,r,返回 $q \wedge (\neg r \rightarrow p)$:

```
def Exp_1(p,q,r):
    return q and Proposition(not r).imply(p)
```

由于命题 p,q,r 的取值共有 $2^3 = 8$ 种情况,我们按照如下的方法遍历所有的情形:

```
print('p q r : conclusion')
for x in range(2 ** 3):
    p = x >> 2          ♯x 二进制的最高位
    q = (x >> 1) % 2    ♯x 二进制的中间位
    r = x % 2           ♯x 二进制的最低位
    print('{} {} {} : {}'.format(p,q,r,Exp_1(p,q,r)))
```

输出结果为:

```
p q r : conclusion
0 0 0 : 0
0 0 1 : 0
0 1 0 : 0
0 1 1 : 1
1 0 0 : 0
1 0 1 : 0
1 1 0 : 1
1 1 1 : 1
```

上述代码中使用了右移位运算符">>",表示将二进制的所有位右移,最低位丢弃,相当于整除2,比如"101>>1"变成"010",即5变成2。对应的有左移位运算符"<<",将原来的所有位

左移，最低位补 0，相当于乘以 2。

给定一个复合命题，如果无论其命题变项怎样赋值，其对应的结论总为真，称该命题为重言式，否则称为矛盾式。

例 2.2 验证复合命题 $[(p \to q) \land (q \to r)] \to (p \to r)$ 为重言式。

代码如下：

```
def Exp_2(p,q,r):
    return Proposition(Proposition(p).imply(q) and Proposition(q).imply(r)).imply(Proposition(p).imply(r))
print('p q r : conclusion')
for x in range(2 ** 3):
    p = x >> 2
    q = (x >> 1) % 2
    r = x % 2
    print('{} {} {} : {:d}'.format(p,q,r,Exp_2(p,q,r)))
```

输出结果为：

```
p q r : conclusion
0 0 0 : 1
0 0 1 : 1
0 1 0 : 1
0 1 1 : 1
1 0 0 : 1
1 0 1 : 1
1 1 0 : 1
1 1 1 : 1
```

例 2.3 验证复合命题 $\neg(p \to q) \land q \land r$ 为矛盾式。

代码如下：

```
def Exp_3(p,q,r):return not Proposition(p).imply(q) and q and r
print('p q r : conclusion')
for x in range(2 ** 3):
    p = x >> 2
    q = (x >> 1) % 2
    r = x % 2
    print('{} {} {} : {:d}'.format(p,q,r,Exp_3(p,q,r)))
```

输出结果为：

```
p q r : conclusion
0 0 0 : 0
0 0 1 : 0
0 1 0 : 0
0 1 1 : 0
1 0 0 : 0
1 0 1 : 0
1 1 0 : 0
1 1 1 : 0
```

例 2.4 Nellie 姑妈刚烤完一块蛋糕,两个侄子和两个侄女就来拜访,姑妈出去一会儿回来后发现蛋糕少了 1/3,姑妈对每个人进行询问,4 个"嫌疑犯"告诉她:

Charles:是 Kelly 吃的。
Dawn:我没吃。
Kelly:是 Tyler 吃的。
Tyler:Kelly 说是我吃的是在撒谎。

如果这 4 个命题中只有一个是真的,并且只有一个人偷吃了蛋糕,那么是谁偷吃的?

我们把 Charles、Dawn、Kelly、Tyler 四个人记为 1、2、3、4,分别代入上面四个命题,检验是否只有一个是真的。代码如下:

```
def WhoEatCake(eater):
    p1 = eater == 3
    p2 = not eater == 2
    p3 = eater == 4
    p4 = not p3
    return int(p1 + p2 + p3 + p4 == 1)
for eater in [1,2,3,4]:
    print(WhoEatCake(eater),end = ' ')
```

输出结果为:

```
0 1 0 0
```

所以是第二个人 Dawn 吃的。

整数之间也可以进行与、或及异或运算。

```
a = 5                    # 101
b = 6                    # 110
a&b,a|b,a^b              # 分别为 100、111、011
```

输出结果为:

```
(4,7,3)
```

可见,整数间的逻辑运算相当于对其二进制对应位的逻辑运算。

> **注意**:整数间进行与、或运算时,关键字 and 和 &、or 和 | 是不等价的,它们仅在布尔运算时等价。

异或运算有下列运算规律:

(1) a^a=0。
(2) a^0=a。
(3) a^b^c=a^(b^c) 结合律。
(4) a^b=b^a 交换律。
(5) a^b^b=a 自反性。

例 2.5 验证关于异或运算的 5 条规律。

代码如下：

```
import numpy as np
a = np.random.randint(100000)
b = np.random.randint(100000)
c = np.random.randint(100000)
a^a == 0,a^0 == a,a^b^c == a^(b^c),a^b == b^a,a^b^b == a
```

输出结果为：

```
(True, True, True, True, True)
```

例 2.6 中国象棋有 32 个棋子和 90 个可以放置棋子的交叉点，随着棋局的进行，棋子的

图 2.1

数量会逐渐减少。计算机在下棋时会根据当前的局面生成一棵搜索树，因为存在很多先后互不影响的行棋次序，造成这棵树中的很多局面都是一样的。为了避免对相同局面进行重复评估，计算机程序按照如下的方法将局面转换为一个较大的数字（以便查找这个局面是否已被评估过）：首先对每种不同类型的兵种生成一个 9×10 的矩阵，当棋面上有这个兵种时，我们对这个子的这个位置的数进行异或运算。下面以整个局面中的一个局部来演示这个过程：

假设初始局面如图 2.1 所示。

我们用如下代码表示初始局面值：

```
maxInt = 1024 * 1024
n = np.random.randint(maxInt,size = (3,3))    #黑帅
p = np.random.randint(maxInt,size = (3,3))    #黑卒
K = np.random.randint(maxInt,size = (3,3))    #红帅
R = np.random.randint(maxInt,size = (3,3))    #红车
InitPosition = n[0][2]^p[1][0]^K[2][1]^R[2][2]
```

假设现在轮红方走棋，由于黑马正在将军，红方有两种走法：①车前进一步的不吃子走法；②车前进两步的吃子走法，我们先计算出这两种走法执行后的局面值：

```
NotEat = n[0][2]^p[1][0]^K[2][1]^R[1][2]
Eat = R[0][2]^p[1][0]^K[2][1]
```

计算机程序从初始局面按如下方式生成新的局面：①如果不吃子，程序将当前的局面值和将要移动的子的位置值进行异或运算，这样就消去了这个子在原位置的信息，相当于先用手把这个子拿开；然后再和这个子的新位置值进行异或运算，这相当于把棋子落到新的位置。②如果吃子，则有两次消去和一次新位置的异或运算，如下：

```
InitPosition^R[2][2]^R[1][2] == NotEat,InitPosition^R[2][2]^n[0][2]^R[0][2] == Eat
```

输出结果为：

```
(True,True)
```

这个例子对离散的、强规则的系统进行状态标注具有一定的指导意义。

2.2 逻辑运算法则

对于两个命题 s_1 和 s_2，如果 s_1 为真↔s_2 为真，s_1 为假↔s_2 为假，则说 s_1 和 s_2 逻辑等价，记为 $s_1 \Leftrightarrow s_2$，容易验证：蕴涵运算 $p \rightarrow q \Leftrightarrow \neg p \vee q$，从而 $p \leftrightarrow q \Leftrightarrow (\neg p \vee q) \wedge (\neg q \vee p)$。

例 2.7 用符号运算库 sympy 的逻辑运算模块中的相关函数验证基本的逻辑定律。

sympy 不但可以对符号进行加、减、乘、除、求导及积分等运算，同时还可以对符号进行逻辑运算，首先导入我们需要的函数：

```
from sympy import symbols,init_printing
from sympy.logic.boolalg import simplify_logic
```

p, q, r 是任意的简单命题，T 代表重言式，F 代表矛盾式，则有：

(1) $\neg \neg p \Leftrightarrow p$（双重否定律）。

```
init_printing()
p,q,r = symbols('p q r')
#双重否定
res1 = simplify_logic(~~p)
res1
```

输出结果为：

p

(2) $\neg(p \vee q) \Leftrightarrow \neg p \wedge \neg q, \neg(p \wedge q) \Leftrightarrow \neg p \vee \neg q$（德·摩根律）。

```
res2 = simplify_logic (~(p|q))
res3 = simplify_logic (~(p&q))
res2,res3
```

输出结果为：

(¬p∧¬q, ¬p∨¬q)

(3) $p \vee q \Leftrightarrow q \vee p, p \wedge q \Leftrightarrow q \wedge p$（交换律）。

```
simplify_logic(p&q) == simplify_logic(q&p),simplify_logic(p|q) == simplify_logic(q|p)
```

输出结果为：

(True,True)

(4) $p \vee (q \vee r) \Leftrightarrow (p \vee q) \vee r, p \wedge (q \wedge r) \Leftrightarrow (p \wedge q) \wedge r$（结合律）。

```
simplify_logic(p&(q&r)) == simplify_logic((p&q)&r),simplify_logic(p|(q|r)) == simplify_logic
((p|q)|r)
```

输出结果为：

(True,True)

(5) $p \vee (q \wedge r) \Leftrightarrow (p \vee q) \wedge (p \vee r), p \wedge (q \vee r) \Leftrightarrow (p \wedge q) \vee (p \wedge r)$ (分配律)。

```
res4 = simplify_logic((p&q)|(p&r))
res5 = simplify_logic((p|q)&(p|r))
res4,res5
```

输出结果为：

(p∧(q∨r),p∨(q∧r))

(6) $p \vee p \Leftrightarrow p \wedge p \Leftrightarrow p$ (幂等律)。

```
res6 = simplify_logic(p&p)
res7 = simplify_logic(p|p)
res6,res7
```

输出结果为：

(p,p)

(7) $p \vee F \Leftrightarrow p \wedge T \Leftrightarrow p$ (同一律)。

```
simplify_logic(p&True),simplify_logic(p|False)
```

输出结果为：

(p,p)

(8) $p \vee \neg p = T, p \wedge \neg p = F$ (互补律)。

```
simplify_logic(p|~p),simplify_logic(p&~p)
```

输出结果为：

(True,False)

(9) $p \vee T \Leftrightarrow T, p \wedge F \Leftrightarrow F$ (支配律)。

```
simplify_logic(p|True),simplify_logic(p&False)
```

输出结果为：

(True,False)

(10) $p \vee (p \wedge q) \Leftrightarrow p, p \wedge (p \vee q) \Leftrightarrow p$ (吸收律)。

```
simplify_logic(p|(p&q)),simplify_logic(p&(p|q))
```

输出结果为：

(p,p)

以上定律除了第(1)个双重否定律外均成对出现,我们发现它们有形式上的对应性:如果将一个命题 s 中出现的所有 $\vee(\wedge)$ 换成 $\wedge(\vee)$,所有的 $T(F)$ 换成 $F(T)$,得到的新命题称为原命题的对偶命题,记为 s^d。若 $s \Leftrightarrow t$,则 $s^d \Leftrightarrow t^d$。

若 u,v 为简单命题,$u \rightarrow v \Leftrightarrow \neg u \vee v$ 的逆命题、否命题及逆否命题分别为:

$v \rightarrow u \Leftrightarrow \neg v \vee u \Leftrightarrow u \vee \neg v$;

$\neg u \rightarrow \neg v \Leftrightarrow \neg \neg u \vee \neg v \Leftrightarrow u \vee \neg v$;

$\neg v \rightarrow \neg u \Leftrightarrow \neg \neg v \vee \neg u \Leftrightarrow \neg u \vee v$。

由以上运算可知,一个蕴涵命题和其逆否命题逻辑等价,其逆命题和其否命题逻辑等价。

有时我们需要对复杂的逻辑进行简化,帮助提高程序的可读性,有时也会提高程序的运行效率。下面两个例子使用 simplify_logic() 函数化简逻辑运算。

例 2.8 设 p,q,r 为简单命题,化简复合命题:$\neg[\neg[(p \vee q) \wedge r] \vee \neg q]$。

代码如下:

```
x = ~(~((p|q)&r)|~q)
simplify_logic(x)
```

输出结果为:

```
q∧r
```

例 2.9 设 p,q,r,t 为简单命题,化简复合命题:
$$(p \vee q \vee r) \wedge (p \vee t \vee \neg q) \wedge (p \vee \neg t \vee r)$$

代码如下:

```
t = symbols('t')
y = (p|q|r)&(p|t|~q)&(p|~t|r)
simplify_logic(y)
```

输出结果为:

```
p∨(r∧t)∨(r∧¬q)
```

和最简洁的 $p \vee (r \wedge (t \vee \neg q))$ 仅一步之遥。

2.3 范式

我们称简单命题 p 及其否定 $\neg p$ 为文字。

称 $A_1 \vee A_2 \vee \cdots \vee A_s$ 为析取范式,其中 $\forall i (1 \leqslant i \leqslant s)$,$A_i$ 为有限个文字的合取;称 $A_1 \wedge A_2 \wedge \cdots \wedge A_s$ 为合取范式,其中 $\forall i (1 \leqslant i \leqslant s)$,$A_i$ 为有限个文字的析取。

sympy.logic.boolalg 模块中的函数 to_dnf() 和 to_cnf() 分别计算给定复合命题的析取范式和合取范式。

例 2.10 求公式 $\neg(p \rightarrow q) \vee \neg r$ 的析取范式与合取范式。

代码如下:

```python
from sympy.logic.boolalg import to_dnf,to_cnf
x = ~(~p|q)|~r
to_dnf(x),to_cnf(x)
```

输出结果为：

```
((p∧¬q)∨¬r,(p∨¬r)∧(¬q∨¬r))
```

一个公式的析取范式(合取范式)是不唯一的，为给出公式唯一的范式形式，接下来介绍主析取范式(主合取范式)。我们以析取范式 $(p \wedge \neg q) \vee \neg r$ 为例，来整理其主析取范式，方法如下：

$A_1 = (p \wedge \neg q) \Leftrightarrow (p \wedge \neg q) \vee (r \wedge \neg r) \Leftrightarrow (p \wedge \neg q \wedge r) \vee (p \wedge \neg q \wedge \neg r)$

$A_2 = \neg r \Leftrightarrow (p \vee \neg p) \wedge \neg r \Leftrightarrow (p \wedge \neg r) \vee (\neg p \wedge \neg r)$

$\Leftrightarrow (p \wedge q \wedge \neg r) \vee (p \wedge \neg q \wedge \neg r) \vee (\neg p \wedge q \wedge \neg r) \vee (\neg p \wedge \neg q \wedge \neg r)$

将 p,q,r 均赋值为 1，则 A_1 的第一项 $p \wedge \neg q \wedge r$ 对应的二进制数为 101，第二项 $p \wedge \neg q \wedge \neg r$ 对应的二进制数为 100，二者的十进制数分别为 5 和 4，记 $A_1 = \sum(4,5)$；容易得到 $A_2 = \sum(6,4,2,0)$，根据"或"运算的幂等律和交换律，我们得到公式 $(p \wedge \neg q) \vee \neg r$ 的主析取范式为 $\sum(0,2,4,5,6)$，一个公式的主析取范式是唯一的。

上方求主析取范式的过程可以简化，仍以 $(p \wedge \neg q) \vee \neg r$ 为例，第一步，观察析取范式中出现的所有简单命题(3 个 p,q,r)。第二步，对析取范式中的每一个简单合取式(上方的 A_1 与 A_2)，统计其缺失简单命题的个数(比如 A_2 中缺失 2 个简单命题 p,q)。第三步，对简单合取式中缺失的简单命题进行补全(对 A_2 中缺失的 2 个简单命题进行补全时，每个简单命题对应 2 种文字形式，比如简单命题 p 对应 p 或 $\neg p$，因此共有 2^2 种不同的补全方法：$p \wedge q \wedge \neg r$、$p \wedge \neg q \wedge \neg r$、$\neg p \wedge q \wedge \neg r$、$\neg p \wedge \neg q \wedge \neg r$，注意这里补全时我们默认对文字按字母或下标顺序排序)。第四步，对所有补全式(称为极小项)进行合取，得到主析取范式。

有了公式的主析取范式，可以按照如下规则求出其主合取范式：

$\sum(0,2,4,5,6) = \prod(1,3,7) = [!(001)] \wedge [!(011)] \wedge [!(111)] = (110) \wedge (100) \wedge (000) \Leftrightarrow$
$(p \vee q \vee \neg r) \wedge (p \vee \neg q \vee \neg r) \wedge (\neg p \vee \neg q \vee \neg r)$

现在我们基于求主析取范式的简化过程编写函数，实现由给定的析取范式求出其主析取范式，代码如下：

```
import numpy as np
def to_pdnf(str_dnf,pNums_dnf):
    '''
    参数：str_dnf,公式的析取范式
        析取范式(p0&~p1)|(~p0&p2)|~p3 应写为：'0&~1|~0&2|~3',注意：
        (1) 下标从 0 开始；
        (2) 没有小括号。
    pNums_dnf,为析取范式 str_dnf 中文字的总个数
    返回：析取范式 str_dnf 对应的主析取范式极小项角标
    '''
    str_split = str_dnf.split('|')              #提取简单合取式
    result = set()
    for S in str_split:
        S_split = S.split('&')                  #提取简单合取式中的文字
```

```
    nums = pNums_dnf - len(S_split)          # 简单合取式中没有出现的文字个数
    A = np.array([[-1] * pNums_dnf] * 2 ** nums)   # 用于存放简单合取式的多个极小项的二进制数
    # 对简单合取式中已出现的文字,将其真值填入数组 A 对应的位置
    for a in A:
        for s in S_split:
            if s[0] == '~':a[int(s[1:])] = 0
            else:a[int(s)] = 1
    # 对数组 A 中对应缺失文字的位置进行补全,同时计算整个极小项二进制数的十进制数 m
    for i,a in enumerate(A):
        m = 0
        for j in range(pNums_dnf):
            if a[j] >= 0:
                m += a[j]<<(pNums_dnf - 1 - j)     # 相当于 a[j] * [2 ** (pNums_dnf - 1 - j)]
            if a[j] < 0:
                a[j] = i % 2                       # 取 i 的二进制数的末位,补全
                m += a[j]<<(pNums_dnf - 1 - j)
                i >>= 1                            # 二进制右移 1 位
        result.add(m)
    return '∑' + str(tuple(result))
```

类似地,可定义由合取范式求主合取范式的函数,需要注意的是:在求主合取范式时,我们对公式中出现的所有简单命题赋值为 0,并在此基础上确定所有极大项的二进制数。代码如下:

```
def to_pcnf(str_cnf,pNums_cnf):
    '''
    参数:str_cnf,公式的合取范式
       合取范式(p0|~p2)&(~p1|p2)&~p3 应写为: '0|~2&~1|2&~3',注意:
       (1) 下标从 0 开始;
       (2) 没有小括号。
       pNums_cnf,为合取范式 str_cnf 中文字的个数
    返回:合取范式 str_cnf 对应的主合取范式极大项角标
    '''
    str_split = str_cnf.split('&')
    result = set()
    for S in str_split:
        S_split = S.split('|')
        nums = pNums_cnf - len(S_split)
        A = np.array([[-1] * pNums_cnf] * 2 ** nums)
        for a in A:
            for s in S_split:
                if s[0] == '~':a[int(s[1:])] = 1
                else:a[int(s)] = 0
        for i,a in enumerate(A):
            m = 0
            for j in range(pNums_cnf):
                if a[j] >= 0:
                    m += a[j]<<(pNums_cnf - 1 - j)
                if a[j] < 0:
                    a[j] = 1 - i % 2
                    m += a[j]<<(pNums_cnf - 1 - j)
                    i >>= 1
```

```
        result.add(m)
    return 'Ⅱ' + str(tuple(result))
```

调用这两个函数：

```
to_pdnf('0&~1|~2',3),to_pcnf('0|~2&~1|~2',3)
```

输出结果为：

```
('∑(0, 2, 4, 5, 6)', 'Ⅱ(1, 3, 7)')
```

例 2.11 某单位要从 3 名员工 A,B,C 中挑选 1~2 名出国考察。由于工作需要,需要同时满足以下条件：

(1) 若 A 去,则 C 同去；
(2) 若 B 去,则 C 不能去；
(3) 若 C 不去,则 A 或 B 可以去。

分别派 A,B,C 去设为命题"0""1""2",有：

(1) "0"→"2"⇔¬"0"∨"2"。
(2) "1"→¬"2"⇔¬"1"∨¬"2"。
(3) ¬"2"→"0"∨"1"⇔"2"∨"0"∨"1"。

求满足条件的析取范式,并转换为 to_pdnf()函数需要的格式,代码如下：

```
p,q,r = symbols('0 1 2')
x = (~p|r)&(~q|~r)&(r|p|q)
s = str(to_dnf(x))
s = s.replace(' ','')
s = s.replace('(','')
s = s.replace(')','')
s
```

输出结果为：

```
'2&~1|2&~2|0&2&~1|0&2&~2|1&2&~1|1&2&~2|0&~0&~1|0&~0&~2|1&~0&~1|1&~0&~2|2&~0&~1|2&~0&~2'
```

排除上式中的矛盾式：

```
items = s.split('|') #获得简单合取式
str_dnf = ''
for item in items:
    #简单合取式中出现的文字去掉否定连接词存入集合 a
    it = item.split('&')
    a = set()
    for i in it:
        if len(i) == 1:a.add(int(i))
        else:a.add(int(i[1]))
    #集合 a 的元素个数与简单合取式中的文字个数相同时,说明简单合取式中无相反文字出现,非矛盾式
    if len(a) == len(it):str_dnf += item + '|'
str_dnf = str_dnf[0:-1]
str_dnf
```

输出结果为:

'2&~1|0&2&~1|1&~0&~2|2&~0&~1'

调用 to_pdnf() 函数,获得主析取范式:

to_pdnf(str_dnf,3)

输出结果为:

'∑(1, 2, 5)'

对应方案为:A,B 不去,C 去(001=1);A,C 不去,B 去(010=2);A,C 去,B 不去(101=5)。

2.4 逻辑蕴涵命题:推理规则

数学定理证明的手段是多样的,人工智能对象也要根据已知信息对未知世界的状态做出有效的推理,这就有必要深入学习推理规则,从已知信息推导出有效的结论(逻辑蕴涵)。

如果蕴涵命题$(p_1 \wedge p_2 \wedge \cdots \wedge p_n) \rightarrow q$ 为重言式,则说此蕴涵命题为一个有效的推理。我们对蕴涵$(False \wedge p_2 \wedge \cdots \wedge p_n) \rightarrow False$ 为真的情况不感兴趣;而蕴涵命题$(False \wedge p_2 \wedge \cdots \wedge p_n) \rightarrow True$ 自动为真,我们同样不感兴趣;所以在学习推理规则时我们特别关心 $\forall 1 \leq i \leq n, p_i$ 为真,且 q 为真的情况。

(1) 假言推理:p 成立($p=1$),而且 $p \rightarrow q$ 成立,则 q 成立($q=1$),其对应的逻辑蕴涵式为 $[p \wedge (p \rightarrow q)] \rightarrow q$。

> **注意**:假言推理对应的逻辑蕴涵式$[0 \wedge (0 \rightarrow 0)] \rightarrow 0$ 和$[0 \wedge (0 \rightarrow 1)] \rightarrow 1$ 同样为真。让前件中的每个值为真,可以更深入地和我们以前使用的数学推导手段相联系,同时可以避免陷入无意义的"逻辑文字游戏"中。

(2) 假言三段论:$[(p \rightarrow q) \wedge (q \rightarrow r)] \rightarrow (p \rightarrow r)$,其对应的推理规则为:如果 p 蕴涵 q 且 q 蕴涵 r,则 p 蕴涵 r。如果 $p=0$,则无论 q 与 r 取何值,上述推理总正确,所以我们可以将假言三段论理解为:$p=1$,如果 p 蕴涵 q 且 q 蕴涵 r,则 $r=1$。

(3) 拒取式:$[(p \rightarrow q) \wedge \neg q] \rightarrow \neg p$,将 q 赋值为 0,$p \rightarrow q$ 赋值为 1,则 $p=0$。

(4) 析取三段论:$[(p \vee q) \wedge \neg q] \rightarrow p$,将 q 赋值为 0,$p \vee q$ 赋值为 1,则 $p=1$。

(5) 矛盾规则:$(\neg p \rightarrow F) \rightarrow p$,其中 $F=False$。

(6) 合取化简规则:$(p \wedge q) \rightarrow p$。

(7) 析取附加规则:$p \rightarrow p \vee q$。

(8) 构造性二难:$[(p \rightarrow q) \wedge (r \rightarrow s) \wedge (p \vee r)] \rightarrow (q \vee s)$。

其特殊形式:$[(p \rightarrow q) \wedge (\neg p \rightarrow q)] \rightarrow q$。

(9) 破坏性二难:$[(p \rightarrow q) \wedge (r \rightarrow s) \wedge (\neg q \vee \neg s)] \rightarrow (\neg p \vee \neg r)$。

(10) 归结规则:$(p \vee q) \wedge (\neg p \vee r) \rightarrow (q \vee r)$。

归结规则使用时常融合如下逻辑等价式:

$$p_0 \wedge p_1 \wedge \cdots \wedge p_{n-1} \rightarrow q \Leftrightarrow p_0 \wedge p_1 \wedge \cdots \wedge p_{n-1} \wedge \neg q \rightarrow False$$

在机器证明中,归结规则是非常有用的,我们将前件中的每个命题转换为合取范式,将结论的否定也转换为合取范式,最后合取它们,举例如下。

例 2.12 前提：$p \rightarrow (q \vee r), \neg s \rightarrow \neg q, p \wedge \neg s$，结论：$r$。
$(p \rightarrow (q \vee r)) \wedge (\neg s \rightarrow \neg q) \wedge (p \wedge \neg s)$ 的合取范式为
$$(\neg p \vee q \vee r) \wedge (s \vee \neg q) \wedge p \wedge \neg s$$
合取结论的否定,得
$$(\neg p \vee q \vee r) \wedge (s \vee \neg q) \wedge p \wedge \neg s \wedge \neg r$$
调用 simplify_logic() 函数：

```
from sympy import symbols,init_printing
from sympy.logic import simplify_logic
p,q,r,s = symbols('p q r s')
simplify_logic((~p|q|r)&(s|~q)&p&~s&~r) == False
```

输出结果为：

```
True
```

例 2.13 前提：$p \rightarrow r, \neg p \rightarrow q, q \rightarrow s$，结论：$\neg r \rightarrow s$。
代码如下：

```
x = (~p|r)&(p|q)&(~q|s)&~r&~s
simplify_logic(x) == False
```

输出结果为：

```
True
```

当 simplify_logic() 函数的参数为合取范式时,其运算效率非常高。这样我们就可以从繁杂的推理规则中解放出来,仅使用归结规则就可以判断,已知前提推结论的推理是否有效。

基于归结规则的重要地位,下面实现归结算法,我们以真假两个例子说明其实现原理：

(1) 真例：$(p \rightarrow q) \wedge (q \rightarrow r) \rightarrow (p \rightarrow r)$。
首先构造命题集合：$\{\neg p \vee q, \neg q \vee r, \neg(\neg p \vee r)\} = \{\neg p \vee q, \neg q \vee r, p, \neg r\}$，当前的集合共有 4 个元素,如果有两个元素可以使用归结规则,则产生一个新的元素,比如前两个元素 $(\neg p \vee q) \wedge (\neg q \vee r) \rightarrow (\neg p \vee r)$，第一轮的两两归结可以产生含 3 个新元素的集合 $\{\neg p \vee r, q, \neg q\}$，新集合为 $\{\neg p \vee q, \neg q \vee r, p, \neg r, \neg p \vee r, q, \neg q\}$；现在集合共有 7 个元素,继续两两归结,一旦发现有某两个元素使用归结规则后为空,则直接返回 True,这里明显有 q 与 $\neg q$ 归结后为空,注意返回 True 说明推理是有效的。

(2) 假例：$(p \rightarrow q) \wedge p \rightarrow r$。
如上构造命题集合：$\{\neg p \vee q, p, \neg r\}$，第一轮归结产生仅有一个元素的新集合 $\{q\}$，合并为 $\{\neg p \vee q, p, \neg r, q\}$，第二轮归结产生的新集合为 $\{q\}$，因为 $\{q\} \subseteq \{\neg p \vee q, p, \neg r, q\}$，这说明我们没有必要再进行新一轮的归结,直接返回 False,同时说明推理是无效的。

自定义函数 normalize(proposition) 将复合命题转换为合取范式 $A_1 \wedge A_2 \wedge \cdots \wedge A_n$，如果 A_i 中有类似 $p \vee \neg p \vee q$ 的重言式,则删除 A_i，最终以集合的形式返回合取范式中的每一个简单析取式,代码如下：

```python
#约定参数 proposition 仅含~、&、|、(、)5 种符号
def normalize(proposition):
    #将 proposition 转换为合取范式,并去掉其中的空格及括号
    s = str(to_cnf(proposition))
    s = s.replace(' ','')
    s = s.replace('(','')
    s = s.replace(')','')
    S = set()
    for it in s.split('&'):
        list_it = it.split('|')          #提取简单析取式中的文字
        len_list = len(list_it)          #简单析取式中包含的文字个数
        #消除 p|q|~p 之类的元素:对简单析取式中任意两个文字进行比较,一旦出现相反文字,就剔除
        #该简单析取式
        for (i,j) in list(combinations(list(range(len_list)),2)):
            if abs(len(list_it[i]) - len(list_it[j])) == 1:
                if len(list_it[i])> len(list_it[j]) and list_it[i][0] == '~' and list_it[i][1:] == list_it[j]:
                    it = ''
                    break
                if len(list_it[i])< len(list_it[j]) and list_it[j][0] == '~' and list_it[j][1:] == list_it[i]:
                    it = ''
                    break
        if it!= '':
            S.add(it)
    return S
```

测试这个函数:

```python
p,q,r = symbols('p_1_1 q r')
x = (~p&r&~p)|(~q&~r)|(r&p&q)
normalize(x)
```

输出结果为:

```
{'p_1_1|r|~q', 'q|~p_1_1|~r', 'r|~p_1_1|~q', 'r|~q'}
```

自定义归结函数,代码如下:

```python
def resolution(antecedent,consequent,bDisplaySteps = False):
    '''
    参数:antecedent,推理的前件
        consequent,推理的后件(结论)
        bDisplaySteps,是否显示推理步骤,默认为 False
    返回:如果推理为真,返回 True,否则返回 False
    '''
    S = normalize(antecedent&~consequent)        #前提与结论的否定中涉及的所有简单析取式
    if bDisplaySteps:
        print('We start from S = {}:\n'.format(S))
    while True:
        len_S = len(S)
        listS = list(S)
        NEW = set()
```

```python
        # 任取集合 S 中的两个元素，归结生成新元素集合
        for (ii,jj) in list(combinations(list(range(len_S)),2)):
            list_ii = listS[ii].split('|')
            list_jj = listS[jj].split('|')
            for i in range(len(list_ii)):
                for j in range(len(list_jj)):
                    if abs(len(list_ii[i]) - len(list_jj[j])) == 1:
                        # ~p_1 和 p_1 的情况
                        if len(list_ii[i])> len(list_jj[j]) and list_ii[i][0] == '~':
                            if list_ii[i][1:] == list_jj[j]:
                                a,b = list_ii.copy(),list_jj.copy()
                                # 消去相反文字
                                del a[i]
                                del b[j]
                                # 若消去后列表为空，意味两个简单析取式恰好是一对相反的文字，直接返回 True
                                if len(a) == 0 and len(b) == 0:
                                    if bDisplaySteps:
                                        print('Because {}&{} = False, so return True HERE!'.format(list_ii[0],list_jj[0]))
                                    return True
                                # 强制转换为 set 是为了应对 p|q 和~p|q 消去 p 后产生 q|q 的情况
                                NEW.add('|'.join(list(set(a + b))))
                                break
                        # p_1 和~p_1 的情况
                        if len(list_ii[i])< len(list_jj[j]) and list_jj[j][0] == '~':
                            if list_ii[i] == list_jj[j][1:]:
                                a,b = list_ii.copy(),list_jj.copy()
                                del a[i]
                                del b[j]
                                if len(a) == 0 and len(b) == 0:
                                    if bDisplaySteps:
                                        print('Because {}&{} = False, so return True HERE!'.format(list_ii[0],list_jj[0]))
                                    return True
                                NEW.add('|'.join(list(set(a + b))))
                                break
        if bDisplaySteps:
            print('Now NEW = {}.'.format(NEW))
        # 把生成的新集合中的元素添加进原集合
        for s in NEW:
            S.add(s)
        if bDisplaySteps:
            print('After add NEW to S,S = {}.\n'.format(S))
        if len(S) == len_S:
            if bDisplaySteps:
                print('Since S does not change ANYMORE,so return False!')
            return False
```

例 2.14 证明推理 $(p \rightarrow q) \wedge (q \rightarrow r) \rightarrow (p \rightarrow r)$ 是有效的。

代码如下：

```
p,q,r = symbols('p q r')
first = (~p|q)&(~q|r)              #前件
```

```
second = (~p|r)                    #后件
resolution(first,second)
```

输出结果为：

```
True
```

如果想知道推理的过程，运行代码：resolution(first,second,bDisplaySteps=True)，输出结果为：

```
We start from S = {'q|~p', 'r|~q', 'p', '~r'}:

Now NEW = {'q', '~q', 'r|~p'}.
After add NEW to S, S = {'~q', 'r|~q', 'r|~p', 'p', 'q', 'q|~p', '~r'}.

Because ~q&q = False, so return True HERE!
True
```

例 2.15 证明推理 $(p\to q) \land p \to r$ 是无效的。

代码如下：

```
p,q,r = symbols('p q r')
first = (~p|q)&p
second = r
resolution(first,second,bDisplaySteps = True)
```

输出结果为：

```
We start from S = {'q|~p', 'p', '~r'}:

Now NEW = {'q'}.
After add NEW to S, S = {'q', 'q|~p', 'p', '~r'}.

Now NEW = {'q'}.
After add NEW to S, S = {'q', 'q|~p', 'p', '~r'}.

Since S does not change ANYMORE, so return False!
False
```

例 2.16 证明推理 $(p\to q) \land (q\to (r \land s)) \land (\neg r \lor (\neg t \lor u)) \land (p \land t) \to u$ 是有效的。

代码如下：

```
p,q,r,s,t,u = symbols('p q r s t u')
x = (~p|q)&(~q|(r&s))&(~r|(~t|u))&(p&t)
y = u
resolution(x,y)
```

输出结果为：

```
True
```

需要指出：如果一个推理有效，使用归结规则时，大多数情况下会很快返回 True；如果推理无效或就当前的前提无法推导出结论,程序会一直运行到集合 S 没有新的元素可以添加,这会造成运行效率较低,list 和 set 之间的强制转换也会耗费大量的计算资源。

下面介绍另一种推理方法。恰含有一个正文字的析取式称为**限定子句**,如 $\neg p \vee q \vee \neg r$,$s \vee \neg t$,$u$ 为限定子句,而 $\neg p \vee q \vee r$,$\neg s \vee \neg t$,$\neg u$ 为非限定子句,限定子句都可以写成蕴涵式或者事实,$\neg p \vee q \vee \neg r$ 可以写成 $(p \wedge r) \to q$,$s \vee \neg t$ 可以写成 $t \to s$,而 u 为事实。

构造一个命题推理时,我们可以从事实开始,寻找属于限定子句的子命题,推导出新的事实。例如我们想验证在如下一系列前提条件下推导 Q 的推理是否有效:

$$P \to Q$$
$$L \wedge M \to P$$
$$B \wedge L \to M$$
$$A \wedge P \to L$$
$$A \wedge B \to L$$
$$A$$
$$B$$

这里 A,B 为事实,其他子句为限定子句。事实集为 $\{A,B\}$,将限定子句的前件中含有 A,B 的项删除:

$$P \to Q$$
$$L \wedge M \to P$$
$$\cancel{B} \wedge L \to M$$
$$\cancel{A} \wedge P \to L$$
$$\cancel{A} \wedge \cancel{B} \to L$$

最后一个限定子句 $\cancel{A} \wedge \cancel{B} \to L$ 的前件删除为空,由于 A,B 已全部划掉,将其从事实集中删除,并将 L 添加至事实集。当前的事实集为 $\{L\}$,将限定子句的前件中含有 L 的项删除:

$$P \to Q$$
$$\cancel{L} \wedge M \to P$$
$$\cancel{B} \wedge \cancel{L} \to M$$
$$\cancel{A} \wedge P \to L$$

从而得到新的事实 M,将 L 从事实集中删除,并将 M 添加至事实集,重复上述过程:

$$P \to Q$$
$$\cancel{L} \wedge \cancel{M} \to P$$
$$\cancel{A} \wedge P \to L$$

及:

$$\cancel{P} \to Q$$

从而推理有效。

这个算法称为**前向链接**算法,是事实(数据)驱动的推理方法。其实现方法如下:

```
#前向链接(事实驱动)
def FC_ENTAIL(KB,q,bDisplaySteps = False):
    '''
    参数: KB: 限定子句列表
          q: 待查询的结论
          bDisplaySteps: 是否显示推导步骤,默认为 False
    返回: q 是否可由 KB 推出
```

```
    '''
    truth = set()
    list_premise,list_conclusion = [],[]
    for k in KB:
        premise,conclusion = [],''
        k_split = str(k).replace(' ','').split('|') #提取限定子句的文字
        #把限定子句的负文字去掉否定连接词添入列表 premise;唯一正文字作为 conclusion
        for s in k_split:
            if s[0] == '~':
                premise.append(s[1:])
            else:
                conclusion = s
        #限定子句只有一个文字(正文字)时,如果它刚好是待查询的结论,直接输出 True,如果它不是待
        #查询的结论,把它添加进事实集 truth。如果限定子句包含不止一个文字,则把刚生成的 premise
        #以集合形式添加进前提列表 list_premise,conclusion 加入结论列表 list_conclusion
        if len(premise) == 0:
            if conclusion == str(q):return True
            truth.add(conclusion)
        else:
            list_premise.append(set(premise))
            list_conclusion.append(conclusion)

############################################
#显示信息的附加代码,如果仅关注程序的逻辑,可跳过这部分代码
    if bDisplaySteps:
        print('知识库 KB 中的事实集 truth 为{}。\n'.format(truth))
        zip_pc = zip(list_premise,list_conclusion)
        for p,c in zip_pc:
            print('由知识库 KB 得到的合取前提与结论为{}->{}。'.format(p,c))
        print('=========================================')
        print('\n')
############################################

    while True:
        #如果初始事实集为空,返回 False
        if len(truth) == 0:

            ############################################
            if bDisplaySteps:
                print('由于无法得到新的事实,返回 False!')
            ############################################

            return False
        #从前提中删除事实
        truth_copy = truth.copy()
        for t in truth_copy:

            ############################################
            if bDisplaySteps:
                print('我们逐个删除所有前提中的{}:'.format(t))
            ############################################
```

```python
            for p,c in zip(list_premise,list_conclusion):
                if t in p:

                    ##########################################
                    if bDisplaySteps:
                        print('从{}中删除{}.'.format(p,t))
                    ##########################################

                    p.remove(t)
                    #当p中前提被删完,且其相应的结论c刚好是待查询结论,返回True,如果其相应结论c
                    #不是待查询结论,则把它加入事实集,同时在前提与结论列表中分别删去p及其相应结论c
                    if len(p) == 0:
                        if c == str(q):

                            ##########################################
                            if bDisplaySteps:
                                print('由于{}的前提已被完全删除,查询{}为真,函数返回True!'.format(q,q))
                            ##########################################

                            return True

                        ##########################################
                        if bDisplaySteps:
                            print('为事实集 truth 添加元素{}.'.format(c))
                        ##########################################

                        truth.add(c)

                        ##########################################
                        if bDisplaySteps:
                            print('既然结论{}的前提已被完全删除,我们从 list_premise 与 list_conclusion 中删除相应条目.'.format(c))
                        ##########################################

                        list_premise.remove(p)
                        list_conclusion.remove(c)

            ##########################################
            if bDisplaySteps:
                print('{}已经从所有的前提中删除,现在从事实集 truth 中删除{}.\n'.format(t,t))
            ##########################################

            truth.remove(t)

            ##########################################
            if bDisplaySteps:
                print('当前事实集为{}.\n'.format(truth))
                zip_pc = zip(list_premise,list_conclusion)
                for p,c in zip_pc:
                    print('当前的合取前提与结论为{}->{}.'.format(p,c))
                print('========================================')
                print('\n')
            ##########################################
```

例 2.17 调用函数 FC_ENTAIL() 测试前方示例。
代码如下：

```
A,B,L,M,P,Q = symbols('A B L M P Q')
KB = [~P|Q,~L|~M|P,~B|~L|M,~A|~P|L,~A|~B|L,A,B]
FC_ENTAIL(KB,Q,bDisplaySteps = True)
```

输出结果为：

知识库 KB 中的事实集 truth 为 {'A', 'B'}。

由知识库 KB 得到的合取前提与结论为 {'P'} -> Q。
由知识库 KB 得到的合取前提与结论为 {'M', 'L'} -> P。
由知识库 KB 得到的合取前提与结论为 {'L', 'B'} -> M。
由知识库 KB 得到的合取前提与结论为 {'P', 'A'} -> L。
由知识库 KB 得到的合取前提与结论为 {'A', 'B'} -> L。
==

我们逐个删除所有前提中的 A：
从 {'P', 'A'} 中删除 A。
从 {'A', 'B'} 中删除 A。
A 已经从所有的前提中删除，现在从事实集 truth 中删除 A。

当前事实集为 {'B'}。

当前的合取前提与结论为 {'P'} -> Q。
当前的合取前提与结论为 {'M', 'L'} -> P。
当前的合取前提与结论为 {'L', 'B'} -> M。
当前的合取前提与结论为 {'P'} -> L。
当前的合取前提与结论为 {'B'} -> L。
==

我们逐个删除所有前提中的 B：
从 {'L', 'B'} 中删除 B。
从 {'B'} 中删除 B。
为事实集 truth 添加元素 L。
既然结论 L 的前提已被完全删除，我们从 list_premise 与 list_conclusion 中删除相应条目。
B 已经从所有的前提中删除，现在从事实集 truth 中删除 B。

当前事实集为 {'L'}。

当前的合取前提与结论为 {'P'} -> Q。
当前的合取前提与结论为 {'M', 'L'} -> P。
当前的合取前提与结论为 {'L'} -> M。
当前的合取前提与结论为 {'P'} -> L。
==

我们逐个删除所有前提中的 L：
从 {'M', 'L'} 中删除 L。
从 {'L'} 中删除 L。
为事实集 truth 添加元素 M。
既然结论 M 的前提已被完全删除，我们从 list_premise 与 list_conclusion 中删除相应条目。
L 已经从所有的前提中删除，现在从事实集 truth 中删除 L。

当前事实集为 {'M'}。

当前的合取前提与结论为{'P'}->Q。
当前的合取前提与结论为{'M'}->P。
当前的合取前提与结论为{'P'}->L。
==

我们逐个删除所有前提中的 M：
从{'M'}中删除 M。
为事实集 truth 添加元素 P。
既然结论 P 的前提已被完全删除，我们从 list_premise 与 list_conclusion 中删除相应条目。
M 已经从所有的前提中删除，现在从事实集 truth 中删除 M。

当前事实集为{'P'}。

当前的合取前提与结论为{'P'}->Q。
当前的合取前提与结论为{'P'}->L。
==

我们逐个删除所有前提中的 P：
从{'P'}中删除 P。
由于 Q 的前提已被完全删除，查询 Q 为真，函数返回 True！
True
```

**例 2.18** 已知限定子句为：

$$P \rightarrow Q$$
$$A \rightarrow P$$
$$B$$

测试命题 $Q$ 是否可以由这些限定子句推出。

代码如下：

```
FC_ENTAIL([~P|Q,~A|P,B],Q,bDisplaySteps = True)
```

输出结果为：

```
知识库 KB 中的事实集 truth 为{'B'}。

由知识库 KB 得到的合取前提与结论为{'P'}->Q。
由知识库 KB 得到的合取前提与结论为{'A'}->P。
==============================================

我们逐个删除所有前提中的 B：
B 已经从所有的前提中删除，现在从事实集 truth 中删除 B。

当前事实集为 set()。

当前的合取前提与结论为{'P'}->Q。
当前的合取前提与结论为{'A'}->P。
==============================================

由于无法得到新的事实，返回 False！
False
```
```

第3章

一 阶 逻 辑

一阶逻辑是一种比命题逻辑表达能力更强的逻辑。例如,对于任意的 x,x 是整数 $\to x+1$ 是整数。变量 x 取 0 时得到命题逻辑公式:0 是整数 $\to 1$ 是整数。

3.1 一阶逻辑基础

数学符号"$\forall$"读作"对于所有的"或"对于任意的",在逻辑上称为全称量词。符号"$\exists$"读作"存在"或者"对于某个(些)",我们称其为存在量词。

$\forall x, x^2 \geqslant 0$ 读作"对于所有的 $x, x^2 \geqslant 0$",其中 x 称为变元,$x^2 \geqslant 0$ 为开放语句,x 允许取值的范围称为论域,这里的论域取全体实数。

对于指定论域上的开放语句 $p(x), q(x)$,全称量化语句 $\forall x[p(x) \to q(x)]$ 的逆否命题、逆命题和否命题分别为 $\forall x[\neg q(x) \to \neg p(x)]$、$\forall x[q(x) \to p(x)]$ 和 $\forall x[\neg p(x) \to \neg q(x)]$。

我们不加证明地给出下列具有一个变元的量化语句的逻辑蕴涵式及逻辑等价式:

$\exists x[p(x) \land q(x)] \Rightarrow [\exists x p(x) \land \exists x q(x)]$

$\exists x[p(x) \lor q(x)] \Leftrightarrow [\exists x p(x) \lor \exists x q(x)]$

$\forall x[p(x) \land q(x)] \Leftrightarrow [\forall x p(x) \land \forall x q(x)]$

$[\forall x p(x) \lor \forall x q(x)] \Rightarrow \forall x[p(x) \lor q(x)]$

$\forall x \neg \neg p(x) \Leftrightarrow \forall x p(x)$

$\forall x \neg [p(x) \land q(x)] \Leftrightarrow \forall x[\neg p(x) \lor \neg q(x)]$

$\forall x \neg [p(x) \lor q(x)] \Leftrightarrow \forall x[\neg p(x) \land \neg q(x)]$

$\neg [\forall x p(x)] \Leftrightarrow \exists x \neg p(x)$

$\neg [\exists x p(x)] \Leftrightarrow \forall x \neg p(x)$

$\neg [\forall x \neg p(x)] \Leftrightarrow \exists x \neg \neg p(x) \Leftrightarrow \exists x p(x)$

$\neg [\exists x \neg p(x)] \Leftrightarrow \forall x \neg \neg p(x) \Leftrightarrow \forall x p(x)$

注意:最后两个逻辑等价式,一般可以将 $\neg \forall x \cdots$ 转换为 $\exists x \neg \cdots$,而将 $\neg \exists x \cdots$ 转换为 $\forall x \neg \cdots$。

对于有两个变元的量化语句我们有：

$\forall x \forall y p(x,y) \Leftrightarrow \forall y \forall x p(x,y)$

$\exists x \exists y p(x,y) \Leftrightarrow \exists y \exists x p(x,y)$

但 $\forall x \exists y p(x,y)$ 与 $\exists y \forall x p(x,y)$ 并不是逻辑等价的，例如实数范围内 $\forall x \exists y (x+y=0)$ 为真，而 $\exists y \forall x (x+y=0)$ 为假。

在运用一阶逻辑进行推理时，我们经常使用**全称量词消去规则**，考虑下列开放语句：

$p(x)$：x 是数学专业本科毕业生。$q(x)$：x 学过"数学分析"。

若 $\forall x[p(x) \to q(x)]$，令 a 为某个特定的数学专业本科毕业生，则可做如下的推导：

(1) $\forall x[p(x) \to q(x)]$　　　　前提引入
(2) $p(a)$　　　　　　　　　　前提引入
(3) $p(a) \to q(a)$　　　　　　(1) 全称量词消去规则
(4) $q(a)$　　　　　　　　　　(2)、(3) 假言推理规则

> **注意**：第(2)步和第(3)步将 x 替换为论域中特定的对象 a，在一阶逻辑推理中又称为**一个置换**，记为 $\{x/a\}$。

3.2 合一

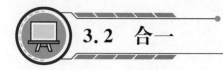

下面我们介绍计算机是如何运用一阶逻辑进行推理的。

假设有以下事实及开放式语句：p_1'：class_1(a) 表示 a 为某高校 2021 级计算机专业一班的学生，p_2'：class_2(b) 表示 b 为此高校 2021 级计算机专业二班的学生，由于这两个班级经常在一起上基础课和做实验，所以他们互相认识。p_1：class_1(x)、p_2：class_2(y) 分别表示 $\forall x[\text{class\_1}(x)]$、$\forall y[\text{class\_2}(y)]$，$q$：knows($x,y$) 表示 $\forall x \forall y$，x 和 y 互相认识。从而有 $p_1 \wedge p_2 \to q$。我们将 p_1'，p_2' 称为**事实**，也称知识库，一般用符号 KB 表示，而称 $p_1 \wedge p_2 \to q$ 为规则(rule)。我们的目标是**根据规则从已有的知识库中推导出新的事实**。

我们从 p_1 与 p_2 开始，比较 class_1(a) 与 class_1(x)，如果按字符串的类型看的话，唯一的不同为 a 和 x，如果将 x 置换为 a，即 $\theta=\{x/a\}$，则二者相同，这个过程称为**合一**。SUBST(θ,p_1)=class_1(a)，同样的方法将 y 置换为 b，得到置换 $\theta=\{x/a, y/b\}$，从而 SUBST(θ, p_1) $\wedge$ SUBST(θ, p_2) $\to$ SUBST(θ, q)，我们得到新的事实 SUBST(θ, q)：knows(a,b)。

Prolog 是一种使用谓词逻辑进行推理的程序设计语言。我们需要为 Prolog 提供事实(知识库)和规则。

假设谓词 instructor(t,c) 表示教师 t 教授课程 c，enrolled(s,c) 表示学生 s 选修课程 c。如果事实包含：

```
instructor(Zhao,java),
instructor(Qian,c++),
instructor(Sun,python),
instructor(Li,c#),
enrolled(2020001,java),
enrolled(2020002,c++),
enrolled(2020003,python),
enrolled(2020004,python)
```

当查询（规则）为 instructor(Li,c#) 时，结果应为 True；当查询为 instructor(Li,c#)&enrolled(2020001,c#)时，结果应为 False；当查询为 enrolled(x,python)时，结果应为 {x/2020003,x/2020004}；当查询为 instructor(x,python)&enrolled(y,python)时，结果应为 {{x/Sun,y/2020003},{x/Sun,y/2020004}}。

我们使用 Python 模拟上述特定的查询。首先我们限定查询中至多有一个"&"连接符，而且出现的变量符限定在'x''y'和'z'三个字符之内。这样做的原因是合一的过程看似简单，实则需要繁杂的逻辑判断；另外，特定的查询系统总有特定的查询规则，很难实现一个可以适用于任何场合的查询函数。

```
import copy
#事实
kb = ['instructor(Zhao,java)','instructor(Qian,c++)','instructor(Sun,python)','instructor(Li,c#)',
  'enrolled(2020001,java)','enrolled(2020002,c++)','enrolled(2020003,python)','enrolled
  (2020004,python)']
#定义查询函数
def query(KB,ask):
  #theta 保存查询结果
  theta = set()
  #解析知识库为[[instructor,[Zhao,java]],[instructor,[Qian,c++]],...,[enrolled,[2020004,
  #python]]]的形式
  parseKB = []
  for k in KB:
    parse_k = []
    k = k.replace(')','')
    split_k = k.split('(')
    parse_k.append(split_k[0])
    parse_k.append(split_k[1].split(','))
    parseKB.append(parse_k)
  #解析参数 ask,类型和解析知识库一样
  parseAsk = []
  split_ask = ask.split('&')
  for a in split_ask:
    askItem = []
    a = a.replace(')','')
    split_a = a.split('(')
    askItem.append(split_a[0])
    askItem.append(split_a[1].split(','))
    parseAsk.append(askItem)
  #删除时要从后边开始!
  for i in range(len(parseAsk) - 1, -1, -1):
    if parseAsk[i] in parseKB:
        parseAsk.remove(parseAsk[i])          #把在知识库中的查询命题删除
    else:
      def contain_xyz(parseAskItem):
        return 'x' in parseAskItem[1] or 'y' in parseAskItem[1] or 'z' in parseAskItem[1]
      #如果不含有变量的命题逻辑不在知识库中,说明要查询的结果不存在
      if not contain_xyz(parseAsk[i]):return False
  #已在知识库中的(查询)命题被全部删除,说明这个不含任意变量的查询存在
  if len(parseAsk) == 0:return True
  #当查询为 enrolled(x,python)类型时
```

```python
        if len(parseAsk) == 1:
            for i in range(len(parseKB)):
                parseAsk_Copy = copy.deepcopy(parseAsk[0])
                #合一
                if parseKB[i][0] == parseAsk_Copy[0]:
                    first = parseAsk_Copy[1][0]
                    #对first进行置换
                    if first in list('xyz'):
                        parseAsk_Copy[1][0] = parseKB[i][1][0]
                    second = parseAsk_Copy[1][1]
                    #对second进行置换
                    if second in list('xyz'):
                        if second == first:
                            parseAsk_Copy[1][1] = parseKB[i][1][0]
                        else:
                            parseAsk_Copy[1][1] = parseKB[i][1][1]
                    #合一后的结果如果在知识库中,为theta添加这个结果
                    if parseAsk_Copy in parseKB:
                        theta.add(tuple(tuple(parseAsk_Copy[1])))
        #当查询为instructor(x,python)&enrolled(y,python)类型时
        if len(parseAsk) == 2:
            for i in range(len(parseKB)):
                for j in range(len(parseKB)):
                    parseAsk_first_Copy = copy.deepcopy(parseAsk[0])
                    parseAsk_second_Copy = copy.deepcopy(parseAsk[1])
                    first = parseAsk_first_Copy[1][0]
                    second = parseAsk_first_Copy[1][1]
                    third = parseAsk_second_Copy[1][0]
                    forth = parseAsk_second_Copy[1][1]
                    #合一
                    if parseKB[i][0] == parseAsk_first_Copy[0] and parseKB[j][0] == parseAsk_second_Copy[0]:
                        if first in list('xyz'):parseAsk_first_Copy[1][0] = parseKB[i][1][0]
                        if second == first:parseAsk_first_Copy[1][1] = parseKB[i][1][0]
                        if first == third:parseAsk_second_Copy[1][0] = parseKB[i][1][0]
                        if first == forth:parseAsk_second_Copy[1][1] = parseKB[i][1][0]
                        second = parseAsk_first_Copy[1][1]
                        if second in list('xyz'):
                            parseAsk_first_Copy[1][1] = parseKB[i][1][1]
                            if second == third:parseAsk_second_Copy[1][0] = parseKB[i][1][1]
                            if second == forth:parseAsk_second_Copy[1][1] = parseKB[i][1][1]
                        third = parseAsk_second_Copy[1][0]
                        if third in list('xyz'):
                            parseAsk_second_Copy[1][0] = parseKB[j][1][0]
                            if third == forth:parseAsk_second_Copy[1][1] = parseKB[j][1][0]
                        forth = parseAsk_second_Copy[1][1]
                        if forth in list('xyz'):
                            parseAsk_second_Copy[1][1] = parseKB[j][1][1]
                        #合一后的结果如果在知识库中,为theta添加这个结果
                        if parseAsk_first_Copy in parseKB and parseAsk_second_Copy in parseKB:
                            theta.add((tuple(parseAsk_first_Copy[1]),tuple(parseAsk_second_Copy[1])))
        return theta
```

我们测试 query() 函数,希望读者从给定的测试内容中进一步理解 query() 函数的设计逻辑:

```
query(kb,'instructor(Zhao,java)'),query(kb,'enrolled(2020001,c#)')
```

输出结果为:

```
(True,False)
query(kb,'instructor(Zhao,java)&instructor(Qian,python)')
```

输出结果为:

```
False
query(kb,'enrolled(x,python)')
```

输出结果为:

```
{('2020003', 'python'), ('2020004', 'python')}
query(kb,'instructor(Zhao,java)&enrolled(2020002,z)')
```

输出结果为:

```
{('2020002', 'c++')}
query(kb,'instructor(x,python)&enrolled(y,python)')
```

输出结果为:

```
{(('Sun', 'python'), ('2020003', 'python')),
(('Sun', 'python'), ('2020004', 'python'))}
query(kb,'instructor(x,python)&enrolled(x,python)')
```

输出结果为:

```
set()
query(kb,'instructor(x,z)&enrolled(y,z)')
```

输出结果为:

```
{(('Qian', 'c++'), ('2020002', 'c++')),
(('Sun', 'python'), ('2020003', 'python')),
(('Sun', 'python'), ('2020004', 'python')),
(('Zhao', 'java'), ('2020001', 'java'))}
```

第4章

本章我们来学习集合及其运算的相关编程问题。

4.1 集合

Python 中集合对应的数据结构为 set,其基本用法如下:

```
# 新建一个空集合 s
s = set()
# 为集合 s 添加元素 0
s.add(0)
# 为集合 s 添加元素 1
s.add(1)
# 集合不会重复添加元素
s.add(1)
s
```

输出结果为:

```
{0,1}

# 删除元素 1
s.remove(1)
s.add(-1)
s
```

输出结果为:

```
{-1,0}

# 先进先出——删除最先添加的元素
s.pop()
s
```

输出结果为:

```
{-1}
#清除所有元素
s.clear()
s
```

输出结果为:

```
{}
```

可以使用 for 语句遍历集合:

```
#遍历集合
s = {1,3,4,2,5}
for element in s:
    print(element,end = ' ')
```

输出结果为:

```
1 2 3 4 5
```

```
#对集合排序,输出列表
a = sorted(s,reverse = True)
a
```

输出结果为:

```
[5,4,3,2,1]。
```

> **注意**:参数 reverse 默认为 False,当参数 reverse 设置为 True 时,为降序排序。

集合不支持按索引的方式读取:

```
#不像 list,set 不支持索引
try:
    print(s[0])
except Exception as e:
    print(str(e))
```

输出结果为:

```
'set' object does not support indexing
```

含 n 个元素的集合,其子集个数为 2^n 个,下面我们用 4 种方法生成集合 $A=\{a,b,c,d\}$ 的所有子集。

1. 组合法

```
from itertools import combinations
#从 A 中任取 i 个元素,0 < = i < = 4
A = list('abcd')
iterSubA = sum([list(map(list,combinations(A,i))) for i in range(len(A) + 1)],[])
iterSubA,len(iterSubA)
```

输出结果为:

```
([[],['a'],['b'],['c'],['d'],['a', 'b'],['a', 'c'],['a', 'd'],['b', 'c'],['b', 'd'],['c', 'd'],['a', 'b', 'c'],['a', 'b', 'd'],['a', 'c', 'd'],['b', 'c', 'd'],['a', 'b', 'c', 'd']],16)
```

由于 $2^n = (1+1)^n = \sum_{i=0}^{n} C(n,i)$，所以有 4 个元素的集合，其子集共计有 16 个。

2. 随机生成法

```
import numpy as np
randSubA = set()
repeatNums = 200
np.random.seed(0)
for _ in range(repeatNums):
    #随机生成由 0 与 1 构成的长度为 len(A)的序列,取出'1'相应位置的集合 A 中的元素,形成子集
    a = np.random.choice(2,len(A))
    sub = ''
    for i in range(len(a)):
        if a[i] == 1:sub += A[i]
    randSubA.add(sub)
randSubA,len(randSubA)
```

输出结果为：

({'','a','ab','abc','abcd','abd','ac','acd','ad','b','bc','bcd','bd','c','cd','d'},16)

由于每个元素可能出现在子集中，也可能不出现在子集中，所以所有子集的数量为 $2 \times 2 \times 2 \times 2 = 16$ 个，有很多问题需要借助随机生成法进行探索。

3. 二进制法

将 0~15 这 16 个数转换为二进制 0000,0001,0010,0011,…,1110,1111，分别对应子集 [], ['d'], ['c'], ['c','d'], …, ['a','b','c'], ['a','b','c','d']，即二进制的 4 位分别对应集合 A 中的 4 个元素，对二进制中的 1，取出集合 A 中相应位置的元素形成子集。

```
subSetA = []
for i in range(2 ** len(A)):
    element = []
    for j in range(len(A)):
        if (i >> j) % 2:element.append(A[len(A) - 1 - j])
    subSetA.append(sorted(element))
subSetA
```

输出结果为：

[[],['d'],['c'],['c', 'd'],['b'],['b', 'd'],['b', 'c'],['b', 'c', 'd'],['a'],['a', 'd'],['a', 'c'],['a', 'c', 'd'],['a', 'b'],['a', 'b', 'd'],['a', 'b', 'c'],['a', 'b', 'c', 'd']]

> **注意**：这里使用 list 代替 set。代码(i >> j)%2 只有 0 和 1 两种取值，当其值为 1 时，说明 i 的二进制数的右起第 j+1 位(j 从 0 开始)为 1，此时取出集合 A 中右起第 j+1 位的元素。

4. Gray 码方法

Gray 码方法是按照如下的方法生成的：初始列表为[[0],[1]]，这就是长度为 1 的 Gray 码，在此基础上可以生成长度为 2 的 Gray 码，首先将列表的所有元素按逆序进行复制，并添加至原列表，即[[0],[1],[1],[0]]，然后将前一半后边添加元素 0，后一半添加元素 1，生成长度为 2 的 Gray 码[[0,0],[1,0],[1,1],[0,1]]。用相同的方法可生成长度为 3 的 Gray 码[[0,0,0],[1,0,0],[1,1,0],[0,1,0],[0,1,1],[1,1,1],[1,0,1],[0,0,1]]。注意列表的相邻两个元素

恰有一个数字不同,若将列表的各元素视为三维空间中的点,这 8 个点恰为第一象限内单位正方体的顶点,列表顺序正好为沿正方体的边不重复地遍历所有顶点。

Gray 码的生成代码如下:

```
import copy
def Gray(length):
    def nextBit(G):
        result = []
        #顺次在 G 的所有元素后边添加 0,依次加入 result
        for i in range(len(G)):
            a = copy.deepcopy(G[i])
            a.append(0)
            result.append(a)
        #按逆序在 G 的所有元素后边添加 1,依次加入 result
        for i in range(len(G) - 1, -1, -1):
            a = copy.deepcopy(G[i])
            a.append(1)
            result.append(a)
        return result
    G = [[0],[1]]
    for i in range(length - 1):
        G = nextBit(G)      #每调用一次,Gray 码长度增加一位
    return G
```

现使用 Gray 函数,生成长度为 4 的 Gray 码:

```
G = Gray(4)
G
```

输出结果为:

[[0, 0, 0, 0],[1, 0, 0, 0],[1, 1, 0, 0],[0, 1, 0, 0],[0, 1, 1, 0],[1, 1, 1, 0],[1, 0, 1, 0],[0, 0, 1, 0],[0, 0, 1, 1],[1, 0, 1, 1],[1, 1, 1, 1],[0, 1, 1, 1],[0, 1, 0, 1],[1, 1, 0, 1],[1, 0, 0, 1],[0, 0, 0, 1]]

最后按照 Gray 码为 1 的位置取出集合 A 中的元素,生成子集:

```
A = list('abcd')
subSetByGray = []
for g in G:
    subElement = ''
    #取出'1'相应位置的集合 A 中的元素
    for i,x in enumerate(g):
        if x:
            subElement += A[i]
    subSetByGray.append(subElement)
subSetByGray
```

输出结果为:

['', 'a', 'ab', 'b', 'bc', 'abc', 'ac', 'c', 'cd', 'acd', 'abcd', 'bcd', 'bd', 'abd', 'ad', 'd']

4.2 集合的运算

数学中集合的运算与 Python 的运算对应如下：

$$A \cap B \Leftrightarrow A.\text{intersection}(B) \Leftrightarrow A \& B$$
$$A \cup B \Leftrightarrow A.\text{union}(B) \Leftrightarrow A | B$$
$$A - B \Leftrightarrow A.\text{difference}(B) \Leftrightarrow A - B$$

$A \Delta B \Leftrightarrow A.\text{symmetric\_difference}(B) \Leftrightarrow (A|B) - (A\&B)$，其中 $A \Delta B$ 为集合 A 与 B 的对称差集。

示例代码如下：

```python
import numpy as np
np.random.seed(0)
#随机生成两个集合
s1 = set(np.random.randint(1,11,size = 10))
s2 = set(np.random.randint(1,11,size = 10))
s1,s2
```

输出结果为：

```
({1, 3, 4, 5, 6, 8, 10}, {2, 7, 8, 9})
```

```python
#交集
s1.intersection(s2),s1&s2
```

输出结果为：

```
({8}, {8})
```

```python
#并集
s1.union(s2),s1|s2
```

输出结果为：

```
({1, 2, 3, 4, 5, 6, 7, 8, 9, 10}, {1, 2, 3, 4, 5, 6, 7, 8, 9, 10})
```

```python
#差集
s1.difference(s2) == s1 - s2
```

输出结果为：

```
True
```

```python
#对称差集
s1.symmetric_difference(s2),(s1|s2) - (s1&s2)
```

输出结果为：

```
({1, 2, 3, 4, 5, 6, 7, 9, 10}, {1, 2, 3, 4, 5, 6, 7, 9, 10})
```

第 4 章 集合

如果我们试图使用 $s1+s2$ 来求 $s1$ 与 $s2$ 的并集，程序将发生错误！

```
try:
    s1 + s2
except Exception as e:
    print(str(e))
```

输出结果为：

```
unsupported operand type(s) for + : 'set' and 'set'
```

这说明两个集合间不支持运算符"＋"，但有时我们也希望将直观的运算符运用至一般的数据类型中。下面我们介绍编程领域中一个重要的技术：**运算符重载**。

在代数学中，我们经常会遇到求模运算，我们希望用＋、－、* 和^分别表示"模加""模减""模乘""模幂"运算。比如：$a=5, b=6, \text{prime}=7$，则模加运算 $a+b$ 的结果并非 11，而是 4：$(a+b)\%\text{prime}$；模减、模乘、模幂运算的结果分别为 $a-b=6, a*b=2, a\text{^}b=3$，因此我们需要为运算符＋、－、* 和^赋予新的运算方法：

```python
class myMod(int):
    global prime
    def __init__(self,value):
        self.value = value
    # '+'
    def __add__(self,another):
        a = self.value + another.value
        return a % prime
    # '-'
    def __sub__(self,another):
        a = self.value - another.value
        return a % prime
    # '*'
    def __mul__(self,another):
        a = self.value * another.value
        return a % prime
    # '**'
    def __pow__(self,another):
        a = self.value ** another.value
        return a % prime
```

myMod 类的使用方法如下：

```python
prime = 7
a = myMod(5)
b = myMod(6)
a + b, a - b, a * b, a ** b
```

输出结果为：

```
(4,6,2,1)
```

下面重载集合运算中的并(＋)、差(－)、交(*)、对称差(/)、补(~)、等于(＝＝)及元素数量函数 len()：

```python
class S(set):
    # 全集
```

```python
    global univeralSet
    def __init__(self, value = ()):
        self.value = set(value)
    # '+'求并
    def __add__(self, another):
        return self.value | another.value
    # '-'求差
    def __sub__(self, another):
        return self.value - another.value
    # '*'求交
    def __mul__(self, another):
        return self.value & another.value
    # '/'求对称差
    def __truediv__(self, another):
        return self.value.symmetric_difference(another.value)
    # '~'求补集
    def __invert__(self):
        return univeralSet - self.value
    # '=='判断两个集合是否相等
    def __eq__(self, another):
        return self.value == another.value
    # 求集合的长度(元素的数量)
    def __len__(self):
        return len(self.value)
```

其基本使用方法为：

```
universalSet = {1,2,3,4}
a = S([1,2,3])
b = S((2,3,4))
a + b, a - b, a * b, a/b, ~a
```

输出结果为：

```
({1, 2, 3, 4}, {1}, {2, 3}, {1, 4}, {4})
```

注意此时 a+b 的类型为 set 类，而不是 S 类，如果需要进行复合运算，可以将 set 类强制转换为 S 类，如下：

```
~S((a + b) - (a - b))
```

输出结果为：

```
{1}
```

例 4.1 验证德·摩根律 $\overline{A \cap B} = \overline{A} \cup \overline{B}, \overline{A \cup B} = \overline{A} \cap \overline{B}$。

代码如下：

```
# 德·摩根律的验证
rd = np.random.RandomState(0)
universalSet = set(list(range(1,101)))
A = S(rd.randint(1,101,size = 50))
```

```
B = S(rd.randint(1,101,size = 50))
~S(A * B) == S(~A) + S(~B), ~S(A + B) == (S(~A)) * (S(~B))
```

输出结果为:

```
(True,True)
```

例 4.2 求证: $\overline{A \Delta B} = A \Delta \overline{B}$。

代码如下:

```
rd = np.random.RandomState(0)
universalSet = set(list(range(1,101)))
A = S(rd.randint(1,101,size = 50))
B = S(rd.randint(1,101,size = 50))
~S(A/B) == A/S(~B)
```

输出结果为:

```
True
```

例 4.3 我们用 $|A|$ 表示集合 A 中元素的个数,μ 表示全集,则有:
$$|A \cup B \cup C| = |A| + |B| + |C| - |A \cap B| - |A \cap C| - |B \cap C| + |A \cap B \cap C|$$
$$\overline{|A \cup B \cup C|} = |\mu| - |A| - |B| - |C| + |A \cap B| + |A \cap C| + |B \cap C| - |A \cap B \cap C|$$

代码如下:

```
universalSet = set(list(range(1,101)))
rd = np.random.RandomState(0)
A = S(rd.randint(1,101,size = 50))
B = S(rd.randint(1,101,size = 50))
C = S(rd.randint(1,101,size = 50))
first = len(S(A + B) + C) == len(A) + len(B) + len(C) - len(A * B) - len(A * C) - len(B * C) + len(S(A * B) * C)
second = len(~S(S(A + B) + C)) == len(allSet) - len(A) - len(B) - len(C) + len(A * B) + len(A * C) + len(B * C) - len(S(A * B) * C)
first,second
```

输出结果为:

```
(True,True)
```

可以看到,对运算符重载有利有弊:它更贴近一般的数学运算,但调用时需要对数据类型进行强制转换。

第5章 离散概率

离散概率是在随机试验只有有限个或有无限但可数个可能结果时,研究其随机事件发生的可能性。数学教材中一般偏重于其理论值的计算,本书中我们大多使用计算机程序模拟随机事件或随机过程,并得出模拟的结果。

5.1 概率初步

首先,我们学习 Python 的两种基本数据结构:元组(tuple)与字典(dict)。

和列表非常相似,元组也是由一组有序的元素组成的。它们在形式上的区别是:列表使用方括号"[]"将这些元素括起来,而元组使用圆括号"()"将这些元素括起来;它们的本质区别是:列表可以修改、添加与删除元素,而元组一经创建,则不可修改。

```
#创建元组
a = (2,3,4)
#按索引读取元组元素
a[0],a[1],a[2]
```

输出结果为:

```
(2,3,4)

#元组元素不可修改
try:
    a[0] = 1
except Exception as e:
    print(str(e))
```

输出结果为:

```
'tuple' object does not support item assignment
```

这说明不可以重新为元组的元素赋值。

列表、集合、元组，它们两两之间可以进行类型转换：

```
#类型转换
b = [0,1,10]
c = {0,1,2}
t1,t2 = tuple(b),tuple(c)
l,s = list(t1),set(t2)
t1,t2,l,s
```

输出结果为：

```
((0, 1, 10), (0, 1, 2), [0, 1, 10], {0, 1, 2})
```

虽然元组不允许为单个元素赋值，但可以重新为整个元组赋值：

```
#允许为整个元组重新赋值
t3 = (1,2,3)
t3 = (2,3,4)
t3
```

输出结果为：

```
(2,3,4)
```

字典(dict)也是 Python 中常见的数据结构，其元素为**键-值**对，键和值中间用冒号":"连接，并用花括号{}将这些元素括起来，使用方法如下：

```
d1 = {'之':'的,往,人称代词,……','smallNums':(0,1,2,3,4,5,6,7,8,9,10),(0,1):[1,2,3],'set':{3,4,5},
0:{100:'a hundred'}}
type(d1),d1['之'],d1['smallNums'],d1[(0,1)],d1['set'],d1[0]
```

输出结果为：

```
(dict,
的,往,人称代词,……,
(0, 1, 2, 3, 4, 5, 6, 7, 8, 9, 10),
[1, 2, 3],
{3, 4, 5},
{100:'smallNums'a hundred'smallNums'})
```

可以按下述方式遍历字典的内容：

```
#遍历键
for key in d1.keys():
    print(key)
print('\n')
#遍历值
for value in d1.values():
    print(value)
print('\n')
#遍历条目
for key,value in d1.items():
    print(key,value)
```

请读者自行观察代码的运行结果。

由此可见，字典的键可以是数、字符串、元组，值可以是包括元组、列表、集合及字典的任意类型，但需要注意的是，字典的键不能为列表、集合和字典。如：

```
#列表不能为键
try:
    d2 = {[1,3,5,7,9]:'odd numbers'}
except Exception as e:
    print(str(e))
```

输出结果为：

```
unhashable type: 'list'
```

```
#集合不能为键
try:
    d2 = {{1,3,5,7,9}:'odd numbers'}
except Exception as e:
    print(str(e))
```

输出结果为：

```
unhashable type: 'set'
```

```
#字典不能为键
try:
    d3 = {{'a':1}:'value'}
except Exception as e:
    print(str(e))
```

输出结果为：

```
unhashable type: 'dict'
```

在统计数据时，defaultdict 比 dict 更常用，defaultdict 是 dict 的一个子类，其使用方法如下：

```
from collections import defaultdict
#defaultdict 基本知识
dd_1 = defaultdict(int)
dd_1['a']
```

输出结果为：

```
0
```

我们没有为键'a'指定值0，甚至根本没有指定键，defaultdict(int)默认为新出现的键指定值0。

```
dd_2 = defaultdict(str)
dd_2[(0,1)] += 'abc'
dd_2[(0,1)],dd_2[(1,0)]
```

输出结果为：

```
('abc', '')
```

defaultdict(str)默认为新出现的键指定值''。

```
dd_3 = defaultdict(float)
dd_3[0] += 1
dd_3[0],dd_3[1]
```

输出结果为：

```
(1.0,0.0)
```

defaultdict(float)默认为新出现的键指定值0.0。

例 5.1 投掷一个均匀的骰子，求：
(1) 得到的点数不小于 5 的概率；
(2) 得到的点数为偶数的概率。
代码如下：

```
testNums = 100000
d = defaultdict(int)
np.random.seed(0)
#模拟100000次实验,每次随机生成1位数字(1~6),并统计各数字出现的次数
for _ in range(testNums):
    num = np.random.randint(1,7)
    d[num] += 1
#5与6出现的次数之和
at_least_5 = d[5] + d[6]
#2、4、6出现的次数之和
is_246 = d[2] + d[4] + d[6]
at_least_5/testNums,is_246/testNums
```

输出结果为：

```
(0.33493, 0.5009)
```

这个结果与其理论值 $\left(\dfrac{1}{3}, 0.5\right)$ 非常接近。

例 5.2 投掷两个均匀的骰子。求：
(1) 样本空间；
(2) 两次投掷的点数之和恰好为 6 的概率；
(3) 两次投掷的点数之和不超过 6 的概率。
代码如下：

```
r1 = np.random.RandomState(np.random.randint(20))
r2 = np.random.RandomState(np.random.randint(20))
testNums = 100000
myDict = defaultdict(int)
#模拟100000次实验,统计投掷出现的所有结果,及每个结果出现的次数
for _ in range(testNums):
    first = r1.randint(1,7)          #第一次投掷结果
    second = r2.randint(1,7)         #第二次投掷结果
    myDict[(first,second)] += 1
#样本空间
print('The sample space is:{',end = '')
```

```
    for key in myDict.keys():
        print(key,end = ',')
print('}')
# 两次掷出的点数恰好为 6 的次数
eq_six = 0
for key in myDict.keys():
    if key[0] + key[1] == 6:eq_six += myDict[key]
# 两次掷出的点数不超过 6 的次数
no_more_six = 0
for key in myDict.keys():
    if key[0] + key[1]<= 6:no_more_six += myDict[key]
eq_six/testNums,5/36,no_more_six/testNums,5/12
```

输出结果为:

```
The sample space is:{(5, 4),(6, 6),(1, 1),(4, 2),(4, 1),(4, 5),(2, 4),(6, 1),(3, 5),(5, 2),(1,
6),(2, 6),(1, 4),(2, 2),(6, 5),(6, 3),(1, 2),(5, 3),(3, 6),(4, 3),(2, 1),(4, 4),(2, 3),(2, 5),
(3, 4),(4, 6),(5, 5),(6, 2),(5, 6),(3, 2),(5, 1),(1, 5),(3, 1),(1, 3),(3, 3),(6, 4),}
(0.13864, 0.1388888888888889, 0.4143, 0.4166666666666667)
```

通过以上两个例子,我们注意到,随机模拟的结果和理论值之间存在差异。事实上,每次随机模拟的结果可能都不会绝对地达到理论值。这是因为,通过计算机随机模拟计算出来的结果,是随机事件的频率,频率的值是会随机改变的;而理论值,即随机事件的概率,是当实验(随机模拟)次数 testNums 为无穷大时所得频率的极限,这是一个恒定不变的值。依据频率的稳定性,增大随机试验的次数,就可能使频率的值越来越接近概率的值,即随机模拟的结果越来越接近理论值,进而随机模拟的结果和理论值之间的差异越来越小。

换个角度看的话,用计算机模拟一个随机事件或随机过程可以对某些复杂问题的研究与探索起到验证的作用。若一个复杂问题无法用既有的理论推导,用计算机随机模拟进行验证是不错的选择。

5.2 离散概率

5.2.1 为事件指定概率

有时,随机试验中不同的样本点(或事件)发生的概率是不相等的,而 np.random.choice()函数提供为样本点(或事件)指定概率的机制。

例 5.3 抛掷一枚不均匀的硬币,正面(H)出现的概率为反面(T)出现的概率的 2 倍,现在抛掷这枚硬币 10 000 次,用 choice()函数模拟这个实验。

代码如下:

```
myDict = defaultdict(int)
testNums = 10000
np.random.seed(0)
# 随机生成 1 的概率是 2/3,生成 0 的概率是 1/3,对应正面出现的概率为反面的 2 倍
result = np.random.choice([0,1],size = testNums,p = [1/3,2/3])
myDict['H'] = np.sum(result)
myDict['T'] = testNums - myDict['H']
myDict['H']/testNums,myDict['T']/testNums
```

输出结果为：

(0.6618, 0.3382)

例 5.4 将例 5.3 的实验重复做 5 次，显示每次实验的结果。

代码如下：

```
#当字典的值为列表时,将其类型定义为lambda:[0,0],指的是字典的值为二元列表,lambda是指当分
#别定义列表的值时需要传入索引参数
myDict = defaultdict(lambda:[0,0])
testNums = 10000
np.random.seed(0)
for i in range(5):
    result = np.random.choice([0,1],size = testNums,p = [1/3,2/3])
    myDict[i][1] = np.sum(result)/testNums       #指定列表中第二个元素的值
    myDict[i][0] = 1 - myDict[i][1]              #指定列表中第一个元素的值
myDict
```

输出结果为：

```
defaultdict(< function __main__.< lambda >()>,
{0: [0.33819999999999995, 0.6618],
 1: [0.34240000000000004, 0.6576],
 2: [0.3327, 0.6673],
 3: [0.3355, 0.6645],
 4: [0.33120000000000005, 0.6688]})
```

> **注意**：myDict[1][1] 表示键'1'所对应的列表中第二个元素的值，这里为 0.6576。

例 5.5 两枚重量不均匀的骰子，其中一枚骰子掷出点数 1～6 的概率分别为 $\frac{1}{21}, \frac{2}{21}, \frac{3}{21}, \frac{4}{21}, \frac{5}{21}, \frac{6}{21}$，另一枚骰子掷出点数 1～6 的概率分别为 $\frac{7}{27}, \frac{6}{27}, \frac{5}{27}, \frac{4}{27}, \frac{3}{27}, \frac{2}{27}$。现投掷这两枚骰子，记下两次掷出的点数之和。重复做这样的实验 100 000 次，求各点数和出现的概率，并按概率值进行排序。

代码如下：

```
from operator import itemgetter
testNums = 100000
np.random.seed(0)
myDict = defaultdict(int)
#统计出现的点数和及各点数和出现的次数
for _ in range(testNums):
    first = np.random.choice(list(range(1,7)),p = np.array([1,2,3,4,5,6])/21)   #第一次投掷结果
    second = np.random.choice(list(range(1,7)),p = np.array([7,6,5,4,3,2])/27)  #第二次投掷结果
    myDict[first + second] += 1                                  #点数和及其出现的次数构成键-值对
#按出现的次数由多到少对键-值对排序
sorted_myDict = sorted(myDict.items(),key = itemgetter(1),reverse = True)
sorted_myDict
```

输出结果为：

[(7, 19505),(8, 15759),(6, 14957),(9, 12199),(5, 10547),(10, 8469),(4, 6670),(11, 4946),(3, 3535),(12, 2154),(2, 1259)]

可以看到，sorted(myDict.items(),key=itemgetter(1),reverse=True)将字典按值由大到小进行排序并以列表形式输出。

例 5.6 ［三门难题］假定你参与一个这样的游戏并有机会赢得大奖。有三扇门，大奖只在其中一扇门后面，游戏参与者从三扇门中选中一扇门（并未打开）；游戏主持人知道哪扇门后边有奖，所以不管你选择哪扇门，剩余的两扇门至少有一扇门后面没有奖，主持人将没有奖的一扇门打开并允许你进入查看，确认这扇门后面没有奖；随后，主持人给你一次机会，你可以改变主意去选择另外那扇之前没选中的门（策略二），也可以坚持你第一次选择的那扇门（策略一），你的策略是什么？

模拟代码如下：

```python
np.random.seed(0)
testNums = 10000
# 大奖所在的门的索引
hasReward = list(np.random.randint(3,size = testNums))
# 坚持第一次选择的策略
firstStrategy = list(np.random.randint(3,size = testNums))
# 产生主持人打开门的索引
openedDoors = []
for i in range(testNums):
    for j in [0,1,2]:
        if j!= hasReward[i] and j!= firstStrategy[i]:
            openedDoors.append(j)
            break
# 产生第二种策略的索引
secondStrategy = []
for i in range(testNums):
    for j in [0,1,2]:
        if j!= firstStrategy[i] and j!= openedDoors[i]:
            secondStrategy.append(j)
# 策略一中奖的次数
first = np.sum(np.array(firstStrategy) == np.array(hasReward))
# 策略二中奖的次数
second = np.sum(np.array(secondStrategy) == np.array(hasReward))
first,second
```

输出结果为：

```
(3308, 6692)
```

可以看到，通过随机模拟，得到策略二的中奖率 0.6692，大约是策略一的中奖率 0.3308 的 2 倍。事实上，策略一的中奖概率（理论值）为 $\frac{1}{3}$，不中奖的概率（即策略二的中奖概率）为 $\frac{2}{3}$。因此，抓住机会，改变主意，选择另外那扇之前没选中的门（策略二），这可以让你中奖的可能性大幅增加。

5.2.2 事件的组合

如果用 $P(A)$ 代表事件 A 发生的概率，则有：

$$P(\overline{A}) = 1 - P(A)$$
$$P(A \cup B) = P(A) + P(B) - P(A \cap B)$$

进一步有：
$$P(A \cup B \cup C) = P(A) + P(B) + P(C) - P(A \cap B) - P(B \cap C) - P(A \cap C) + P(A \cap B \cap C)$$

例 5.7 从 1 到 100 的这 100 个整数中，随机产生一个整数 n，令事件 A 表示"n 为 3 的倍数"，事件 B 表示"n 为 4 的倍数"，事件 C 表示"n 为 5 的倍数"，求 $P(A \cup B \cup C)$。

模拟代码如下：

```
testNums = 10000
np.random.seed(0)
#随机生成10000个1至100的整数
nums = np.random.randint(1,101,size = testNums)
#相应事件包含的数字个数
A = np.sum(nums % 3 == 0)
B = np.sum(nums % 4 == 0)
C = np.sum(nums % 5 == 0)
AB = np.sum(nums % 12 == 0)
AC = np.sum(nums % 15 == 0)
BC = np.sum(nums % 20 == 0)
ABC = np.sum(nums % 60 == 0)
(A + B + C - AB - AC - BC + ABC)/testNums,
np.sum([1 if i%3 == 0 or i%4 == 0 or i%5 == 0 else 0 for i in range(1,101)])/100
```

输出结果为：

```
(0.6027, 0.6)
```

其中 0.6027 为模拟结果，0.6 为理论结果。

5.2.3 伯努利试验

只有两种可能结果的试验称为**伯努利试验**。如掷一枚硬币，结果可能出现正面或者反面；检验一件产品的结果，是否为合格品；一名婴儿的性别，是男或者是女。这都可以看作伯努利试验。

如果一次试验成功的概率为 p，失败的概率为 $q = 1 - p$，则在 n 次独立的伯努利试验中恰有 $k (0 \leqslant k \leqslant n)$ 次成功的概率为 $C(n, k) p^k q^{n-k}$。

我们使用 np.random.choice() 函数模拟多重伯努利试验并验证这个结论：

```
testNums = 100000
np.random.seed(0)
n = 7
p,q = 0.6,0.4
myDict = defaultdict(int)
for _ in range(testNums):
#生成7次伯努利试验的结果,1代表成功,0代表失败
    a = np.random.choice([1,0],size = n,p = [p,q])
    #统计7次试验中成功的次数及其发生的频率
    myDict[np.sum(a)] += 1/testNums
print(np.round(np.sum(list(myDict.values())),5))
#按成功次数排序
sortDict = sorted(myDict.items(),key = itemgetter(0))
sortDict
```

输出结果为：

```
1.0
[(0, 0.0015400000000000034),
 (1, 0.016309999999999505),
 (2, 0.07683000000000291),
 (3, 0.19474000000005398),
 (4, 0.29230000000015155),
 (5, 0.2593600000001186),
 (6, 0.13150999999999075),
 (7, 0.027409999999999053)]
```

其理论值为：

```
from scipy.special import comb
for i in range(8):
    print('{}: {}'.format(i,np.round(comb(7,i) * np.power(p,i) * np.power(q,7 - i),5)),end = ' ')
```

输出结果为：

```
0: 0.00164  1: 0.0172  2: 0.07741  3: 0.19354  4: 0.2903  5: 0.26127  6: 0.13064  7: 0.02799
```

当实验次数为 100 000 时，试验模拟结果和理论结果有 1‰ 左右的误差。
另一种模拟伯努利试验的方式为：

```
from scipy.stats import bernoulli
p = 0.6
#bernoulli(p)指参数为p的0-1分布,如需多次调用,可将其"冻结"起来,以简化后面的代码
rv = bernoulli(p)
# rv.rvs(size = 10,random_state = 0)在服从参数为p的0-1分布中生成10个随机变量值,随机种子为0
rv.rvs(size = 10, random_state = 0)
```

输出结果为：

```
array([1, 0, 0, 1, 1, 0, 1, 0, 0, 1])
```

在这 10 次伯努利试验的结果中，成功 5 次，失败 5 次，成功的频率为 0.5。这说明，当实验次数较少时，得出的频率可能会与理论值的概率有明显偏差。增加试验次数：

```
testNums = 100000
np.sum(rv.rvs(size = testNums,random_state = 0))/testNums
```

输出结果为：

```
0.60158
```

与理论值 0.6 非常接近。

5.2.4 条件概率与独立性

记在事件 A 已经发生的条件下事件 B 发生的概率为 $P(B|A)$，并称此概率为条件概率。则有 $P(B|A) = \dfrac{P(A \cap B)}{P(A)}$。

事件 A 和 B 是独立的 $\Leftrightarrow P(A \cap B) = P(A)P(B)$。

第 5 章 离散概率

三个事件 A、B 和 C 是独立的当且仅当以下 4 个条件同时成立：
(1) $P(A \cap B) = P(A)P(B)$
(2) $P(A \cap C) = P(A)P(C)$
(3) $P(B \cap C) = P(B)P(C)$
(4) $P(A \cap B \cap C) = P(A)P(B)P(C)$

> **注意**：由(1)、(2)、(3)并不能推出(4)成立，即三个事件中如果两两独立，则这三个事件不一定是独立的。例 5.10 将会给出这方面的例子。

例 5.8 假设男孩和女孩的出生概率是相等的，某家庭有两个孩子，事件 A 为该家庭至少一个是男孩，事件 B 为此家庭的两个孩子均是男孩，求 $P(B|A)$。

代码如下：

```
all = set()
atleast_1_boy = set()
two_boys = set()
for _ in range(100):
    #随机生成两个孩子的组合,0代表女孩,1代表男孩
    children = np.random.randint(0,2,size = 2)
    #所有可能组合
    all.add(tuple(children))
    #至少一个男孩的组合
    if np.sum(children)> 0:atleast_1_boy.add(tuple(children))
    #两个男孩的组合
    if np.sum(children)> 1:two_boys.add(tuple(children))
#事件A的概率
p_A = len(atleast_1_boy)/len(all)
#统计事件A与事件B交集中的组合个数
A_and_B = 0
for x in atleast_1_boy:
    if x in two_boys:A_and_B += 1
#事件A∩B的概率
p_AB = A_and_B/len(all)
p_A,p_AB,p_AB/p_A
```

输出结果为：

```
(0.75, 0.25, 0.3333333333333333)
```

即 $P(B|A) = \dfrac{1}{3}$。

例 5.9 在有 n 个孩子的家庭，设事件 A、事件 B 分别表示同时有男孩和女孩、至多有一个男孩。对 n 分别等于 $2,3,4,5,6$ 时，讨论事件 A 和事件 B 是否独立。

代码如下：

```
for n in [2,3,4,5,6]:
    all = set()
    have_b_g = set()
    no_more_1_b = set()
    for _ in range(10000):
        #随机生成n个孩子的组合,0代表女孩,1代表男孩
        children = np.random.randint(0,2,size = n)
```

```
    # 所有可能组合
    all.add(tuple(children))
    # 至多1个男孩的组合
    if np.sum(children)<= 1:
        no_more_1_b.add(tuple(children))
    # 同时有男孩和女孩的组合
    if np.sum(children)> 0 and np.product(children) == 0:
        have_b_g.add(tuple(children))
# 统计事件 A 与事件 B 的交集中所包含的组合个数
AB = 0
for x in no_more_1_b:
    if x in have_b_g:
        AB += 1
print('n = {}:'.format(n),end = ' ')
# 等式成立时,事件 A 与事件 B 独立
print(AB * len(all) == len(have_b_g) * len(no_more_1_b))
```

输出结果为:

```
n = 2: False
n = 3: True
n = 4: False
n = 5: False
n = 6: False
```

可以看到,当 $n=3$ 时,A 和 B 是独立的,其他情况是不独立的。

例 5.10 抛一枚均匀的硬币 4 次,其中:

(1) 事件 A 为第一次抛出反面;

(2) 事件 B 为最后一次抛出反面;

(3) 事件 C 为 4 次抛掷中有两次正面和两次反面。

验证这三个事件不独立但两两独立。

代码如下:

```
all = 2 ** 4
A,B,C = set(),set(),set()
for _ in range(1000):
    # 生成抛掷4次的结果,0代表反面,1代表正面
    test = np.random.randint(0,2,size = 4)
    # 第一次抛出反面
    if test[0] == 0:
        A.add(tuple(test))
    # 第四次抛出反面
    if test[3] == 0:
        B.add(tuple(test))
    # 恰有两次反面
    if np.sum(test) == 2:
        C.add(tuple(test))
AB,AC,BC,ABC = 0,0,0,0
for x in A:
    if x in B:AB += 1
    if x in C:AC += 1
```

```
    for x in B:
        if x in C:BC += 1
    for x in A:
        if x in B and x in C:ABC += 1
    print('P(AB) == P(A) * P(B)?:{}'.format(AB * all == len(A) * len(B)))
    print('P(AC) == P(A) * P(C)?:{}'.format(AC * all == len(A) * len(C)))
    print('P(BC) == P(B) * P(C)?:{}'.format(BC * all == len(B) * len(C)))
    print('P(ABC) == P(A) * P(B) * P(C)?:{}'.format(ABC * all ** 2 == len(A) * len(B) * len(C)))
```

输出结果为:

```
P(AB) == P(A) * P(B)?:True
P(AC) == P(A) * P(C)?:True
P(BC) == P(B) * P(C)?:True
P(ABC) == P(A) * P(B) * P(C)?:False
```

5.2.5 碰撞问题

例 5.11 一个班级有 50 个人,求这个班级任意两个同学的生日都不相同的概率。

如果出现两个同学的生日相同,称这个事件为**碰撞**。

我们模拟不发生碰撞的过程,以便写出解决这类问题的函数:将这 50 个同学聚集在一个教室内,然后随机抽取一个同学进入旁边的空教室内,此时,由于仅有 1 个同学,不发生碰撞的概率为 1,记此概率为 $p(1)$;随机抽取第 2 个同学,不发生碰撞的概率为 $p(1)\times\left(1-\dfrac{1}{366}\right)$,记此概率为 $p(2)$;随机抽取第 3 个同学,不发生碰撞的概率为 $p(2)\times\left(1-\dfrac{2}{366}\right)$……第 i 个同学依然没有发生碰撞的概率为 $p(i-1)\times\left(1-\dfrac{i-1}{366}\right)$,从而抽取到最后一个同学没有发生碰撞的概率为 $p(49)\times\left(1-\dfrac{49}{366}\right)$。

我们按照递归函数的机制编写函数 no2Hits():

```
def no2Hits(n,m = 366):
    if n == 1:return 1
    return no2Hits(n-1,m) * (1-(n-1)/m)
```

调用这个函数:

```
no2Hits(23),no2Hits(40),1 - no2Hits(50),1 - no2Hits(60)
```

运行结果为:

```
(0.4936769881805398, 0.109455523811055, 0.9700730720955715, 0.9940344958280192)
```

这说明:在一个有 23 个同学的班级,同学生日互不相同的概率接近 0.494;在一个有 40 个同学的班级,同学生日互不相同的概率接近 0.109,至少有两个同学生日相同的概率约为 0.891;在一个有 50 个同学的班级,至少有两个同学生日相同的概率约为 0.970;当班级人数为 60 时,至少有两个同学生日相同的概率约为 0.994,发生碰撞几乎为必然事件。

例5.12 有些碰撞不可避免,但如果概率很小,人们也可以接受。例如,国际象棋的合法局面非常多,如果要编写一个数据库,用不同的数字对应不同的局面,显然这个数字的上界要足够大,过大的数字虽然碰撞(两个不同的局面对应相同的数字)的机会很少,但查询效率非常低。而事实上,有很多合法的局面在实际对局中是不可能发生的,比如,一方16个子齐全而另一方仅剩一个王。我们不妨假设所有合法的局面数量为 31 622 400 个,这仅仅是个假设,这个数字来源于精确到秒的出生时刻($366 \times 24 \times 60 \times 60$),我们简单地将一个局面对应的数字对 1 000 000 取模运算,这是根据国际象棋中残局的特定规律,依经验或整数情结而定的一个数字,并且我们认为模运算后不会发生碰撞。现在我们对取模运算后的局面数字再次对数字 n 取模,分析 n 至少为多少时,发生碰撞的概率超过 0.5。如果我们忍受碰撞发生的阈值为 0.05 时,n 至少为多少?

代码如下:

```
no2Hits(1178,m = 1000000),no2Hits(2448,m = 1000000)
```

输出结果为:

```
(0.49981099495404707, 0.04990797247629817)
```

当 $n=2448$ 时,在存储局面信息时,如果我们将新的局面覆盖旧有的局面(发生碰撞),在查询时出错的概率为 0.05,这是可以接受的,其带来的查询效率的提高和存储空间的减少相对这种差错来说,更有意义。

有另外一种碰撞和上述两个例子不太一样,我们通过例 5.13 阐述这种情况。

例5.13 一家制造锁具的小公司,根据客户的反馈,不是一套的锁和钥匙可以匹配的概率为 0.1,我们称这种情况为碰撞,这会给用户带来安全隐患。公司声称现在采用了一种新的技术,不是一套的锁和钥匙能匹配的可能性为零。质量检测人员需要回答这样一个问题:"锁具公司声称的内容是否属实?"检测人员根据经验从一个批次的产品中随机挑取一把钥匙,而从另一个批次的产品中随机挑取一把锁,如果二者匹配,则上述问题的答案为"不属实",并停止测试;如果二者不能匹配,则回答"不知道"。连续 k 次回答"不知道"的概率为 0.9^k,当 k 足够大,比如 $k=44$ 时,此概率为 0.0097;$k=66$ 时,此概率为 0.000 96。若实际情况正如公司声称的那样,这种测试回答为"属实"的概率接近于 1。这种算法称为**蒙特卡洛算法**。蒙特卡洛算法其实并不是一个特定的算法,它表达了这样一个思想:**采样越多,得到的解越接近最优解**。下面的代码演示了在 XOY 平面上以原点为中心、以 2 为边的正方形内随机产生一个点,求其落在单位圆内的概率,并进一步估计出 π 的值:

```
np.random.seed(0)
N = [10 ** 6,10 ** 7,10 ** 8]
for n in N:
    inCircleTimes = 0
    for i in range(n):
        #x 与 y 介于 -1 与 1 之间
        x = np.random.rand() * 2 - 1
        y = np.random.rand() * 2 - 1
        #落在单位圆内的点的个数
        if x ** 2 + y ** 2 <= 1:inCircleTimes += 1
    print('The probability in circle is {},and'.format(inCircleTimes/n),end = ' ')
    print('the approximate value of Pi is {}'.format(inCircleTimes/n * 4))
```

输出结果为：

```
The probability in circle is 0.785057,and the approximate value of Pi is 3.140228
The probability in circle is 0.7855325,and the approximate value of Pi is 3.14213
The probability in circle is 0.7854112,and the approximate value of Pi is 3.1416448
```

5.3 贝叶斯公式

由于

$$P(B|A)=\frac{P(A\cap B)}{P(A)} \Rightarrow P(A\cap B)=P(B|A)P(A)$$

同时，显然有 $P(A\cap B)=P(A|B)P(B)$，从而

$$P(A|B)=\frac{P(B|A)P(A)}{P(B)}$$

这就是**贝叶斯公式**，其中 $P(B)=P(B|A)P(A)+P(B|\bar{A})P(\bar{A})$。

更进一步，如果 $A_1,A_2,\cdots,A_n$ 是互斥事件，且 $\sum_{i=1}^{n}P(A_i)=1$，假定 $\forall i, 1\leqslant i\leqslant n, P(A_i)\neq 0$，且 $P(B)\neq 0$，则

$$P(A_i|B)=\frac{P(B|A_i)P(A_i)}{\sum_{i=1}^{n}[P(B|A_i)P(A_i)]}$$

称此公式为扩展的贝叶斯公式。

例 5.14 假设患某种病的概率为 0.001，检测结果正确的概率为 0.99。检测结果为阳性而被检测者确实患有此病称为**真阳性**，类似的有**假阳性**（检测结果为阳性而被检测者为正常人）、**真阴性**（检测结果为阴性而被检测者为正常人）和**假阴性**（检测结果为阴性而被检测者确实患有此病）等医学术语，假阳性会给正常人带来不必要的治疗以及心理负担，假阴性则会贻误病情，较高的检测正确率可以保证假阳性与假阴性的概率都很低。某人检测结果呈阳性其确实患病的概率有多大，以及某人检测呈阴性而其没有患病的概率又有多大？

假设事件 A 为某人患有这种疾病，事件 B 为此人被检测出患有这种疾病（阳性）。则

$$P(A|B)=\frac{P(B|A)P(A)}{P(B)}=\frac{P(B|A)P(A)}{P(B|A)P(A)+P(B|\bar{A})P(\bar{A})}$$

$$=\frac{0.99\times 0.001}{0.99\times 0.001+0.01\times 0.999}=0.090\,16$$

$$P(\bar{A}|\bar{B})=\frac{P(\bar{B}|\bar{A})P(\bar{A})}{P(\bar{B})}=\frac{P(\bar{B}|\bar{A})P(\bar{A})}{P(\bar{B}|A)P(A)+P(\bar{B}|\bar{A})P(\bar{A})}$$

$$=\frac{0.99\times 0.999}{0.01\times 0.001+0.99\times 0.999}=0.999\,98$$

这说明，检验呈阳性但真得此病（真阳性）的概率非常低，约为 0.09，而假阳性的概率约为 0.91；但检验呈阴性实际却没有此病（真阴性）的概率较高（0.999 98），假阴性的概率近似为 0。

5.4 期望与方差

离散型随机变量 X 的分布律为 $P\{X=x_k\}=p_k, k=1,2,\cdots$,若级数 $\sum_{k=1}^{\infty} x_k p_k$ 绝对收敛,则称级数 $\sum_{k=1}^{\infty} x_k p_k$ 为随机变量 X 的数学**期望**,简称期望,记为 $E(X)$。期望值反映随机变量在大量实验中的平均值。称 $D(X)=E\{[X-E(X)]^2\}$ 为随机变量 X 的方差,并称 $\sqrt{D(X)}$ 为 X 的**标准差**。

例 5.15 求投掷一枚均匀的骰子得到的点数的期望、方差与标准差。

我们通过试验进行模拟:

```
np.random.seed(0)
testTimes = 100000
X = np.random.choice(list(range(1,7)),size = testTimes,p = [1/6] * 6)
#期望
EX_1 = np.average(X)                    #定义方法
EX_2 = np.mean(X)                       #直接调用函数
#方差
DX_1 = np.average((X - EX_1) ** 2)      #定义方法
DX_2 = np.var(X)                        #直接调用函数
DX_3 = np.var(X,ddof = 1)               #样本方差
#标准差
stdX_1 = np.std(X)
stdX_2 = np.std(X,ddof = 1)             #样本标准差
EX_1,EX_2,DX_1,DX_2,DX_3,stdX_1,stdX_2
```

输出结果为:

```
(3.4961,
 3.4961,
 2.9241847899999995,
 2.9241847899999995,
 2.9242140321403207,
 1.7100247922179372,
 1.71003334240602480)
```

事实上,其期望与方差的理论值分别为 3.5 与 $\dfrac{35}{12}\approx 2.9167$。

例 5.16 求 $p=0.6$ 的伯努利试验的均值和方差。

其代码如下:

```
from scipy.stats import bernoulli
p = 0.6
rv = bernoulli(p)
rv.mean(),rv.var(),rv.std()
```

输出结果为:

(0.6, 0.24, 0.4898979485566356)

事实上,成功概率为 p 的伯努利试验其期望为 p,方差为 $p(1-p)$。

如果 $X_i(1\leqslant i\leqslant n)$ 是样本空间 S 上的随机变量,a 和 b 是实数,则:

(1) $E(X_1+X_2+\cdots+X_n)=E(X_1)+E(X_2)+\cdots+E(X_n)$

(2) $E(aX+b)=aE(X)+b$

上述两个性质称为**期望的线性性质**。

例 5.17 在一个餐厅里有一个新雇员为 n 个人寄存帽子,他忘记在帽子上放寄存号。当顾客领取帽子时他随机选取帽子交给他们。问顾客正确领取帽子的期望为多少?

设 X 为正确领取自己帽子的人数,$X_i(1\leqslant i\leqslant n)$ 为第 i 个顾客正确领取帽子,则 $E(X_i)=\frac{1}{n}(1\leqslant i\leqslant n)$,而 $X=\sum_{i=1}^{n}X_i$,从而 $E(X)=\sum_{i=1}^{n}E(X_i)=1$。

我们用代码模拟这个过程:

```
np.random.seed(0)
testNums = 1000
nS = range(10,51,10)
list(nS)
for n in nS:
    a = np.random.randint(1,n,testNums)
    b = np.random.randint(1,n,testNums)
    m = np.mean(a == b) * n    #a与b相同位置的数字相同,则认为匹配
    print('When n = {},expectation is {:.2f}'.format(n,m))
```

输出结果为:

```
When n = 10,expectation is 1.12
When n = 20,expectation is 0.94
When n = 30,expectation is 0.69
When n = 40,expectation is 1.04
When n = 50,expectation is 1.00
```

可见此期望值独立于顾客数 n。

连续型随机变量的数学期望和方差与离散型随机变量的类似,这里不再详述。

其他常见的离散分布有二项分布、泊松分布及几何分布,读者可以参考概率论的书籍,这里不再论述。

第6章

数　　论

数论是专门研究整数及其性质的一个数学分支。由于数论在计算机科学中使用非常广泛，所以我们有必要以另外一个视角重新审视这一古老而充满魅力的领域。

由于本章的讨论范围为整数（主要是正整数），所出现的符号均理解为整数，不再特别强调。如 $\forall k, \exists m, n, \cdots$，这里的 k, m, n 均为整数。

 6.1　整除与模运算

$a \neq 0$，如果 $\exists c$ 使得 $ac = b$，则说 a **整除** b，记为 $a \mid b$，否则 a 不能整除 b，记为 $a \nmid b$。

在计算机领域，符号'|'默认为对两个数进行"或"运算，并非整除运算。为了使用方便，我们重新定义运算符'|'。

```
class myInt(int):
    def __init__(self,value):
        self.value = value
#重载运算符'|'
    def __or__(self,b):
        return b % self.value == 0
```

我们编写一个继承自 int 的类 myInt，并逐渐为其添加新的方法，以方便特定场合下的使用——尽管跳出数论这个领域，它不再有意义！

现在对 myInt 类的一个实例使用运算符'|'：

```
a = myInt(5)
b = 10
c = myInt(12)
a|b,a|c,b|c
```

输出结果为：

```
(True, False, 14)
```

这说明 $a|b,a\nmid c$，由于 b 不是 myInt 对象，从而 $b|c$ 实际上是对整数 10 和 12 执行"或"运算，若要执行整除运算，可以将 b 强制转换为 myInt 类：

```
myInt(b)|c
```

输出结果为：

```
False
```

a 为整数，d 为正整数，若存在唯一的整数 q 和 r，满足 $0 \leqslant r < d$，使得 $a = dq + r$，称此算法为**除法算法**。

我们借用运算符'/'，实现 a 与 d 的除法算法，并返回 q 和 r，继续重载运算符'/'：

```
#重载运算符'/'
def __truediv__(self,d):
    q = self.value//d
    r = self.value%d
    return q,r
```

运行代码 c/b，结果为 $(1,2)$，即 $12 \div 10 = 1$ 余 2。

如果 $m|(a-b),(m>0)$，称 a 模 m 同余 b，记为 $a \equiv b \pmod m$，因为模运算是数论和抽象代数中非常重要的运算，我们重载运算符 +、-、*、** 及 ==，分别表示"模 m 加""模 m 减""模 m 乘""模 m 指数"以及"模 m 同余"，完整的代码如下：

```
class myInt(int):
    global m
    def __init__(self,value):
        self.value = value
    #重载运算符'|'
    def __or__(self,b):
        return b%self.value == 0
    #重载运算符'/'
    def __truediv__(self,d):
        q = self.value//d
        r = self.value%d
        return q,r
    #重载运算符'+'
    def __add__(self,b):
        return (self.value+b)%m
    #重载运算符'-'
    def __sub__(self,b):
        return (self.value-b)%m
    #重载运算符'*'
    def __mul__(self,b):
        return (self.value*b)%m
    #重载运算符'**'
    def __pow__(self,b):
        return ((self.value%m)**b)%m
    #重载运算符'=='
    def __eq__(self,b):
        return self.value%m == b%m
```

例6.1 判断是否有 $13|91, 7|54$。

代码如下：

```
a = [myInt(13), myInt(7)]
b = [91, 54]
for i in range(len(a)):
    print('{}|{} is {}.'.format(a[i], b[i], a[i]|b[i]))
```

输出结果为：

```
13|91 is True.
7|54 is False.
```

例6.2 求 121 除以 13 的商和余数，-5 除以 3 的商和余数。

代码如下：

```
a1 = myInt(121)
a2 = myInt(-5)
b1, b2 = 13, 3
a1/b1, a2/b2
```

输出结果为：

```
((9, 4), (-2, 1))
```

例6.3 $a=15, b=10, m=12$，求 $a+b, a-b, b-a, a\times b, a^b, b^a$ 在模 m 下的值。

代码如下：

```
a = myInt(15)
b = myInt(10)
m = 12
a+b, a-b, b-a, a*b, a**b, b**a
```

输出结果为：

```
(1, 5, 7, 6, 9, 4)
```

例6.4 a, b 为整数，且 $1 \leqslant a < b \leqslant 10, m=13$，求在模 m 下满足 $a^b = b^a$ 的所有的 a, b。

代码如下：

```
a = [myInt(i) for i in range(1,11)]
b = list(range(1,11))
m = 13
for i in range(9):
    for j in range(i+1,10):
        #模 m 同余
        if a[i]**b[j] == myInt(b[j])**a[i]:
            print(a[i], b[j])
            print('{} ** {} % {} = {} ** {} % {} = {}\n'.format(a[i], b[j], m, b[j], a[i], m, a[i]**b[j]))
```

输出结果为：

```
2 4
2 ** 4 % 13 = 4 ** 2 % 13 = 3
3 9
3 ** 9 % 13 = 9 ** 3 % 13 = 1
```

设 $Z_m=\{0,1,2,\cdots,m-1\}$，Z_m 中的模 m 加法与模 m 乘法运算有如下性质：

封闭性：$\forall a,b \in Z_m, (a+b) \in Z_m$ 且 $a \cdot b \in Z_m$

结合律：$\forall a,b,c \in Z_m, (a+b)+c=a+(b+c), (a \cdot b) \cdot c = a \cdot (b \cdot c)$

交换律：$\forall a,b \in Z_m, a+b=b+a, a \cdot b = b \cdot a$

分配率：$\forall a,b,c \in Z_m, a \cdot (b+c)=a \cdot b + a \cdot c, (a+b) \cdot c = a \cdot c + b \cdot c$

单位元：0 和 1 分别称为模 m 加法运算和模 m 乘法运算的**单位元**，即 $\forall a \in Z_m, a+0=a, a \cdot 1=a$。

逆元：$a,b \in Z_m$，若 $a+b=0$，我们说 b 是 a 的**加法逆元**，若 $a \cdot b=1$，我们说 b 是 a 的**乘法逆元**。显然 a 的模 m **加法逆元**为 $m-a$，我们稍后通过例子讨论乘法逆元。

例 6.5 验证 Z_{10} 中 $a=2,b=5,c=7$ 结合律及分配率成立。

代码如下：

```
m = 10
a = myInt(2)
b = myInt(5)
c = myInt(7)
#结合律
print(myInt(a + b) + c == a + (b + c), myInt(a * b) * c == a * (b * c))
#分配率
print(a * (b + c) == myInt(a * b) + a * c, myInt(a + b) * c == myInt(a * c) + b * c)
```

输出结果为：

```
True True
True True
```

例 6.6 分别找出 $Z_{15} \setminus \{0\}$ 中每个元素的**模** m **乘法逆元**，其中 $Z_{15} \setminus \{0\}$ 表示在 Z_{15} 中去掉元素 0。

代码如下：

```
m = 15
print('m = 15:')
a = [myInt(i) for i in range(1,15)]
for x in a:
  for y in a:
    if x * y == 1:print(x,y)
```

输出结果为：

```
m = 15:
1 1
2 8
4 4
7 13
```

```
8 2
11 11
13 7
14 14
```

可见,在 $Z_{15}\backslash\{0\}$ 中,3,5,6,9,10,12 没有乘法逆元。

例 6.7 分别找出 $Z_{17}\backslash\{0\}$ 中每个元素的乘法逆元。

代码如下:

```
m = 17
print('m = 17:')
a = [myInt(i) for i in range(1,17)]
for x in a:
    for y in a:
        if x * y == 1:print(x,y)
```

输出结果为:

```
m = 17:
1 1
2 9
3 6
4 13
5 7
6 3
7 5
8 15
9 2
10 12
11 14
12 10
13 4
14 11
15 8
16 16
```

若 m 为素数(也称质数),则 $Z_m\backslash\{0\}$ 中每个元素都有唯一的乘法逆元。

6.2 整数表示和算法

我们习以为常的整数是以 10 为基数来表示的,如 $823=8\times10^2+2\times10^1+3\times10^0$,如果我们理解为这种体制是由于人类一共有 10 个手指的原因造成的,则其他不具备 10 个手指的动物或智能体表达整数的方法就会不同。计算机底层使用二进制表示整数及其运算,有时使用八进制和十六进制,并常以十进制显示整数(为了照顾人类的习惯)。

令 $b>1$,正整数 n 可以唯一地表示为 $n=a_kb^k+a_{k-1}b^{k-1}+\cdots+a_1b^1+a_0b^0$,$\forall i,0\leqslant i\leqslant k, a_i<b$ 且 $a_k\neq 0$。称 $a_kb^k+a_{k-1}b^{k-1}+\cdots+a_1b^1+a_0b^0$ 为整数 n 的 b 进制展开式。

自定义函数 def ten_b_System(n,b=2),将一个十进制整数 n 转换成 b 进制整数:

```
def ten_b_System(n,b = 2):
    assert b < 17, 'b must <= 16'
    symbols = ['0','1','2','3','4','5','6','7','8','9','A','B','C','D','E','F']
    result = ''
    #result 中顺序添加 b^0,…,b^k 前面的系数 a_0,a_1,…,a_{k-1},a_k
    while n!= 0:
        result += symbols[n%b]
        n = n//b
    #逆向输出
    return result[::-1]
```

例 6.8 分别将整数 10 转换为二进制，1009 转换为八进制，99999 转换为十六进制，111 转换为七进制。

代码如下：

```
ten_b_System(10),ten_b_System(1009,b = 8),ten_b_System(99999,b = 16),ten_b_System(111,b = 7)
```

输出结果为：

```
('1010', '1761', '1869F', '216')
```

> **注意**：我们是以**字符串**的形式输出结果的，函数 two_10_system(a) 将一个二进制表示的整数转换为十进制。二进制展开式中，$a_0,a_1,\cdots,a_{k-1},a_k$ 分别为 $2^0,2^1,\cdots,2^{k-1},2^k$ 前面的系数，且 $a_i(0\leqslant i\leqslant k)$ 的取值只能为 0 或 1。代码如下：
>
> ```
> def two_10_system(a):
>     a = str(a)
>     result = 0
>     for i,b in enumerate(list(a[::-1])):
>         if int(b):result += 2**i
>     return result
> ```

例 6.9 将二进制整数 $(1010)_2,(10101)_2,(11111111)_2$ 转换为十进制整数。

代码如下：

```
two_10_system(1010),two_10_system(10101),two_10_system(11111111)
```

输出结果为：

```
(10, 21, 255)
```

二进制的加法和十进制的加法相似，只不过是逢 2 进 1。函数 how_to_add_in_binary(a,b) 以字符串的方式演示了二进制是如何进行**加法运算**的。这里着重学习对字符串的精确控制，而非简单的加法理论。在计算机编程的很多领域，对输出界面的精确控制非常重要，如游戏、动漫及 Office 系列的文本应用程序。函数代码如下：

```
def how_to_add_in_binary(a,b):
    c = a + b
    #a,b,c 转换为二进制
    A = ten_b_System(a)
```

```
    B = ten_b_System(b)
    C = ten_b_System(c)
    #输出运算式,使 A,B,C 的末位对齐
    C_A = len(C) - len(A)
    C_B = len(C) - len(B) - 1
    print(C_A * ' ' + A + '(' + str(a) + ')')
    print('+' + C_B * ' ' + B + '(' + str(b) + ')')
    print('-' * (len(C) + len(str(c)) + 2))
    print(C + '(' + str(c) + ')')
```

例 6.10 演示二进制下 15+11 是如何实现的。

代码如下：

```
how_to_add_in_binary(15,11)
```

输出结果为：

```
 1111(15)
+1011(11)
---------
11010(26)
```

例 6.11 演示二进制下 1000+160 是如何实现的。

代码如下：

```
how_to_add_in_binary(1000,160)
```

输出结果为：

```
1111101000(1000)
+ 10100000(160)
----------------
10010001000(1160)
```

我们举了两个近乎雷同的例子,希望读者重视对代码的测试。可以将 VS Code 上运行的结果粘贴至系统自带的记事本中,再从记事本粘贴至 Word,注意观察文本(字符串)在不同应用上显示的细微差别。

接下来,我们以 6×5 即 $(110)_2 \times (101)_2$ 为例来说明二进制下的**乘法运算**：

$$(110)_2 \times (101)_2 = (110)_2 \times [1 \times (1 \ll 2) + 0 \times (1 \ll 1) + 1 \times (1 \ll 0)]$$
$$= (110)_2 \times [1 \times (1 \ll 0) + 0 \times (1 \ll 1) + 1 \times (1 \ll 2)]$$
$$= (110)_2 \ll 0 + (110)_2 \ll 2 = (110)_2 + (11\,000)_2 = (11\,110)_2$$

其中 ≪ 为向左移位运算,1≪2 表示 100,1≪1 表示 10,1≪0 表示 1。

函数 how_to_mul_in_binary(a,b) 演示了二进制下两个整数的乘法运算,代码如下：

```
def how_to_mul_in_binary(a,b):
    B = ten_b_System(b)
    c = a * b
    C = ten_b_System(c)
    C_L = len(C)
```

```
    #从 B 右起第 0 位开始,若该位数字非零,对 a 左移相应的位数
    for i,x in enumerate(list(B[::-1])):
        if int(x):
            y = a << i
            bin_y = ten_b_System(y)
#末位对齐,总长为 C_L
            remain = C_L - len(bin_y)
            print(' ' * remain + bin_y)
    print('-' * C_L)
    print(C)
```

例 6.12 在二进制下演示 14×15,即 $(1110)_2 \times (1111)_2$。
代码如下:

```
how_to_mul_in_binary(14,15)
```

运行结果为:

```
1110
  11100
   111000
    1110000
  --------
    11010010
```

求 $a^n (\bmod m)$ 的运算为**模指数运算**,这是一类非常重要的运算。由于 a、n 及 m 较大时,a^n 往往会超出计算机所能表示的正整数的上界,所以我们不能先求出 a^n 然后再对 m 求模。下面以 $3^{11} (\bmod 7)$ 演示计算机是如何进行模指数运算的:

$$3^{11} = 3^{(1011)_2} = 3^{1 \times 2^3 + 0 \times 2^2 + 1 \times 2^1 + 1 \times 2^0} = 3^{1 \times 1} \times 3^{1 \times 2} \times 3^{0 \times 4} \times 3^{1 \times 8}$$

所以

$$3^{11}(\bmod 7) = (3^{1 \times 1} \times 3^{1 \times 2} \times 3^{0 \times 4} \times 3^{1 \times 8})(\bmod 7)$$
$$= [(3^1 \bmod 7) \times (3^2 \bmod 7) \times (3^8 \bmod 7)] \bmod 7$$

可以看到 $3^1 \bmod 7, 3^2 \bmod 7, 3^4 \bmod 7, 3^8 \bmod 7$ 中,后边一项 3 的次方数恰是前边一项的两倍,因此后边一项在计算时可以借助前边一项,比如:

$$3^2 \bmod 7 = [(3^1 \bmod 7) \cdot (3^1 \bmod 7)] \bmod 7$$
$$3^8 \bmod 7 = [(3^4 \bmod 7) \cdot (3^4 \bmod 7)] \bmod 7$$

虽然 $3^4 \bmod 7$ 一项不参与求模运算,但为了得到 $3^8 \bmod 7$,我们也必须计算出它的值。

下边定义函数 def a_POW_n_MOD_m(a,n,m)来实现上述过程:设 n 的二进制展开式为 $a_k 2^k + a_{k-1} 2^{k-1} + \cdots + a_1 2^1 + a_0 2^0$,用变量 power 依次记录 $a^{2^i} \bmod m (0 \leqslant i \leqslant k)$,并把 $a_j = 1$ 对应的项 $a^{2^j} \bmod m$ 相乘,每次相乘后都进行模 m 运算,函数代码如下:

```
def a_POW_n_MOD_m(a,n,m):
    N = ten_b_System(n)
    result = 1
    power = a % m
    for i in list(N[::-1]):
        if int(i):result = (result * power) % m
#后一项借助前一项
```

```
        power = power ** 2 % m
    return result
```

例 6.13 求 $31^{365}(\mathrm{mod}\,144)$ 的值。

代码如下：

```
a_POW_n_MOD_m(31,365,144),31 ** 365 % 144
```

输出结果为：

```
(79, 79)
```

事实上，Python 在进行求模指数运算时已经在底层设计好了，不会出现内存泄漏的情况。我们在后期需要进行模指数运算时将不会使用自定义函数 a_POW_n_MOD_m(a,n,m)。

6.3 素数

一个整数 $p \geqslant 2$，如果它的正因子仅有 1 和 p 本身，则称 p 为**素数**，否则称 p 为**合数**。素数又称**质数**。素数在数论中的作用至关重要，它也是有限域和现代密码学理论不可或缺的一部分。本节以下讨论中的整数，若无特别说明，均默认是大于或等于 2 的整数。

定理 1 如果 n 是一个合数，则它必有一个素因子小于或等于 $\sqrt{n}$。

由定理 1 可知，如果一个整数不能被任一个素数（须小于或等于这个整数的算术平方根）整除，那么这个整数一定也是素数。对一个较大的整数开方后，所得的算术平方根（取其整数部分）的位数，一般是这个整数自身位数的一半左右。因此，在判断一个整数是否为素数时，借助这个整数的算术平方根，就可以简化过程，大幅缩小检测范围。如 $\sqrt{81}=9$，$\sqrt{10\,000}=100$，$\sqrt{998\,001}=999$，如果要判断 79 是否为素数，只需检测不大于 8 的素数中（即在 2,3,5,7 中）是否有 79 的因子；如果我们要判断 997 999 是否为素数，仅需检测 999 以内的素数中是否有 997 999 的因子。

定义函数 isPrime(a) 用于判定正整数 a 是否为素数：

```
import math
def isPrime(a):
    a = int(a)
    #1 不是素数
    if a < 2:return False
    #判定在小于或等于√a的整数中是否有a的素因子,若有,则a不是素数
    for b in range(2, int(math.sqrt(a) + 1)):
        if a % b == 0:return False
    return True
```

> **注意**：由素数定义及定理 1 可以得到，一个整数，如果不能被一个小于或等于它的算术平方根的素数整除，这个整数一定是一个素数。代码中，函数 int( ) 将去掉小数部分，仅保留整数部分，比如 int(4.2)=int(4.7)=4。

例 6.14 求 100 以内的所有素数。

代码如下:

```
A = list(range(1,101))
for a in A:
    if isPrime(a):print('{}'.format(a),end = ' ')
```

输出结果为:

2 3 5 7 11 13 17 19 23 29 31 37 41 43 47 53 59 61 67 71 73 79 83 89 97

如果 $a=17$,根据定理 1,需要检测小于或等于 4 的素数(也即 2 和 3)是否为 17 的因子;如果 $a=143$,需要检测小于或等于 11 的素数是否为 143 的因子,即检测 2,3,5,7,11。

埃拉托斯特尼筛法使用如下方法筛选不超过正整数 N 的所有素数:我们首先构造不超过 10 的素数列表:[2,3,5,7],用这几个素数可以筛选出 8~100 的所有素数,先以 2 筛掉所有的偶数,再以 3 筛掉 9,15,21,27,…,93,99,以 5 筛掉 25,35,55,65,85,95,最后以 7 筛掉 49,77,91,这样就产生了 100 以内所有的素数,得到列表如下:

[2 3 5 7 11 13 17 19 23 29 31 37 41 43 47 53 59 61 67 71 73 79 83 89 97]

按照上述同样的方法,我们用如上列表可筛选 98~10 000 的素数,进一步可以筛选 9974~1 000 000 的素数(9973 是小于 10 000 的最大的素数)。

将目标设定为求 1000 以内的所有素数,构造列表[1000];求出 $\sqrt{1000}$ 的整数部分是 31,将 31 添加至列表,现在列表为[1000,31];求出 $\sqrt{31}$ 的整数部分 5,再将 5 添加至列表,当前列表为[1000,31,5]。由于 5≤7,现在停止开方的工作,将列表翻转为[5,31,1000]。我们先构造小于 5 的素数列表[2,3],用以筛选 4~5 的素数,得到素数列表[2,3,5],以此筛选 6~31 的素数,得到[2,3,5,7,11,13,17,19,23,29,31],并以此筛选 32~1000 的素数。定义函数 eratosthenes(N)如下:

```
def eratosthenes(N):
    a = [2,3,5,7]
    # N<=7 时直接输出小于或等于 N 的素数
    if N<=7:return [a[i] for i in range(len(a)) if a[i]<=N]
    sqrtNums = [N]
    # 依次开方取整,放入列表,当所得整数小于或等于 7 时,停止开方工作
    while True:
        N = int(math.sqrt(N))
        sqrtNums.append(N)
        if N<=a[-1]:break
    # 翻转列表
    sqrtNums = list(reversed(sqrtNums))
    # 初始素数列表
    primes = [a[i] for i in range(len(a)) if a[i]<=sqrtNums[0]]
    # 筛选特定范围的素数,加入素数列表
    for sqrt_num in sqrtNums:
        nums = list(range(primes[-1]+1,sqrt_num+1))
        for p in primes:
            for i in range(len(nums)-1,-1,-1):
                if nums[i]%p==0:del nums[i]# 删除合数
        primes += nums
    return primes
```

例 6.15 分别求出 6、18 和 70 以内的所有素数。

代码如下：

```
eratosthenes(6),eratosthenes(18),eratosthenes(70)
```

输出结果为：

```
([2, 3, 5],
 [2, 3, 5, 7, 11, 13, 17],
 [2, 3, 5, 7, 11, 13, 17, 19, 23, 29, 31, 37, 41, 43, 47, 53, 59, 61, 67])
```

例 6.16 求出 100 000 以内的所有素数，并将其写入文本文件。

代码如下：

```
a = eratosthenes(100000)
with open('primes_in_100000.txt','w') as f:
    result = ''
    for i,prime in enumerate(a):
    #10 个一行
        if i > 0 and i % 10 == 0:result += '\n'
    #素数间以空格间隔
        result += str(prime) + ' '
    f.write(result)
    f.close()
print('已写入完毕,打开当前文件所在目录进行查看。')
```

假如你有足够的兴趣和耐心，可以修改参数以得到更大的数 N 以内的所有素数，直到你的计算机发生内存泄漏为止。

求数 N 以内的所有素数，在 eratosthenes() 函数中，我们执行了对合数的"删除"工作。另一种求素数的方法是：构建一个类，为这个类添加属性 isChecked，初始化为 False，如果已被检测为合数，将这个属性修改为 True，就不再用其他因子测试求模是否为 0。以求 2～100 内的素数为例演示实现方法：

```
class myPrime(int):
    def __init__(self,v):
        self.value = v
        self.isChecked = False
a = [myPrime(i) for i in range(8,101)]
smallPrimes = [2,3,5,7]
for prime in smallPrimes:
    for x in a:
        if not x.isChecked:
        #如果检测为合数,修改属性 isChecked
            if x % prime == 0:x.isChecked = True
primes = [x for x in a if not x.isChecked]
primes = smallPrimes + primes
primes
```

代码正确地输出了 2～100 的素数。

尽管执行判断语句 if not x.isChecked:也会耗费计算资源(8~100 的每个整数都对列表[2,3,5,7]中的每一个元素执行一次判断),但它远比模运算效率高;一旦 eratosthenes() 函数中发现合数就删除,这个优势是明显的,但频繁的删除操作对计算机的内存管理不好。

定理 2 存在无限多个素数。

打开 primes_in_100000.txt 文本,从第一个素数 2 开始做下面的运算:

$$2+1=3$$
$$2\times3+1=7$$
$$2\times3\times5+1=31$$
$$2\times3\times5\times7+1=211$$
$$2\times3\times5\times7\times11+1=2311$$

就以上运算,观察发现:等号右边的数均为素数。猜想:按照这个规律继续往下计算,可能会得到无限多个素数。

定理 2 的证明:(反证法)

假设仅有有限个(n 个)素数 $p_1,p_2,\cdots,p_n$,令 $q=p_1p_2\cdots p_n+1$。

(1) 如果 q 为素数,这与假设仅有有限个素数 $p_1,p_2,\cdots,p_n$ 矛盾。

(2) 如果 q 为合数,则 $\exists p_j,(1\leqslant j\leqslant n)$,使得 $p_j|q$,显然 $p_j|(p_1p_2\cdots p_n)$,从而 $p_j|(q-p_1p_2\cdots p_n)$,即 $p_j|1$,这不可能。故存在不是 $p_1,p_2,\cdots,p_n$ 的素数 m,而 m 是 q 的因子,这与假设仅有有限个素数 $p_1,p_2,\cdots,p_n$ 矛盾。

故存在无限多个素数。

在这个证明中,我们并没有说 q 一定为素数,事实上:

$$2\times3\times5\times7\times11\times13+1=30\ 031=59\times509$$

可见,30 031 为合数。

记 $\pi(n)$ 为 n 以内的素数的个数,如 $\pi(1)=0,\pi(2)=1,\pi(10)=4,\pi(11)=\pi(12)=5$。

定理 3 当 $n\geqslant 67$ 时,$\ln n-\dfrac{3}{2}\leqslant\dfrac{n}{\pi(n)}\leqslant\ln n-\dfrac{1}{2}$,并由此可得 $\lim\limits_{n\to\infty}\dfrac{\pi(n)}{n/\ln n}=1$。

定理 3 又称**为素数定理**,其证明超出了数论的范畴。素数定理反映了**素数的分布**。例如 n 为 10^{100} 附近的某个整数,由素数定理可知,n 为素数的可能性约为:

$$p\approx\dfrac{\pi(n)}{n}\approx\dfrac{1}{\ln n}\approx\dfrac{1}{\ln 10^{100}}\approx 0.004\ 343$$

若 n 限定为奇数,则其是素数的可能性会增加一倍,大约为 $0.008\ 686$,n 为合数的可能性约为 $q=1-p=0.991\ 314$。

我们用素数列表中的前 1000 个(2 除外)素数 $p_1=3,p_2=5,p_3=7,p_4=11,\cdots p_{1000}=7927$ 对 n 进行整除测试,如果 $\forall i,1\leqslant i\leqslant 1000,p_i\nmid n$,则 n 为素数的概率为:

$$1-q^{1000}\approx 1-0.991\ 314^{1000}\approx 0.999\ 84$$

称此过程**为素数的概率测试**。

关于素数有很多猜想,如**孪生素数猜想**:存在无限多个素数对 $(p,p+2)$,其中 p 和 $p+2$ 均为素数;又如**哥德巴赫猜想**:任一大于 2 的偶数都可表示为两个素数的和。这些猜想容易提出,但难以证明。中国数学家陈景润对孪生素数猜想的贡献(已证明)为:存在无数对伪孪生素数 $(p,p+2)$,其中 p 为素数,$p+2$ 为素数或者两个素数的乘积;他对哥德巴赫猜想的贡献为:对于充分大的偶数 n,有 $n=p_1+p_2$ 或者 $n=p_1+p_2p_3$,其中 p_1,p_2,p_3 为素数。

6.4 最大公约数

同时满足 $d|a$ 和 $d|b$ 的最大整数 d，称为 a 和 b 的**最大公约数**，记为 $\gcd(a,b)$。如果 $\gcd(a,b)=1$，则称 a 与 b **互素**。

定理 4 令 $a=bq+r$，则 $\gcd(a,b)=\gcd(b,r)$。

定理 1 是显然的。

在编写函数 $\gcd(a,b)$ 求 a 和 b 的最大公约数之前，我们首先考虑较为理想的情况。例如 $a=96,b=60$，根据定理 1 可以依次得到：

$$\gcd(96,60)=\gcd(60,36)=\gcd(36,24)=\gcd(24,12)=\gcd(12,0)$$

上述过程在 $\gcd(a,b)$ 中的第二个参数为 0 时停止。此时，$\gcd(a,b)$ 中的第一个参数就是 a 和 b 的最大公约数。称这种方法为**欧几里得算法**(也称为**辗转相除法**)。

如果 $a<b$，则 $\gcd(60,96)=\gcd(96\times0+60,96)=\gcd(96,60)$，程序仅仅多执行一步而已。现不考虑 a,b 为负整数的情况，定义 $\gcd()$ 函数，代码如下：

```
def gcd(a,b):
    if b == 0:return a
    return gcd(b,a%b)
```

例 6.17 求 $\gcd(96,60),\gcd(60,96)$ 和 $\gcd(100,100)$。

代码如下：

```
gcd(96,60),gcd(60,96),gcd(100,100)
```

输出结果为：

```
(12, 12, 100)
```

同时满足 $a|c$ 和 $b|c$ 的最小的整数 c，称为 a 和 b 的最小公倍数，记为 $\text{lcm}(a,b)$。易知 $ab=\gcd(a,b)\cdot\text{lcm}(a,b)$。关于最小公倍数这里不做过多讨论。

定理 5 $\exists$ 整数 s,t，使得 $\gcd(a,b)=sa+tb=(s,t)\cdot(a,b)$。

称 $sa+tb$ 为 a 和 b 的**线性组合**。

我们以 $\gcd(156,60)$ 来验证定理 2。首先，辗转相除可得：

$$156=2\times60+36$$
$$60=1\times36+24$$
$$36=1\times24+12$$
$$24=2\times12+0$$

从倒数第二个式子开始：

$12=36-1\times24=(156-2\times60)-1\times(60-1\times36)$
$\quad=(156-2\times60)-60+1\times(156-2\times60)=2\times156-5\times60=(2,-5)\cdot(156,60)$

下面以符号来再次阐述这一过程，我们首先创建两个空列表 $s=[],t=[]$，s 保存 a 的系数，t 保存 b 的系数：

由于 $a=(s_0,t_0)\cdot(a,b)=(1,0)\cdot(a,b),b=(s_1,t_1)\cdot(a,b)=(0,1)\cdot(a,b)$，从而

$s=[s_0,s_1]=[1,0]$，$t=[t_0,t_1]=[0,1]$。

开始辗转相除：

$a=bq_1+r_1$，从而 $r_1=a-bq_1=(1,-q_1)\cdot(a,b)$，将 1 添加至列表 s，$-q_1$ 添加至列表 t，现在 $s=[1,0,1]$，$t=[0,1,-q_1]$；

$b=r_1q_2+r_2$，从而 $r_2=b-r_1q_2=b-(a-bq_1)q_2=(-q_2,1+q_1q_2)\cdot(a,b)$，将 $-q_2$ 添加至列表 s，$1+q_1q_2$ 添加至列表 t，得到 $s=[1,0,1,-q_2]$，$t=[0,1,-q_1,1+q_1q_2]$；

现在还看不出来列表 s 和 t 的变化规律，因此，继续求它们的下一个元素：

$$r_3=r_1-r_2q_3=(a-bq_1)-[-aq_2+(1+q_1q_2)b]q_3$$
$$=(1+q_2q_3,-q_1-q_3-q_1q_2q_3)\cdot(a,b)$$

进而 $s=[1,0,1,-q_2,1+q_2q_3]$，$t=[0,1,-q_1,1+q_1q_2,-q_1-q_3-q_1q_2q_3]$。

经过观察，发现

$$s_2=s_0-s_1q_1,s_3=s_1-s_2q_2,s_4=s_2-s_3q_3;$$
$$t_2=t_0-t_1q_1,t_3=t_1-t_2q_2,t_4=t_2-t_3q_3。$$

如果不能确定列表 s 和 t 的变化就是这个规律，可以进一步计算 s_5 和 t_5 加以验证。

当 n 次辗转相除之后所得余数 $r_n=0$ 时结束辗转相除，此时 r_{n-1} 即为 $\gcd(a,b)$，可得 $\gcd(a,b)=r_{n-1}=s_na+t_nb$。

我们寻找这个规律是为了编写程序求出定理 2 中的 s 和 t，代码如下：

```
def extend_gcd(a,b):
    s,t=[1,0],[0,1]
    while b>0:
        q=a//b
        s.append(s[-2]-q*s[-1])
        t.append(t[-2]-q*t[-1])
        a,b=b,a%b
    return s[-2],t[-2]
```

> **注意**：$s[-1]$，$t[-1]$ 使得 $s[-1]*a+t[-1]*b==0$，不是我们要的整数。

例 6.18 求 $18=\gcd(252,198)=(s,t)\cdot(252,198)$ 中的 s 和 t。

代码如下：

```
extend_gcd(252,198)
```

运行结果为：

```
(4, -5)
```

例 6.19 求 $1=\gcd(99\,999,99\,991)=(s,t)\cdot(99\,999,99\,991)$ 中的 s 和 t，其中 99 991 为 100 000 以内最大的素数。

代码如下：

```
extend_gcd(99999,99991)
```

运行结果为：

```
(12499, -12500)
```

推论 如果 a 和 b 互素,则 $\exists$ 整数 s 和 t,使得 $sa+tb=1$。

求方程 $ax+by=c$,(其中 $a,b,c>0$)的非负整数解 x,y,这是一个丢番图方程。

定理 6 丢番图方程 $ax+by=c$ 有整数解 $\Leftrightarrow \gcd(a,b)|c$。

我们以 $6x+10y=104$ 为例说明如何求解:
$$6x+10y=104 \Leftrightarrow 3x+5y=52$$
因为 $\gcd(3,5)=1$ 可以写出 $1=2\times3+(-1)\times5$,所以 $3s+5t=1$ 的解为 $(2,-1)$,从而
$$3\times(2\times52)+5\times(-1\times52)=52 \Leftrightarrow 3\times(104+5k)+5\times(-52-3k)=52$$
求出满足 $\begin{cases}104+5k\geqslant 0\\-52-3k\geqslant 0\end{cases}$ 的所有整数 k,这里有 $k=-20,-19,-18$,从而有解 $\{(x,y)|\{(4,8),(9,5),(14,2)\}\}$。

现在编写代码来求丢番图方程的解:

```
from math import floor, ceil
def solve_Diophantine(a,b,c):
    solves = []
    if a<=0 or b<=0 or c<=0: return solves
    gcd_ab = gcd(a,b)
    if c % gcd_ab > 0: return solves
    # 消去方程的公因子
    a = a/gcd_ab
    b = b/gcd_ab
    c = c/gcd_ab
    s,t = extend_gcd(a,b)
    # k 的取值范围,大于 k1,小于 k2
    k1,k2 = -s*c/b, t*c/a
    # 取介于 k1 与 k2 之间的整数,求方程的解
    k1,k2 = ceil(k1), floor(k2)
    for i in range(k1, k2 + 1):
        # 正整数解
        x = s*c + b*i
        y = t*c - a*i
        solves.append((int(x),int(y)))
    return solves
```

例 6.20 求丢番图方程 $5x+7y=200$ 的解。

代码如下:

```
solve_Diophantine(5,7,200)
```

运行结果为:

```
[(5, 25), (12, 20), (19, 15), (26, 10), (33, 5), (40, 0)]
```

下面讨论整数的素因子分解问题。

定理 7 $\forall n\geqslant 2, n$ 可以唯一地分解为 $p_1^{e_1}p_2^{e_2}\cdots p_r^{e_r}$,其中 $\forall i,j\ (1\leqslant i<j\leqslant r), p_i<p_j$ 为素数,$\forall k(1\leqslant k\leqslant r), e_k\geqslant 1$。

定理 4 显然是成立的,如 $360=2^3\times 3^2\times 5^1, 23=23^1$。

函数 factorN(N) 实现对整数 N 的素因子分解:

```python
def factorN(N):
    primes = []
    #读取不超过N的所有素数
    with open('primes_in_100000.txt','r') as r:
        while True:
            bStopRead = False
            line = r.readline().rstrip('\n')
            nums = line.split(' ')
            nums.remove('')
            for num in nums:
                num.replace(' ','')
                num = int(num)
                if num <= N:primes.append(num)
                else:
                    bStopRead = True
                    break
            if bStopRead:break
    r.close()
#筛选素因子,并确定该素因子的次数
    factors,exponents = [],[]
    for prime in primes:
        if N == 1:break
        if N % prime == 0:
            factors.append(prime)
            exponent = 0
            while N % prime == 0:
                N = N//prime
                exponent += 1
            exponents.append(exponent)
    return factors,exponents
```

例 6.21 求整数 360 和 23 的素因子分解。

代码如下：

```
factorN(360),factorN(23)
```

输出结果为：

```
(([2, 3, 5], [3, 2, 1]), ([23], [1]))
```

对于形如 $n = p_1^{e_1} p_2^{e_2} \cdots p_r^{e_r}$ 的正整数 n，n 的正因子的个数为 $\prod_{i=1}^{r}(e_i+1)$。这是因为每一个 $p_1^{g_1} p_2^{g_2} \cdots p_r^{g_r} (0 \leqslant g_i \leqslant e_i)$ 均是 n 的正因子。如 360 的包含 1 和 360 自身的正因子的个数为 $(3+1) \times (2+1) \times (1+1) = 24$ 个。

欧拉函数 $\varphi(n)$ 定义为小于或等于 n 且与 n 互素的正整数的个数，故有

$$\varphi(n) = n \times \prod_{i=1}^{r}\left(1 - \frac{1}{p_i}\right)$$

其中 p_i 为 n 的素因子。函数 euler(n) 实现了欧拉函数的计算，代码如下：

```
import numpy as np
def euler(n):
    if n <= 1:return 0
    #n 的素因子
    primes,_ = factorN(n)
    X = 1 - 1/np.array(primes)
    #返回欧拉函数
    return int(n * np.product(X))
```

例 6.22 求 $\varphi(1), \varphi(2), \varphi(4), \varphi(5), \varphi(12)$。

代码如下：

```
euler(1),euler(2),euler(4),euler(5),euler(12)
```

输出结果为：

```
(0, 1, 2, 4, 4)
```

关于欧拉函数，有如下性质（证明略）：

(1) 如果 m 和 n 互素，则 $\varphi(mn) = \varphi(m)\varphi(n)$；

(2) 如果 p 为素数，k 为正整数，则 $\varphi(p^k) = (p-1)p^{k-1}$；

(3) 如果 a 与 n 互素，则 $a^{\varphi(n)} \equiv 1 (\bmod n)$。

其中性质(3)又称为**欧拉定理**。

6.5 求解同余方程与方程组

设 $m>0, a, b \in \mathbf{Z}, a \neq 0$，方程 $ax \equiv b(\bmod m)$ 称作**一次同余方程**，使此方程成立的整数 x 称作方程的解。本节例题中对应的解均指位于 $[0, m)$ 的解。

> **注意**：设 x 是方程的解，且 $0 \leqslant x < m$，有
> $$ax \equiv b(\bmod m) \Leftrightarrow m \mid (ax-b) \Leftrightarrow m \mid [a(x+km)-b]$$
> 从而 $\forall k \in \mathbf{Z}, x+km$ 也是方程的解；反之，若方程的解 $y \notin [0, m)$，则 $x \equiv y(\bmod m)$ 也是方程的解，且 $0 \leqslant x < m$。

定理 8 方程 $ax \equiv b(\bmod m)$ 有解 $\Leftrightarrow \gcd(a, m) \mid b$。

证明：先证必要性。$ax \equiv b(\bmod m)$ 有解 $\Rightarrow \exists y, ax-b = my \Rightarrow ax - my = b \Rightarrow \gcd(a, m) \mid b$。再证充分性。令 $d = \gcd(a, m), a_1 = \dfrac{a}{d}, b_1 = \dfrac{b}{d}, m_1 = \dfrac{m}{d}$，显然有 $\gcd(a_1, m_1) = 1$ 从而 $\exists s, t \in \mathbf{Z}$ 使得 $sa_1 + tm_1 = 1$，进一步有
$$sa_1 + tm_1 = 1 \Leftrightarrow sa_1 d + tm_1 d = d \Leftrightarrow sa + tm = d \Leftrightarrow sb_1 a + tb_1 m = db_1 = b$$
可得 $m \mid sb_1 a - b$，令 $x \equiv sb_1 (\bmod m)$ 即得方程的解。

定理 1 说明，不是任何一个同余方程都有解，比如同余方程 $2x \equiv 3 \bmod(4)$ 无解。另外，有些同余方程落在区间 $[0, m)$ 的解不唯一，比如同余方程 $4x \equiv 0 \bmod(4)$，其大于或等于 0 且小于 4 的所有解为 $0, 1, 2, 3$。

推论 $\forall k \in \mathbf{Z}, d = \gcd(a, m), ax \equiv b \pmod{m} \Leftrightarrow a\left(x + k \times \dfrac{m}{d}\right) \equiv b \pmod{m}$。

此推论为编写程序求出方程的所有解提供了理论基础。函数 solve_congruence(a,b,m) 实现了求一次同余方程位于 $[0,m)$ 的所有解，代码如下：

```python
from math import gcd
def solve_congruence(a,b,m):
    if m <= 0:return []
    if m == 1:return [0]
    M = m
    #这里使用Python的内置函数
    d = gcd(a,m)
    if b%d > 0:return []
    #定理1充分性证明过程的实现，找到方程的一个解root
    a = a//d
    b = b//d
    m = m//d
    step = abs(m)
    s,t = [1,0],[0,1]
    while m > 0:
        q = a//m
        s.append(s[-2]-q*s[-1])
        t.append(t[-2]-q*t[-1])
        a,m = m,a%m
    root = s[-2]
    root *= b
    root %= M
    solves = []
    #为了不使用while循环，允许多计算出一些不在[0,M)区间的解
    for i in range(int(-M/step),int(M/step)+1):solves.append(root+i*step)
    #剔除[0,M)之外的解
    return [solve for solve in solves if solve >= 0 and solve < M]
```

例 6.23 分别求一次同余方程 $2x \equiv 5 \pmod{-3}, 2x \equiv 5 \pmod{1}, 2x \equiv 3 \pmod{4}$。

代码如下：

```
solve_congruence(2,5,-3),solve_congruence(2,5,1),solve_congruence(2,3,4)
```

运行结果为：

```
([], [0], [])
```

例 6.24 分别求一次同余方程 $4x \equiv 0 \pmod{4}, 20x \equiv 12 \pmod{8}$。

代码如下：

```
solve_congruence(4,0,4),solve_congruence(20,12,8)
```

输出结果为:

([0, 1, 2, 3], [1, 3, 5, 7])

例 6.25 求一次同余方程 $-2x \equiv 98 \pmod{101}$。

代码如下:

solve_congruence(-2,98,101)

输出结果为:

[52]

定理 9 如果 $\gcd(a,m)=1$,则在模 m 下 $ax \equiv 1 \pmod{m}$ 有唯一的解,称此解为模 m 下 a 的逆,记为 a^{-1}。

定理 9 可由定理 8 及其推论得到。

函数 inverse(a,m) 实现求模 m 下 a 的逆:

```
def inverse(a,m):
    return solve_congruence(a,1,m)
```

例 6.26 分别求 6 在模 11 下的逆,3 在模 7 下的逆。

代码如下:

inverse(6,11),inverse(3,7)

输出结果为:

([2], [5])

如果正整数 $m_1, m_2, \cdots, m_n$ 两两互素,那么一次同余方程组 $\begin{cases} x \equiv a_1 \pmod{m_1} \\ x \equiv a_2 \pmod{m_2} \\ \cdots \\ x \equiv a_n \pmod{m_n} \end{cases}$ 有整数解,

且在模 $m = \prod_{k=1}^{n} m_k$ 下解是唯一的。此定理称为**中国剩余定理**。该定理起源于我国南北朝时期的数学著作《孙子算经》里的一个问题:"有物不知其数,三分之余二,五分之余三,七分之余二,此物几何?"

中国剩余定理的求解如下:

记 $M_k = m/m_k (1 \leqslant k \leqslant n)$。

当 $k=1$ 时,显然 $\gcd(M_1, m_1)=1 \Rightarrow$ 由定理 2,∃唯一的 $y_1 (0 \leqslant y_1 < m_1)$ 使得 $y_1 M_1 \equiv 1 \pmod{m_1}$,这里 y_1 为 M_1 在模 m_1 下的逆,从而 $a_1 y_1 M_1 \equiv a_1 \pmod{m_1}$,即 $x_1 = a_1 y_1 M_1$ 为方程组的第一个方程的解,类似可得方程组其余方程的解 $x_2, \cdots, x_n$,现令 $X = x_1 + x_2 + \cdots + x_n = a_1 y_1 M_1 + a_2 y_2 M_2 + \cdots + a_n y_n M_n$。

当 $k \geqslant 2$ 时有 $m_1 | M_k$,从而 $m_1 | \left(\sum_{k=2}^{n} a_k y_k M_k \right)$,即 X 满足方程组的第一个方程,同样的方法可得 X 满足方程组的每一个方程,$x = X \pmod{m}$ 即为方程组的模 m 解。

函数 solve_chinese_remainder(a=[2,3,2],m=[3,5,7])实现了中国剩余定理的求解：

```python
import numpy as np
def solve_chinese_remainder(a=[2,3,2],m=[3,5,7]):
    #判断不同的m值是否两两互素
    for i in range(len(m)-1):
        for j in range(i+1,len(m)):
            if gcd(m[i],m[j])>1:return -1
    product_m = np.product(m)                                    #所有m值的乘积
    M = product_m/np.array(m)                                    #所有Mi组成的列表
    M = M.astype(int)
    y = [inverse(M[i],m[i])[0] for i in range(len(m))]           #所有yi组成的列表
    return np.sum([a[i]*y[i]*M[i] for i in range(len(m))]) % product_m
```

例 6.27 求解《孙子算经》中的问题。

代码如下：

```python
solve_chinese_remainder()
```

输出结果为：

```
23
```

在函数 solve_chinese_remainder()中，使用了前面单元格编写好的求逆函数 inverse()，而求逆函数中又使用了先前编写的求解同余方程的函数 solve_congruence()。Python 允许在函数体中随时编写后面代码所需的新函数，这种体制给我们整合代码提供了便利。比如，将 solve_congruence()函数与 inverse()函数整合入 solve_ChineseRemainder()函数中，代码如下：

```python
from math import gcd
import numpy as np
def solve_ChineseRemainder(a=[2,3,2],m=[3,5,7]):
    #Python 允许在函数内定义新的函数
    #求解同余方程
    def solve_congruence(a,b,m):
        if m<=0:return []
        if m==1:return [0]
        M = m
        d = gcd(a,m)
        if b%d>0:return []
        a = a//d
        b = b//d
        m = m//d
        step = abs(m)
        s,t = [1,0],[0,1]
        while m>0:
            q = a//m
            s.append(s[-2]-q*s[-1])
            t.append(t[-2]-q*t[-1])
            a,m = m,a%m
        root = s[-2]
        root *= b
```

```
        root %= M
        solves = []
        for i in range(int(-M/step),int(M/step)+1):solves.append(root+i*step)
        return [solve for solve in solves if solve>=0 and solve<M]
    #求解逆
    def inverse(a,m):
        return solve_congruence(a,1,m)
    #中国剩余定理
    for i in range(len(m)-1):
        for j in range(i+1,len(m)):
            if gcd(m[i],m[j])>1:return -1
    product_m = np.product(m)
    M = product_m/np.array(m)
    M = M.astype(int)
    y = [inverse(M[i],m[i])[0] for i in range(len(m))]
    return np.sum([a[i]*y[i]*M[i] for i in range(len(m))]) % product_m
```

例 6.28 求同余方程组 $\begin{cases} x \equiv 1 \pmod{2} \\ x \equiv 2 \pmod{3} \\ x \equiv 3 \pmod{5} \\ x \equiv 4 \pmod{7} \end{cases}$ 的解。

代码如下：

```
solve_ChineseRemainder([1,2,3,4],[2,3,5,7])
```

输出结果为：

53

6.6 费马小定理、伪素数、原根和离散对数

费马小定理 如果 p 为素数，$\gcd(p,a)=1$，则 $a^{p-1} \equiv 1 \pmod{p}$。

证明：考虑 $a,2a,3a,\cdots,(p-1)a$ 这 $p-1$ 个数，由于 $\gcd(p,a)=1$，可知任意两个的差都不能被 p 整除，从而任意两个都不是模 p 同余的，所以

$$\{a(\bmod p),2a(\bmod p),\cdots,(p-1)a(\bmod p)\}=\{1,2,\cdots,p-1\}$$

$[a^{p-1}(p-1)!](\bmod p) = [a(\bmod p) \times 2a(\bmod p) \times \cdots \times (p-1)a(\bmod p)](\bmod p) = (p-1)!(\bmod p)$ 即 $a^{p-1} \cdot (p-1)! \equiv (p-1)!(\bmod p)$，则 $a^{p-1} \equiv 1 \pmod{p}$。

另一方面，由于 p 为素数，因此 $\forall i, 1 \leqslant i \leqslant p-1$，$i$ 在模 p 下的逆一定在集合 $\{1,2,\cdots,p-1\}$ 中，且是唯一的，所以 $[(p-1)!]^2 \equiv 1 \pmod{p}$，进而
$a^{p-1} \cdot (p-1)! \equiv (p-1)! \pmod{p} \Rightarrow a^{p-1} \cdot [(p-1)!]^2 \equiv [(p-1)!]^2 \pmod{p} = 1 \pmod{p}$
所以 $a^{p-1} \equiv 1 \pmod{p}$。

费马小定理的另一种形式是：如果 p 为素数，那么对任意的 a，有 $a^p \equiv a \pmod{p}$。

费马小定理在计算整数的高次幂的模余数时非常高效，函数 POW_MOD_P(a,e,p) 实现了这个功能：

```
from sympy import isprime
from math import gcd
def POW_MOD_P(a,e,p):
    if not isprime(p) or not gcd(a,p) == 1:return a ** e % p
    return a ** (e % (p - 1)) % p
```

> **注意**：求 $a^e (\mod p)$ 时，若 a, p 满足费马小定理的条件，且 $e = k(p-1) + r$，则 $a^e (\mod p) = a^{k(p-1)+r} (\mod p) = a^r (\mod p)$。

例 6.29 求 $19^{10000} (\mod 97)$ 的值。

代码如下：

```
POW_MOD_P(19,10000,97),19 ** 10000 % 97
```

输出结果为：

```
(96,96)
```

中国古代数学家曾断言：如果 n 为奇素数 $\Leftrightarrow 2^{n-1} \equiv 1 (\mod n)$。根据费马小定理，"$\Rightarrow$"显然是正确的，但满足 $2^{n-1} \equiv 1 (\mod n)$ 的奇数 n 未必就是素数。例如，当合数 $n = 461, 561, 645$ 时，$2^{n-1} \equiv 1 (\mod n)$ 成立，称这些合数为以 2 为基的**伪素数**。

我们搜索 50 000 以内以 2 为基的伪素数：

```
all_primes = []
#读取不超过 50000 的所有素数
with open('primes_in_100000.txt','r') as r:
    while True:
        bStopRead = False
        line = r.readline().rstrip('\n')
        nums = line.split(' ')
        nums.remove('')
        for num in nums:
            num.replace(' ','')
            num = int(num)
            if num < 50000:all_primes.append(num)
            else:
                bStopRead = True
                break
        if bStopRead:break
r.close()
#统计 50000 以内以 2 为基的伪素数的个数,并输出所有伪素数
pseudoprime_Nums = 0
for number in range(1,50001):
    if POW_MOD_P(2, number - 1, number) == 1 and number not in all_primes:
        pseudoprime_Nums += 1
        print('{}'.format(number),end = ' ')
print('\nAll primes num is {} and Pseudo primes num is {} where Base = 2 and n < 50000.'.format(len
(all_primes),
        pseudoprime_Nums))
```

输出结果为：

```
341 561 645 1105 1387 1729 1905 2047 2465 2701 2821 3277 4033 4369 4371 4681 5461 6601 7957 8321
8481 8911 10261 10585 11305 12801 13741 13747 13981 14491 15709 15841 16705 18705 18721 19951
23001 23377 25761 29341 30121 30889 31417 31609 31621 33153 34945 35333 39865 41041 41665 42799
46657 49141 49981
All primes num is 5133 and Pseudo primes num is 55 where Base = 2 and n < 50000.
```

这说明，50 000 以内（以 2 为基）的伪素数占所有素数的比例大致为 1%。事实上，随着 n 的增大，这个比例越来越小，小于 $n=10^{10}$ 的所有素数为 455 052 512 个，但伪素数仅有 14 884 个。对于奇数 n，如果通过验证 $2^{n-1} \equiv 1 (\bmod n)$ 是否成立来判断 n 是否为素数，那么，n 越大，正确判断的概率也越大。

下面我们以 $p=7$ 为模进行如下的模运算：

$$1^1 \equiv 1$$
$$2^1 \equiv 2, 2^2 \equiv 4, 2^3 \equiv 1$$
$$3^1 \equiv 3, 3^2 \equiv 2, 3^3 \equiv 6, 3^4 \equiv 4, 3^5 \equiv 5, 3^6 \equiv 1$$
$$4^1 \equiv 4, 4^2 \equiv 2, 4^3 \equiv 1$$
$$5^1 \equiv 5, 5^2 \equiv 4, 5^3 \equiv 6, 5^4 \equiv 2, 5^5 \equiv 3, 5^6 \equiv 1$$
$$6^1 \equiv 6, 6^2 \equiv 1$$

可见，3 和 5 的模指数运算生成了 1 至 6 的每一个整数。

记 $Z_p \setminus \{0\}$ 为 Z_p^+，有如下定义：

设 p 为素数，$r \in Z_p^+$，如果 $\forall x \in Z_p^+$，$\exists y \in Z_p^+$，使得 $r^y \equiv x (\bmod p)$，则说 r 为 Z_p^+ 的一个**原根**，称 y 为以 r 为底 x 模 p 的**离散对数**。

结合前面的运算，3 和 5 就是 Z_7^+ 的原根。

我们编写程序求 100 以内每一个素数 p 的所有原根 r，并求出满足 $r^y \equiv x (\bmod p)$ 的所有整数对 (x, y)，最后将这些数据写入文本文件：

```python
all_primes = []
#读取不超过 100 的所有素数
with open('primes_in_100000.txt','r') as r:
    while True:
        bStopRead = False
        line = r.readline().rstrip('\n')
        nums = line.split(' ')
        nums.remove('')
        for num in nums:
            num.replace(' ','')
            num = int(num)
            if num < 100:all_primes.append(num)
            else:
                bStopRead = True
                break
        if bStopRead:break
    r.close()
#将每个素数的原根 r 及相应的整数对(x,y)写入文件
with open('root_xy_100.txt','w') as f:
```

```python
    content = ''
    for prime in all_primes:
        content += 'prime = ' + str(prime) + ':\n'
        for r in range(1, prime):
#r的模余数列表
            powS = [r]
            while powS[-1] > 1:
                pow = powS[-1] * r % prime
                powS.append(pow)
#r模余数列表长度等于prime-1时,r为原根
            if len(powS) == prime - 1:
                content += 'when root = ' + str(r) + ', pairs (x,y) is:\n'
                content += ' ' + str([(powS[i], i + 1) for i in range(len(powS))]) + '\n'
    f.write(content)
    f.close()
    print('写入完毕!')
```

读者可以打开 root_xy_100.txt 文件查看相关数据。

由于文本文件和 VS Code 中的代码相对独立,当我们需要频繁使用文本文件中的数据时,可以写一个函数专门用来读取数据。比如,当我们需要读取 100 000 以内的素数时,可以编写函数如下:

```python
def GetPrimes(end, begin = 2):
    if begin > end: begin, end = end, begin
    primes = []
    with open('primes_in_100000.txt', 'r') as r:
        while True:
            bStopRead = False
            line = r.readline().rstrip('\n')
            nums = line.split(' ')
            nums.remove('')
            for num in nums:
                num.replace(' ', '')
                num = int(num)
                if num < begin: continue
                elif num >= begin and num <= end: primes.append(num)
                else:
                    bStopRead = True
                    break
            if bStopRead: break
        r.close()
    return primes
```

调用这个函数:

```python
GetPrimes(50), GetPrimes(100, begin = 80)
```

输出结果为:

```
([2, 3, 5, 7, 11, 13, 17, 19, 23, 29, 31, 37, 41, 43, 47], [83, 89, 97])
```

6.7 数论的应用

生成**伪随机数**和 **RSA 密码**系统是数论最为常见的应用。

计算机程序产生随机数总是按照某种规律依次产生的，所以我们称生成的是伪随机数。线性同余法是较为常用的产生伪随机数的方法，它需要 4 个整数：种子 $x_0(0 \leqslant x_0 < m)$，增量 $c(0 \leqslant c < m)$，倍数 $a(2 \leqslant a < m)$，模数 m。

线性同余法通过 $x_{n+1} = (ax_n + c)(\bmod m)(n \geqslant 0)$，以递归的方法依次生成介于 0 和 $m-1$ 之间的整数。

函数 generate_randomInt(m,a,c,x0) 实现了生成长度为 $3m$ 的伪随机数序列：

```
def generate_randomInt(m,a,c,x0):
    x = [x0]
    for i in range(3 * m):
        x.append((a * x[-1] + c) % m)
    return x[1::]
```

例 6.30 设 $x_0 = 3, c = 4, a = 7, m = 9$，生成大小为 0~8，长度为 27 的伪随机数。

调用函数 generate_randomInt()：

```
a = generate_randomInt(9,7,4,3)
a
```

输出结果为：

```
[7, 8, 6, 1, 2, 0, 4, 5, 3, 7, 8, 6, 1, 2, 0, 4, 5, 3, 7, 8, 6, 1, 2, 0, 4, 5, 3]
```

我们很容易发现，这个伪随机数序列的周期为 9。

事实上，使用线性同余法或其他方法生成的随机数都不是完全随机的，函数 $T(S)$ 可以计算出周期序列 S 的周期：

```
def T(S):
    T = 1
    for i in range(int(len(S)/2)):
        if S[i]!= S[i + T]:
i = i + T
            T += 1
if T >= len(S)/2 - 1:return -1
    return T
```

我们测试这个函数：

```
T(a)
```

输出结果为：

```
9
```

例 6.31 分别求 $x_0 = 1, c = 0, a = 5, m = 97$ 及 $x_0 = 0, c = 2, a = 3, m = 563$ 生成的伪随机

序列的周期。

代码如下：

```
a,b = generate_randomInt(97,5,0,1),generate_randomInt(563,3,2,0)
T(a),T(b)
```

输出结果为：

(96,281)

由于 5 是模 97 的一个原根，所以在递归函数 $x_{n+1}=(5x_n)(\bmod 97)(n\geqslant 0)$ 的一个周期中，当 $x_0=1,c=0$ 时，1~96 中的每个整数恰好各生成一次。

将伪随机序列中的每个整数除以 m，便得到区间 $(0,1)$ 上均匀分布的伪随机数，检验代码如下：

```
import numpy as np
from scipy.stats import uniform
#产生0~1的伪随机数
X = generate_randomInt(99991,5,1,0)
X = np.array(X)/99991
#拟合均匀分布
a,b = uniform.fit(X[1000:3000:])
a,b,np.mean(X),np.var(X)
```

输出结果为：

(0.00023002070186316768,
 0.9988098928903602,
 0.4999875001667978,
 0.08370211214839786)

可见 $a\approx 0,b\approx 1$，这组伪随机数近似服从均匀分布 $U(0,1)$。

进一步，我们可通过对 X 做**线性变换**生成服从均匀分布 $U(a,b)$ 的伪随机数：

```
a,b = 1,3
Y = a + X * (b - a)
uniform.fit(Y)
```

输出结果为：

(1.0, 1.999979998199838)

> **注意**：第二个分量对应 $b-a$ 的值，因此 Y 近似服从 $U(1,3)$ 的均匀分布。

下面分别介绍通过线性同余法生成服从参数为 p 的 0-1 分布、服从参数为 λ 的泊松分布 $\pi(\lambda)$ 的伪随机数的方法。

（1）生成服从参数为 p 的 0-1 分布的伪随机数。

```
p = 0.6
#产生0~1的伪随机数
X = generate_randomInt(99991,5,1,0)
X = np.array(X)/99991
```

```
#小于或等于0.6的值映射为1,大于0.6的值映射为0
Y = list(map(int,X <= 0.6))
#输出前20个值,及前2000个值中1所占的比例
Y[:20:],np.sum(Y[:2000:])/2000
```

输出结果为：

```
([1, 1, 1, 1, 1, 1, 1, 0, 0, 1, 1, 1, 1, 1, 0, 1, 1, 1, 0, 0], 0.6115)
```

尽管前20个数中有15个1,但通过大量统计可以发现1出现的概率接近 $p=0.6$。

(2) 生成服从参数为 λ 的泊松分布 $\pi(\lambda)$ 的伪随机数。

我们编写函数 generate_poisson() 用以实现生成服从参数为 λ 的泊松分布的伪随机数,即服从 $P\{X=k\}=\dfrac{\lambda^k e^{-\lambda}}{k!},(k=0,1,2,\cdots)$ 的伪随机数：

```
def generate_poisson(lamda,size = 100,n = 10,prime = 97,root = 5):
    #泊松分布取值0到n的概率值
    p0 = np.exp( - lamda)
    p = [p0]
    for k in range(n - 1):
        p_k = lamda * p[ - 1]/(k + 1)
        p.append(p_k)
    #累计概率和序列
    poissones = np.cumsum(p)
    #(0,1)均匀分布的伪随机数
    X = [root]
    for i in range(size - 1):
        X.append((root * X[ - 1]) % prime)
    X = np.array(X)/prime
    #泊松分布的伪随机数
    result = []
    for x in X:
        for index,poisson in enumerate(poissones):
            if x < poisson:
                result.append(index)
                break
    result = np.array(result)
    #返回伪随机数值为i的比例
    return [np.sum(result == i)/size for i in range(n)]
```

我们来测试一下：

```
from math import factorial
lamda = 1.0
generate_poisson(lamda),[np.round(np.exp( - 1)/factorial(k),2) for k in range(10)]
```

输出结果为：

```
([0.38, 0.37, 0.18, 0.06, 0.01, 0.0, 0.0, 0.0, 0.0, 0.0],
 [0.37, 0.37, 0.18, 0.06, 0.02, 0.0, 0.0, 0.0, 0.0, 0.0])
```

数论在密码学中起着非常重要的作用。将**明文** m 经过变换得到的字符串 c 称为**密文**,这

个过程称为**加密**，将密文 c 恢复为明文 m 的过程称为**解密**。

早期的加密过程主要使用移位算法和仿射算法。

现在，我们通过代码学习这两种算法：

```python
#移位加密
def Encrypt_Shift(cleartext,k = 0):
    #去掉明文中的非法字符,仅保留字母信息
    cleartext = cleartext.replace(' ','')
    cleartext = cleartext.replace(',','')
    cleartext = cleartext.replace('.','')
    cleartext = cleartext.replace('?','')
    cleartext = cleartext.replace('!','')
    #转换为大写字母
    cleartext = cleartext.upper()
    #对字母进行移位
    text = list(cleartext)
    encryption = ''
    for letter in text:
        encryption += chr((ord(letter) - 65 + k) % 26 + 65)
    return encryption
```

函数将明文中的每个字母通过代码 chr((ord(letter)－65＋k)％26＋65)转换为密文中对应的字母，如 letter＝'B'，ord('B')＝66，若 k＝10，chr(76)＝'L'，从而将明文字母'B'转换成密文字母'L'，相当于将所有字母向后平移 k 个单位；如果超过最后一个字母'Z'，则从第一个字母'A'继续往后平移。

现在测试加密函数 Encrypt_Shift()：

```python
Encrypt_Shift('stop ACT!',k = 3)
```

输出结果为：

```
'VWRSDFW'
```

解密过程则需要将密文中的每个字母依次向前平移 k 个单位，解密函数 Decode_Shift()如下：

```python
#移位解密
def Decode_Shift(encryption,k = 0):
    encryption = list(encryption)
    cleartext = ''
    for letter in encryption:
        cleartext += chr((ord(letter) - 65 - k) % 26 + 65)
    return cleartext
```

测试这个函数：

```python
Decode_Shift('VWRSDFW',k = 3)
```

输出结果为：

```
'STOPACT'
```

进一步理解加密和解密的关系,运行代码:

```
Decode_Shift(Encrypt_Shift('Meet you at the Second street at nine Oclock?',k = -1000),k = -1000)
```

输出结果为:

'MEETYOUATTHESECONDSTREETATNINEOCLOCK'

移位密码很容易被破译,仅需让 k 取 $0\sim 25$ 逐个测试,直到出现有意义的明文为止。

仿射密码将明文字母对应的整数 m,通过模运算 $c=(am+k)(\mathrm{mod}\,26)$ 进行加密,其中 $\gcd(a,26)=1$,从而 a 在模 26 下有唯一的逆 a^{-1};解密时有 $m=a^{-1}(c-k)(\mathrm{mod}\,26)$。

首先求出符合条件的 a 及其逆 a^{-1}:

```
# 2~26 中与 26 互素的数
a = [3,5,7,9,11,15,17,19,21,25]
inverses = []
for num in a:
# 注意模 26(偶数)下,奇数的逆只能是奇数
    for i in range(3,26,2):
        if num * i % 26 == 1:
            inverses.append(i)
inverses
```

输出结果为:

[9, 21, 15, 3, 19, 7, 23, 11, 5, 25]

函数 Encrypt_Affine(cleartext,a=5,k=10)实现仿射加密:

```
def Encrypt_Affine(cleartext,a = 5,k = 10):
    # 去掉明文中的非法字符,仅保留字母信息
    cleartext = cleartext.replace(' ','')
    cleartext = cleartext.replace(',','')
    cleartext = cleartext.replace('.','')
    cleartext = cleartext.replace('?','')
    cleartext = cleartext.replace('!','')
    # 转换为大写字母
    cleartext = cleartext.upper()
    text = list(cleartext)
    encryption = ''
    for letter in text:
        encryption += chr(((ord(letter) - 65) * a + k) % 26 + 65) # 加密
    return encryption
```

测试函数:

```
Encrypt_Affine('stop ACT!')
```

输出结果为:

'WBCHKUB'

对应的解密函数为:

```
#模 26 下,5 的逆为 21
def Decode_Affine(encryption, inverse = 21, k = 10):
    encryption = list(encryption)
    cleartext = ''
    for letter in encryption:
        cleartext += chr((inverse * (ord(letter) - 65 - k) % 26) + 65) #解密
    return cleartext
```

测试解密函数:

```
Decode_Affine('WBCHKUB')
```

输出结果为:

```
'STOPACT'
```

代码:

```
Decode_Affine(Encrypt_Affine('Meet you at the Second street at nine Oclock?', a = 19), inverse = 11)
```

输出结果为:

```
'MEETYOUATTHESECONDSTREETATNINEOCLOCK'
```

移位和仿射密码系统又称为**私钥密码**,加密和解密方均需知道密钥。如仿射密码系统中的 a,k 及 a^{-1}。如果有人泄露密钥,会将整个系统的机密信息暴露给敌方或竞争对手。为了更加安全,密码学家们引入了公钥密码系统。

公钥密码系统(RSA) 是基于如下理论:设 $n=pq$,其中 p 和 q 是两个不同的大素数,$\phi(n)=(p-1)(q-1)$,选择正整数 w 满足 $\gcd(w,\phi(n))=1$,则 w 模 $\phi(n)$ 的逆唯一存在,设为 $d \equiv w^{-1}(\mod \phi(n))$,即 $dw \equiv 1(\mod \phi(n))$。

加密密钥为 w 和 n,对所有人都是公开的。解密密钥为 $p,q,\phi(n)$ 和 d 是保密的。

加密方对明文段或字母对应的整数 $m(<n)$ 进行模运算 $c=m^w(\mod n)$,而解密方对密文 c 进行模运算 $m=c^d(\mod n)$。

下面我们说明解密的正确性:

(1) 如果 $\gcd(m,n)=1$,则 $c^d(\mod n) \equiv m^{wd}(\mod n) \equiv m^{k\phi(n)+1}(\mod n) = m$;

(2) 如果 $\gcd(m,n) \neq 1$,由于 $n=pq$,不妨假设 $m=ap$,$\gcd(m,q)=1$,由费马小定理 $m^{q-1} \equiv 1(\mod q) \Rightarrow m^{k\phi(n)} \equiv 1(\mod q)$,不妨设 $m^{k\phi(n)}=bq+1$,从而

$$m^{k\phi(n)+1}=m(bq+1)=apbq+m=abn+m$$

即 $m^{k\phi(n)+1}(\mod n)=m$,所以 $m^{wd} \equiv m(\mod n)$。

我们以两位数字 00~25 分别代表字母 A~Z。如果对单个字母加密的话,由于每个字母在英文中出现的频率相对固定,破译方可能会根据掌握的大量的密文信息进行猜测,所以一般首先将明文进行分组,如明文'STOP'的前两个字母 ST 为一组,后两个字母 OP 为一组。第一组转换为数字 1819,第二组转换为数字 1415。如果明文的长度为奇数,我们在其末尾添加无意义的数字 26。如明文'STOPB'的分组 ST、OP、B 分别对应三组数字 1819、1415 和 0126。在编写程序时要注意在长度不足 2 的数字前补'0',比如明文段'BC',其对应的数字为

'0102',而不是'12'。

我们以较小的整数 $p=43, q=59, d=937$ 为密钥,并以 $n=43\times59=2537, w=13$ 为公钥。此时最大的明文段 $m=2526$ 不超过 $n=2537$。

加密函数 Encrypt_RSA() 如下:

```python
def Encrypt_RSA(cleartext, n = 43 * 59, w = 13):
    #去掉明文中的非法字符,仅保留字母信息
    cleartext = cleartext.replace(' ','')
    cleartext = cleartext.replace(',','')
    cleartext = cleartext.replace('.','')
    cleartext = cleartext.replace('?','')
    cleartext = cleartext.replace('!','')
    #转换为大写字母
    cleartext = cleartext.upper()
    cleartext = list(cleartext)
    #将明文中的字母转换为数字
    M = []
    len_text = len(cleartext)
    for i in range(len_text):
        M.append(ord(cleartext[i]) - 65)
    if len_text % 2 == 1:M.append(26)              #字母个数为奇数时列表最后添加 26
    #数字的规范化与分组
    str_M = [str(M[i]) if M[i]> 9 else '0' + str(M[i]) for i in range(len(M))]    #数字 0~9 前方补 0
    str_merge_M = [str_M[2 * i] + str_M[2 * i + 1] for i in range(len(str_M)//2)]    #两两合为一组
    #化为整型数据,便于参与运算
    int_merge_M = [int(str_merge_M[i]) for i in range(len(str_merge_M))]
    #加密
    int_Encrypt = []
    for m in int_merge_M:
        int_Encrypt.append(m ** w % n)
    #返回密文
    str_Encrypt = [str(int_Encrypt[i]) for i in range(len(int_Encrypt))]
    result = ''
    for s in str_Encrypt:
        result += '0' * (4 - len(s)) + s#不足 4 位时前方补 0
    return result
```

测试加密函数:

```python
Encrypt_RSA('StopProjectionA')
```

输出结果为:

```
'20812182163708220654085211551836'
```

解密函数 Decode_RSA() 如下:

```python
def Decode_RSA(encryption, p = 43, q = 59, d = 937):
    #密文每 4 位作为一组
    group_encryption = [encryption[i * 4:(i + 1) * 4] for i in range(len(encryption)//4)]
    #化为整型
    int_group = [int(group_encryption[i]) for i in range(len(group_encryption))]
```

```
#解密
int_decode = [c ** d % (p * q) for c in int_group]
#不足 4 位的前方补 0
str_decode = list(map(str, int_decode))
str_decode = ['0' * (4 - len(str_decode[i])) + str_decode[i] for i in range(len(str_decode))]
#返回明文
cleartext = ''
for s in str_decode:
    cleartext += chr(int(s[0:2]) + 65)
    if int(s[2:4]) < 26:
        cleartext += chr(int(s[2:4]) + 65)
return cleartext
```

测试解密函数：

```
Decode_RSA('20812182163708220654085211551836')
```

输出结果为：

```
'STOPPROJECTIONA'
```

第7章

归纳与递归

对于正整数 n，有许多重要的性质，如 $\forall n \geqslant 1, 1+2+\cdots+n = \dfrac{n(n+1)}{2}$；又如 $\forall n \geqslant 1$，$3 \mid [n(n+1)(n+2)]$，我们对这些命题的证明方法习惯上称为**数学归纳法**。数学归纳法实质上是演绎推理，即通过证据来证明结论，但**不产生新的结论**。所以它并非逻辑学中的归纳推理。

递归和数学归纳法在某些方面恰好相反，假设我们并不知道前 n 个数 $\sum\limits_{k=1}^{n} k = 1+2+\cdots+n$ 的求和公式，我们可以这样构造一个递归：

$$S(n) = S(n-1) + n, n \geqslant 2$$
$$S(1) = 1$$

递归在计算机编程领域使用非常广泛。事实上，我们在求两个正整数的最大公约数时，已经使用了递归机制。

7.1 数学归纳法

用数学归纳法证明：对整数（注意，没有限定必须为正整数）n，$n \geqslant \text{base\_}n$，命题 $P(n)$ 成立。其中 $\text{base\_}n$ 为一个确定的整数，称为基础数，大多数情况下 $\text{base\_}n = 1$。证明过程可以描述为：$(P(\text{base\_}n) \wedge (\forall k \geqslant \text{base\_}n, P(k) \to P(k+1))) \to \forall n, P(n)$。

数学归纳法需要两个验证步骤：

(1) 基础步 $P(\text{base\_}n)$ 的验证。

(2) 归纳步 $\forall k \geqslant \text{base\_}n, P(k) \to P(k+1)$ 的验证。

例 7.1 证明 $\forall n \geqslant 1, \sum\limits_{i=1}^{n} i^2 = 1+4+9+\cdots+n^2 = \dfrac{n(n+1)(2n+1)}{6}$。

(1) 基础步的验证：$n=1$ 时，有：左 $=1^2 = \dfrac{1 \times (1+1) \times (2 \times 1+1)}{6} =$ 右。

(2) 归纳步的验证：假设 $\forall k, k \geqslant 1, 1^2 + 2^2 + \cdots + k^2 = \dfrac{k(k+1)(2k+1)}{6}$ 成立，从而

第 7 章 归纳与递归

$$1^2+2^2+\cdots+k^2+(k+1)^2 = \frac{k(k+1)(2k+1)}{6}+(k+1)^2$$
$$= \frac{(k+1)(2k^2+k+6k+6)}{6}$$
$$= \frac{(k+1)(k+2)(2k+3)}{6}$$

我们以一个反例说明基础步验证的重要性。

例 7.2 证明当 $n \geqslant 1$ 时,$n > n+1$。

这显然是一个错误的结论,但对归纳步是成立的:假设 $\forall k \geqslant 1, k > k+1$ 成立,我们将不等式两边同时加上 1,有 $k+1 > (k+1)+1$ 成立。

此例说明**基础步的验证是不可缺少的**。

数学归纳法可以证明的题目类型较为广泛,恒等式、不等式和整除关系的题目较多,我们着重探讨这一类题目的程序证明。

使用符号运算库 sympy。

首先需要探讨对一个符号的限制是否有效,因为在使用第三方库时我们并不知道其底层代码:

```
#导入sympy库,并启动环境中最佳打印机
from sympy import *
init_printing()
#限定符号'k'为正整数
k = Symbol('k',positive = True,integer = True)
#检验对符号的限制是否有效
bool(k <= 0),bool(k + 1 >= 2)
```

输出结果为:

```
(False, True)
```

这说明参数 positive 和 integer 是有效的。

Sympy 库提供 summation() 函数用以求和(尽管它和程序证明之间没有关系),其使用方法为:

```
#平方和公式
k,n = symbols('k n')
factor(summation(k ** 2,(k,1,n)))
```

输出结果为:

```
n(n + 1)(2n + 1)/6
```

> **注意**:factor() 函数可实现表达式的因式分解,将其化为最简式。

接下来,我们自定义 induct_eq_ineq() 函数,用于解决恒等式和不等式的程序证明问题:

```
def induct_eq_ineq(expr,f_right,base_n = 1,type = 0):
    '''
    函数 induct_eq_ineq() 使用数学归纳法证明一个等式或不等式
    参数:
        expr:左侧通项,如 n
        f_right:右侧的和函数,如 n * (n + 1)/2
        base_n:式子成立的最小整数 n,默认为 1
        type:左右侧关系,0( = ),1(>= ),2(<= )
```

```
返回: 命题是否成立
'''
conclusion = False
#起步项
left_base = simplify(expr(base_n))
right_base = simplify(f_right(base_n))
base = simplify(left_base - right_base)
#一般项
k = Symbol('k', integer = True, positive = True)
induct = simplify(expr(k + base_n) - f_right(k + base_n) + f_right(k + base_n - 1))
#结论
if type == 0:
    conclusion = (base == 0 and induct == 0)
if type == 1:
    conclusion = (base >= 0 and induct >= 0)
if type == 2:
    conclusion = (base <= 0 and induct <= 0)
print(conclusion)
```

> **注意**：使用该函数证明等式或不等式时，要求等式或不等式的左侧为 $\sum$ 和式。下面通过几个例子来测试函数的可靠性。

例 7.3 证明 $\sum_{k=1}^{n}(2k-1)=n^2$。

代码如下：

```
#左侧和式的通项
expr = lambda n:n * 2 - 1
#右侧表达式
right = lambda n:n ** 2
induct_eq_ineq(expr,right)
```

输出结果为：

```
True
```

例 7.4 证明 $\sum_{k=1}^{n}k2^k=(n-1)2^{n+1}+2$。

代码如下：

```
expr = lambda n:n * 2 ** n
right = lambda n:(n-1) * 2 ** (n + 1) + 2
induct_eq_ineq(expr,right)
```

输出结果为：

```
True
```

例 7.5 证明等比数列求和公式 $\sum_{k=0}^{n}ar^k=\dfrac{a-ar^{n+1}}{1-r}, r\neq 1$。

代码如下：

```
a,r = symbols('a r',positive = True)
expr = lambda n:a * r ** n
right = lambda n:(a - a * r ** (n + 1))/(1 - r)
induct_eq_ineq(expr,right,base_n = 0)
```

输出结果为：

```
True
```

例 7.6 证明 $\forall n \geqslant 1, n \leqslant 2^n$（事实上有 $n < 2^n$，induct_eq_ineq()函数没有专门处理'>'和'<'类型的不等式，读者可以进一步细化）。

注意到 $2^0 + 2^1 + \cdots + 2^{n-1} = 2^n - 1, n \geqslant 1$，可以将 $n \leqslant 2^n$ 转化为 $\sum_{k=1}^{n} 2^{k-1} \geqslant n - 1$。代码如下：

```
expr = lambda n:2 ** (n - 1)
right = lambda n:n - 1
induct_eq_ineq(expr,right,type = 1)
```

输出结果为：

```
True
```

例 7.7 证明不等式 $\sum_{k=1}^{n} \dfrac{1}{k^2} \leqslant 2 - \dfrac{1}{n}$。

代码如下：

```
expr = lambda n:1/n ** 2
right = lambda n:2 - 1/n
induct_eq_ineq(expr,right,type = 2)
```

输出结果为：

```
True
```

例 7.8 证明不等式 $\sum_{k=1}^{n} \dfrac{1}{\sqrt{k}} \geqslant 2(\sqrt{n+1} - 1)$。

代码如下：

```
expr = lambda n:1/sqrt(n)
right = lambda n:2 * (sqrt(n + 1) - 1)
induct_eq_ineq(expr,right,type = 1)
```

输出结果为：

```
(2 * k - 2 * sqrt(k ** 2 + 3 * k + 2) + 3)/sqrt(k + 1) >= 0
```

使用 sympy 库时，有时会出现无法计算某个式子或无法断定某个命题的情况，程序会在这里跳出并告诉你：我只能处理到这里了，余下的工作你来。

分析上述结果：

$$(2k - 2\sqrt{k^2 + 3k + 2} + 3)/\sqrt{k+1} \geq 0$$
$$\Leftrightarrow k + \frac{3}{2} \geq \sqrt{k^2 + 3k + 2} \Leftrightarrow \left(k + \frac{3}{2}\right)^2 \geq k^2 + 3k + 2$$

显然成立。

例 7.9 证明不等式 $\forall n \geq 4, 2^n \geq n^2$。

把不等式变换为可用程序证明的标准形式：

$$2^n = 1 + (1 + 2 + 4 + \cdots + 2^{n-1}) = 8 + \sum_{k=1}^{n-3} 2^{k+2} \geq n^2 \Leftrightarrow \sum_{k=1}^{n} 2^{k+2} \geq (n+3)^2 - 8$$
$$= n^2 + 6n + 1$$

代码如下：

```
expr = lambda n:2 ** (n + 2)
right = lambda n:n ** 2 + 6 * n + 1
induct_eq_ineq(expr,right,type = 1)
```

输出结果为：

```
2 ** (k + 3) - 2 * k - 7 >= 0
```

这个结果是说，原命题是否成立取决于新命题 $k \geq 1$ 时，不等式 $2^{k+3} - 2k - 7 \geq 0$ 是否成立，程序无法判定这个新命题的真伪。

从而，函数 induct_eq_ineq() 对这个不等式的证明是失败的。

当使用符号系统证明等式或者不等式时，若通项中含有根式如 $\sqrt{n}$，或者形如 2^n 的指数运算以及阶乘运算 $n!$，一般不太容易处理，但在处理幂为正整数的运算时成功的可能性较大。

下面用数学归纳法证明 $q \mid p(n)$ 类的问题，其中 q 为指定的正整数，$p(n)$ 为一个关于正整数 n 的表达式。首先，通过两个例子来了解符号运算关于整除的一些特性。

例 7.10 证明 $\forall n \geq 1, 3 \mid [n(n+1)(n+2)]$。

由于三个连续的正整数中恰有一个是 3 的倍数，所以结论自然是成立的。我们使用 sympy 来验证这个简单问题：

```
n = Symbol('n',positive = True,integer = True)
(n * (n + 1) * (n + 2)) % 3 == 0,(expand(n * (n + 1) * (n + 2))) % 3 == 0
```

输出结果为：

```
(False, False)
```

这说明 sympy 仅负责对符号 n 做加减乘除等一般运算，它没有进行额外推理的义务(奇怪的是它知道 $2 \mid [n(n+1)]$)。

数学归纳法恰好可以解决这个问题：

```
p = lambda n:n * (n + 1) * (n + 2)
k = Symbol('k',integer = True,positive = True)
p(1) % 3 == 0,expand(p(k + 1) - p(k)) % 3 == 0
```

输出结果为：

(True, True)。

说明 $p(1)$ 可以被 3 整除，$p(k+1)-p(k)$ 可以被 3 整除。那么若 $p(k)$ 可以被 3 整除，则 $p(k+1)=[p(k+1)-p(k)]+p(k)$ 可以被 3 整除，因此 $\forall n\geq 1,3\mid [n(n+1)(n+2)]$。

例 7.11 证明 $\forall n\geq 1,21\mid (4^{n+1}+5^{2n-1})$。

(1) $n=1$ 时显然成立。

(2) 假设 $21\mid (4^{k+1}+5^{2k-1})$，则由

$$4^{k+2}+5^{2k+1}=4\times 4^{k+1}+25\times 5^{2k-1}=25(4^{k+1}+5^{2k-1})-21\times 4^{k+1}$$

可得 $(4^{k+2}+5^{2k+1})-25(4^{k+1}+5^{2k-1})$ 出现因子 21，容易看出能被 21 整除，因此 $4^{k+2}+5^{2k+1}=[(4^{k+2}+5^{2k+1})-25(4^{k+1}+5^{2k-1})]+25(4^{k+1}+5^{2k-1})$ 能被 21 整除，从而命题成立。事实上，只要数列的后项减去前项的倍数 $p(k+1)-l\cdot p(k)$ 能够被整数 q 整除，就可以用数学归纳法证明 $q\mid p(n)$。

下面构造函数 induct_div()，实现用数学归纳法证明 $q\mid p(n)$，代码如下：

```
def induct_div(p,q,max_Sub_PK_times = 1):
    '''
    函数 induct_div(p,q,max_Sub_PK_times = 1)用数学归纳法证明 p(n)能被整数 q 整除
    参数：p,p(n)
         q,整数
         max_Sub_PK_times,后项减去前项的最大倍数，默认为 1
    返回：p(n) % q == 0
    '''
    base_verify = p(1) % q == 0
    if base_verify:
        k = Symbol('k', integer = True, positive = True)
        # 后项减去前项的倍数
        A = [expand(p(k + 1) - (i + 1) * p(k)) for i in range(max_Sub_PK_times)]
        for a in A:
            if a % q == 0:return True
    return False
```

例 7.12 证明 $\forall n\geq 1,2\mid (n^2+n)$。

代码如下：

```
p = lambda n:n ** 2 + n
q = 2
induct_div(p,q)
```

输出结果为：

```
True
```

下面例 7.13 至例 7.17 的运行结果均为 True，不再一一标出。

例 7.13 证明 $\forall n\geq 1,3\mid (n^3+2n)$。

代码如下：

```
p = lambda n:n ** 3 + 2 * n
q = 3
induct_div(p,q)
```

例 7.14 证明 $\forall n \geqslant 1, 6 \mid (n^3 - n)$。

代码如下：

```
p = lambda n:n**3 - n
q = 6
induct_div(p,q,max_Sub_PK_times = 1)
```

> **注意**：$[(n+1)^3 - (n+1)] - (n^3 - n) = 3n(n+1)$，sympy 能自动判断出 $2 \mid [n(n+1)]$。

例 7.15 证明 $\forall n \geqslant 1, 5 \mid (n^5 - n)$。

代码如下：

```
p = lambda n:n**5 - n
q = 5
induct_div(p,q)
```

例 7.16 证明 $\forall n \geqslant 1, 57 \mid (7^{n+2} + 8^{2n+1})$。

由前面的分析可以预测，后项可能需要减去 $\dfrac{8^{2n+3} + 7^{n+3}}{8^{2n+1} + 7^{n+2}} \approx 64$ 个前项时才会出现因子 57，所以我们调整第三个参数为 64：

```
p = lambda n:7**(n+2) + 8**(2*n+1)
q = 57
induct_div(p,q,max_Sub_PK_times = 64)
```

例 7.17 证明 $\forall n \geqslant 1, 133 \mid (11^{n+1} + 12^{2n-1})$。

代码如下：

```
p = lambda n:11**(n+1) + 12**(2*n-1)
q = 133
induct_div(p,q,max_Sub_PK_times = 144)
```

下面我们介绍程序设计中常见的一类算法——**贪心算法**。

例 7.18 假设一个国家发行的小于 1 元的硬币有 25 分、10 分、5 分和 1 分 4 种，现在研究 n 分零钱的找零问题，其中 $n \leqslant 99$。我们的目标是让所找的硬币总枚数最少。

问题对应的模型为：

$$\min(a + b + c + d)$$
$$\text{s.t.}$$
$$25 \times a + 10 \times b + 5 \times c + 1 \times d = n$$

其中 a, b, c, d 为非负整数。

假设 $n = 98$，我们可以使用如下策略：首先找出面值最大的硬币（25 分）对应的最大的 a，这里 $a = 3$；$n - 3a = 98 - 75 = 23$，接着找出面值最大的硬币（10 分）对应的最大的 b，这里 $b = 2$；$23 - 20 = 3$，然后找出面值最大的硬币（5 分）对应的最大的 c，这里 $c = 0$；最后得到 $d = 3$。问题的解为 $a + b + c + d = 8$。

我们称这一类以最大化"眼前利益"（每一步都选择看起来"最好的"选项）为原则的算法为贪心算法。

使用贪心算法，不管 n 为多少，例 7.18 总能得到最优解。

第7章 归纳与递归

例7.19 如果硬币仅有25分、10分和1分三种面值，现在要找 $n=30$ 的零钱。用贪心算法需要找出1个25分和5个1分共6枚硬币，而实际上的最优解为3枚10分的硬币。

我们无法用数学方法证明哪些问题使用贪心算法一定能得到最优解，哪些问题不行。如果例7.18为"步步为营"，例7.19则为"正合奇胜"。这里的"营"与"合"代表可行解，"胜"代表最优解，而"奇"暗示了我们得到最优解的复杂性。

例7.20 假设有一组数量为 n 的讲座，每一个讲座都预设了开始时间 s_k 和结束时间 e_k，并假设演讲厅的数量足够多。由于1号演讲厅的条件最好，问能否根据每个讲座的开始时间 s_k 和结束时间 e_k 或持续时间 $e_k - s_k$ 选定一个规则，使得安排在1号演讲厅的讲座数量最多？其中 $1 \leqslant k \leqslant n$。

分析：为了方便计算，假设讲座从上午8点整开始，并将这个时刻记为0，8:15记为15，中午12点整记为240。

根据经验，选定这样两个规则：①对开始时刻 s_k 进行排序，根据开始时刻的先后顺序优先安排1号演讲厅；②优先安排持续时长最短的讲座。这两个规则有一个共同的前提，任意时刻1号演讲厅至多安排一个讲座。

我们构造不同的讲座以说明这两个规则都不能得到最优解。

(1) 设 $(s_1,e_1)=(0,200)$，$(s_2,e_2)=(60,180)$，$(s_3,e_3)=(190,240)$，按照规则①，我们仅能在一个上午安排一场讲座。事实上，我们可以将第二个和第三个安排在1号演讲厅。

(2) 设 $(s_1,e_1)=(0,90)$，$(s_2,e_2)=(60,120)$，$(s_3,e_3)=(100,240)$，如果我们优先安排持续时长最短的讲座，则仅能安排第二个讲座。事实上，我们可以安排第一个和第三个。

如果按结束时刻安排讲座，是否能得到最优解呢？

先检验我们构造的第一个例子，对结束时间进行排序：$(s_2,e_2)=(60,180)$，$(s_1,e_1)=(0,200)$，$(s_3,e_3)=(190,240)$，首先安排第二个讲座，因为第一个讲座时间上冲突，将其安排在其他演讲厅，第三个讲座和第二个讲座时间不冲突。我们得到了一个最优解。

再检验第二个例子，$(s_1,e_1)=(0,90)$，$(s_2,e_2)=(60,120)$，$(s_3,e_3)=(100,240)$，显然可以将第一个和第三个讲座安排在1号演讲厅，同样，这是一个最优解。

按结束时间安排讲座的这种方法（算法）是否一定能得到最优解呢？

答案是肯定的。

记命题 $P(k)$ 为以结束时间安排讲座的算法能从 n 个讲座中选取 k 个放在1号演讲厅是问题的最优解，不管 n 是多少。

首先，对 n 个讲座进行重新编号，使得 $e_1 \leqslant e_2 \leqslant \cdots \leqslant e_n$。

$P(1)$ 是正确的，因为一定有 $\forall i, 2 \leqslant i \leqslant n, s_i < e_1, e_i \geqslant e_1$，即 n 个讲座的时间均有重叠，1号演讲厅最多只能安排一场讲座。

假设 $P(k)$ 是正确的，考虑 $P(k+1)$：我们按照对结束时间排序的方法选择了 $k+1$ 个讲座，记为 $l_1, l_2, \cdots, l_{k+1}$，现在将所有的讲座（$n$ 个）分为两组，排在 l_2 之前的讲座为第一组，其余为第二组；我们恰能从第二组讲座中按照既定算法选出 k 个（即 $l_2, \cdots, l_{k+1}$），$P(k)$ 正确；而第一组讲座满足 $P(1)$ 所描述的情况，即 $\forall i, 2 \leqslant i \leqslant x, s_i < e_1, e_i \geqslant e_1$，这里 x 是第一组最后一个讲座的编号，也就是排在 l_2 之前的那个讲座，从而有 $P(k+1)$ 正确。

下面用程序模拟这个问题，首先生成100个讲座，按照结束时间排序，并根据既定的算法依次选择可以安排在1号演讲厅的讲座：

```
import numpy as np
np.random.seed(0)
```

```
lectures = []
# 随机生成100个开始与结束时间,并按结束时间排序
for _ in range(100):
    randomNum = np.random.randint(1,480)
    s = np.random.randint(0,randomNum)
    e = np.random.randint(randomNum,481)
    lectures.append([s,e])
lectures = sorted(lectures,key = lambda x:x[1])
# 按结束时间安排讲座,并保证同一时间段只能安排一场讲座
selectedLectures = [lectures[0]]
for i in range(1,len(lectures)):
    if lectures[i][0]>= selectedLectures[-1][1]:
        selectedLectures.append(lectures[i])
# 输出安排的场数,及每场讲座开始与结束的时间
print(len(selectedLectures),selectedLectures)
```

输出结果为:

5 [[14, 42], [46, 176], [193, 354], [370, 438], [444, 474]]

现在我们对刚生成的100场讲座进行"盲选",每一次生成一个可行解,如果这个可行解能安排的讲座数量不少于上一个找到的可行解的数量,就输出这个可行解;这个过程我们重复1000次:

```
from copy import deepcopy
np.random.seed(0)
canArrangeNums = 0
for _ in range(1000):
    # 每次选择一场讲座,判断其能否添加进arrangedLectures列表,若能则将其放在列表合适的位置
    lectures_copy = deepcopy(lectures)
    arrangedLectures = []
    while len(lectures_copy)>0:
        index = np.random.randint(0,len(lectures_copy))
        select = lectures_copy[index]
        del lectures_copy[index]
        if len(arrangedLectures) == 0:
            arrangedLectures.append(select)
        else:
            # 选中的讲座插入arrangedLectures列表最前方
            if select[1]<= arrangedLectures[0][0]:
                arrangedLectures.insert(0,select)
            # 选中的讲座放在arrangedLectures列表的最后方
            elif select[0]>= arrangedLectures[-1][1]:
                arrangedLectures.append(select)
            # 选中的讲座插入arrangedLectures列表内部
            else:
                for i in range(len(arrangedLectures)):
                    if select[1]<= arrangedLectures[i][0]:
                        if select[0]>= arrangedLectures[i-1][1]:
                            arrangedLectures.insert(i,select)
                        break
    if len(arrangedLectures)>= canArrangeNums:
```

```
        print(arrangedLectures)
canArrangeNums = np.max([canArrangeNums,len(arrangedLectures)])
♯可行解能安排的讲座的最大个数
print(canArrangeNums)
```

读者可以观察程序的运行结果,搜索到的能安排 5 个讲座的方案有:

```
[[1, 78], [128, 182], [193, 354], [370, 438], [444, 474]]
[[14, 42], [46, 176], [193, 354], [370, 438], [444, 474]]
[[18, 82], [128, 182], [193, 354], [370, 438], [444, 474]]
```

如果我们说这个算法(指按结束时间安排讲座的方法)为贪心算法,说明"**贪心**"在计算机编程领域并非一个贬义词,而是一种能得到最优解或次优解的策略。

7.2 递归与迭代

已知 $a_0=1, a_1=1, a_n=2a_{n-1}+3a_{n-2}, (n \geqslant 2)$,求 a_4。

我们可以用如下两种方法得到 a_4:

(1) $a_4 = 2a_3 + 3a_2 = 2(2a_2 + 3a_1) + 3(2a_1 + 3a_0)$
$= 4a_2 + 12a_1 + 9a_0 = 4(2a_1 + 3a_0) + 12a_1 + 9a_0$
$= 20a_1 + 21a_0 = 20 \times 1 + 21 \times 1 = 41$

(2) $a_2 = 2a_1 + 3a_0 = 2 \times 1 + 3 \times 1 = 5$
$a_3 = 2a_2 + 3a_1 = 2 \times 5 + 3 \times 1 = 13$
$a_4 = 2a_3 + 3a_1 = 2 \times 13 + 3 \times 5 = 41$

第(1)种方法由目标值 a_4 开始,反复使用公式 $a_n = 2a_{n-1} + 3a_{n-2}$ 向前推导(回溯),直至找出和已知数量之间的关系 $a_4 = 20a_1 + 21a_0$,我们称这种方法为**递归**。

第(2)种方法从已知数量 a_0, a_1 开始,使用公式 $a_2 = 2a_1 + 3a_0$,得到 $a_2 = 5$;再次使用公式 $a_3 = 2a_2 + 3a_1$,得到 $a_3 = 13$;最后得到 $a_4 = 2a_3 + 3a_2 = 41$。我们称这种由已知数量开始,使用公式 $a_n = 2a_{n-1} + 3a_{n-2}$ 一直向后推导(搜索),直至求出目标值的方法为**迭代**。

递归和迭代对应的代码分别为:

```
♯递归
def a(n):
    if n <= 1:return 1
    return 2 * a(n-1) + 3 * a(n-2)
a(4)
```

输出结果为:

```
41
```

```
♯迭代
a = [1,1]
for _ in range(5):
    a.append(2 * a[-1] + 3 * a[-2])
a
```

输出结果为:

```
[1, 1, 5, 13, 41, 121, 365]
```

一般来说,迭代的效率要高一些,而且获得的信息更丰富,但在很多场合,迭代取代不了递归。

下面的内容以介绍递归的构造方法为主,有的重要结论我们会用数学归纳法加以证明。

例 7.21 用递归的方法构造正整数函数 $\text{positiveInt}(n) = n, n \geqslant 1$。

其递归构造方法为 $\begin{cases} \text{positiveInt}(1) = 1 \\ \text{positiveInt}(n) = \text{positiveInt}(n-1) + 1, n \geqslant 2 \end{cases}$,代码如下:

```
def positiveInt(n):
    if n == 1:return 1
    return positiveInt(n-1) + 1
positiveInt(1),positiveInt(5),positiveInt(100)
```

输出结果为:

```
(1, 5, 100)
```

例 7.22 用递归方法实现计算幂函数 $\text{power\_2}(n) = 2^n, n \geqslant 0$。

其递归构造方法为: $\begin{cases} \text{power\_2}(0) = 1 \\ \text{power\_2}(n) = 2 \times \text{power\_2}(n-1), n \geqslant 1 \end{cases}$,代码如下:

```
def power_2(n):
    if n == 0:return 1
    return 2 * power_2(n-1)
power_2(0),power_2(10)
```

输出结果为:

```
(1, 1024)
```

例 7.23 用递归的方法实现调和级数前 n 项的和 $H(n) = \sum_{i=1}^{n} \frac{1}{i} = 1 + \frac{1}{2} + \cdots + \frac{1}{n}$。

其递归构造方法为: $\begin{cases} H(1) = 1 \\ H(n) = H(n-1) + \frac{1}{n}, n \geqslant 2 \end{cases}$,代码如下:

```
def H(n):
    if n == 1:return 1
    return H(n-1) + 1/n
H(2),H(100),H(1000)
```

输出结果为:

```
(1.5, 5.187377517639621, 7.485470860550343)
```

例 7.24 斐波那契(**Fibonacci**)数可以递归定义为 $\begin{cases} F_0 = 0, F_1 = 1 \\ F_n = F_{n-1} + F_{n-2}, n \geqslant 2 \end{cases}$,用递归和迭

代的方法求出 F_{35} 的值。

递归的代码如下：

```
# 递归
def F(n):
    if n <= 1: return n
    return F(n-1) + F(n-2)
F(35)
```

输出结果为：

```
9227465
```

迭代的代码如下：

```
# 迭代
F = [0,1]
for _ in range(34):
    F.append(F[-1] + F[-2])
F[-1]
```

输出结果为：

```
9227465
```

可以看到，递归运行的时间明显比迭代长。

关于斐波那契数，有一些非常重要的性质，下面以例题的形式给出。

例 7.25 证明 $\forall n \in \mathbf{Z}^+, \sum_{i=0}^{n} F_i^2 = F_n \times F_{n+1}$。

在 7.1 节，当左侧的求和通项可以明确描述为关于 n 的表达式时，我们可以使用程序来证明一些用数学归纳法可以证明的题目，但是本题目左侧没有给出 F_n 关于 n 的表达式，所以只能从数学的角度证明本题目。

(1) 基础步验证，根据斐波那契数的定义 $\begin{cases} F_0 = 0, F_1 = 1 \\ F_n = F_{n-1} + F_{n-2}, n \geqslant 2 \end{cases}$，显然有 $1 = F_0^2 + F_1^2 = F_1 \times F_2 = 1 \times 1 = 1$。

(2) 归纳步验证，假设有 $\sum_{i=0}^{k} F_i^2 = F_k \times F_{k+1}$ 成立，则 $\sum_{i=0}^{k+1} F_i^2 = F_k \times F_{k+1} + F_{k+1}^2 = F_{k+1} \times (F_k + F_{k+1}) = F_{k+1} \times F_{k+2}$。

例 7.26 证明 $\forall n \geqslant 3, F_n > \left(\frac{1+\sqrt{5}}{2}\right)^{n-2}$。

(1) 基础步验证：

$$F_3 = 2 = \frac{1+\sqrt{9}}{2} > \frac{1+\sqrt{5}}{2} = \left(\frac{1+\sqrt{5}}{2}\right)^{3-2}$$

$$F_4 = 3 = \left(\frac{1+(\sqrt{12}-1)}{2}\right)^2 > \left(\frac{1+\sqrt{5}}{2}\right)^{4-2}$$

(2) 归纳步验证：假设当 $k \geqslant 3$ 时，有 $F_k > \left(\frac{1+\sqrt{5}}{2}\right)^{k-2}, F_{k+1} > \left(\frac{1+\sqrt{5}}{2}\right)^{k-1}$，则 $F_{k+2} =$

$$F_{k+1}+F_k > \left(\frac{1+\sqrt{5}}{2}\right)^{k-1}+\left(\frac{1+\sqrt{5}}{2}\right)^{k-2}=\left(\frac{1+\sqrt{5}}{2}\right)^{k-1}\left(1+\frac{\sqrt{5}-1}{2}\right)=\left(\frac{1+\sqrt{5}}{2}\right)^k。$$

关于斐波那契数还有一些有趣的性质：

(1) $\sum_{i=1}^{n}F_{2i-1}=F_{2n}$

(2) $\forall n \geqslant 1, F_{n-1}\times F_{n+1}-F_n^2=(-1)^n$

(3) $\sum_{i=0}^{2n-1}F_iF_{i+1}=F_{2n}^2$

(4) $\sum_{i=0}^{2n}(-1)^iF_i=F_{2n-1}-1$

例 7.27 Lucas 数可以递归定义为 $\begin{cases}L_0=2, L_1=1 \\ \forall n \geqslant 2, L_n=L_{n-1}+L_{n-2}\end{cases}$。

可以用数学归纳法证明 $\forall n \geqslant 1, L_n=F_{n-1}+F_{n+1}$。
具体证明过程这里不再给出，读者可以自行验证。

例 7.28 使用递归法求一个长度为 $n(n\geqslant 2)$ 的列表 a 的最大元素和最小元素：

$$\text{maxList}(a)=\begin{cases}\max(a[0],a[1]), n=2 \\ \max(\text{maxList}(a[0],a[1],\cdots,a[n-2]),a[n-1]), n\geqslant 2\end{cases}$$

$$\text{minList}(a)=\begin{cases}\min(a[0],a[1]), n=2 \\ \min(\text{minList}(a[0],a[1],\cdots,a[n-2]),a[n-1]), n\geqslant 2\end{cases}$$

代码如下：

```
def maxList(a):
    if len(a) == 2:return a[0] if a[0]>= a[1] else a[1]
    return max(maxList(a[:-1:]),a[-1])
def minList(a):
    if len(a) == 2:return a[0] if a[0]<= a[1] else a[1]
    return min(minList(a[:-1:]),a[-1])
a = [1,2,3,5,100,2,-1,3,25]
maxList(a),minList(a)
```

输出结果为：

```
(100, -1)。
```

以上的几个函数，我们总是在开头设置递归函数的跳出条件。也就是说，当递归至已知的情况时必须中断，否则函数将陷入死循环。这是编写递归函数时一定要注意的。

例 7.29 函数 $F(x)$ 的定义为：如果 x 为偶数，那么 $F(x)=\dfrac{x}{2}$；如果 x 为奇数，那么 $F(x)=F[F(3x+1)]$。用递归的方法定义 $F(x)$，并求 $F(100), F(53), F(-10001)$。
代码如下：

```
def F(x):
    if x % 2 == 0:return x >> 1
    return F(F(3 * x + 1))
F(100),F(53),F(-10001)
```

输出结果为:

```
(50, 40, -25313)
```

注意这里使用的移位运算"x>>1"在 x 为偶数时与"x/2"等效。

本例的递归函数不会陷入死循环,事实上 $\forall x \in \mathbf{Z}, x=(2i+1)2^k-1$,其中 $i \in \mathbf{Z}, k \geqslant 0$,如果 $k=0$,说明 x 为偶数,函数直接返回 $\frac{x}{2}$;如果 $k>0$,有

$$F(3x+1)=F[3(2i+1)2^k-2]=3(2i+1)2^{k-1}-1$$
$$F[F(3x+1)]=F[3(2i+1)2^{k-1}-1]$$

如果 $k-1>0$,继续迭代,在等式右侧一定能得到关于 2^{k-2} 的参数,直至 2^0。

例 7.30 汉诺塔问题。根据传说,在世界创立之初,有一个菱形塔,标记为 a,塔上有 64 个圆盘,直径由下至上依次减少。除了塔 a 之外,另有两个塔,分别标记为 b 和 c。创世之时,印度婆罗门圣庙的僧侣利用塔 b 作为中间存放器,将塔 a 上的圆盘移动到塔 c 上,如图 7.1 所示。每次只能移动一个圆盘,而且在任何时候禁止将尺寸大的圆盘放在比它尺寸小的圆盘之上。传说,当僧侣们完成任务时,世界末日即将来临。

分析:设开始时塔 a 上总共有 n 个圆盘 $M_1, M_2, \cdots, M_n$(原问题为 $n=64$),其直径由小到大记为 $d_1, d_2, \cdots, d_n$。我们重点关注:

(1) 第一次移动 M_1 将最小的圆盘放置在塔 b 上还是塔 c 上;
(2) 当塔 a 上仅剩最大的圆盘 M_n,且马上要移动它到 c 时的状态 S,如图 7.2 所示;

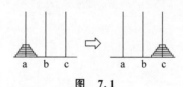

图 7.1   图 7.2

(3) 完成任务总共需要移动圆盘的次数 $H(n)$。

$n=1$ 时有 $M_1=c$;

S 为初始状态,即 $S=a:\{M_1\}, b:\{\}, c:\{\}$;$H(1)=1$。

$n=2$ 时有 $M_1=b$;$S=a:\{M_2\}, b:\{M_1\}, c:\{\}$;$H(2)=3$。

$n=3$ 时有 $M_1=c$;$S=a:\{M_3\}, b:\{M_1, M_2\}, c:\{\}$;$H(3)=7$。

我们猜测 $n=4$ 时有 $M_1=b$,事实上,如果 $M_1=c$,作 $H(3)=7$ 次移动的状态为:

$$S_1=a:\{M_2, M_3, M_4\}, b:\{\}, c:\{M_1\}$$
$$S_2=a:\{M_3, M_4\}, b:\{M_2\}, c:\{M_1\}$$
$$S_3=a:\{M_3, M_4\}, b:\{M_1, M_2\}, c:\{\}$$
$$S_4=a:\{M_4\}, b:\{M_1, M_2\}, c:\{M_3\}$$
$$S_5=a:\{M_1, M_4\}, b:\{M_2\}, c:\{M_3\}$$
$$S_6=a:\{M_1, M_4\}, b:\{\}, c:\{M_2, M_3\}$$
$$S_7=a:\{M_4\}, b:\{\}, c:\{M_1, M_2, M_3\}$$

这不是我们希望的结果,我们希望 7 次移动后的状态为:

$$S_7=a:\{M_4\}, b:\{M_1, M_2, M_3\}, c:\{\}$$

可以基本断定:$n=4$ 时有 $M_1=b$;$S=a:\{M_4\}, b:\{M_1, M_2, M_3\}, c:\{\}$;$H(4)=15$。

当 n 为偶数时,$M_1=b$;当 n 为奇数时,$M_1=c$。状态 $S=a:\{M_n\}, b:\{M_1, M_2, \cdots,$

$M_{n-1}\}$,$c:\{\}$。初始情况下,我们借助塔 c 将 $M_1,M_2,\cdots,M_{n-1}$ 从塔 a 移动到塔 b,达到状态 S,总共移动了 $H(n-1)$ 次;接下来,将圆盘 M_n 移动至塔 c(M_n 将永远不再移动,就像塔 c 上什么都没有一样),这里做了 1 次移动;最后,我们借助塔 a 将 $M_1,M_2,\cdots,M_{n-1}$ 从塔 b 移动到塔 c,又移动了 $H(n-1)$ 次,所以有
$$\begin{cases} H(1)=1 \\ H(n)=2H(n-1)+1, n\geq 2 \end{cases}$$

不难验证:$H(n)=2^n-1$。

汉诺塔的移动步骤代码如下:

```python
def MovesOfHanoi(n, x = 'a', y = 'b', z = 'c'):
    '''
    parameters:
            n:圆盘总数量
            x:源塔
            y:寄存塔
            z:目标塔
    return:圆盘的移动步骤
    '''
    if n > 0:
        MovesOfHanoi(n - 1, x, z, y)
        print('Move the top disk from tower {} to the tower {}.'.format(x, z))
        MovesOfHanoi(n - 1, y, x, z)
```

取 n=3,调用函数:

```
MovesOfHanoi(3)
```

输出结果为:

```
Move the top disk from tower a to the tower c.
Move the top disk from tower a to the tower b.
Move the top disk from tower c to the tower b.
Move the top disk from tower a to the tower c.
Move the top disk from tower b to the tower a.
Move the top disk from tower b to the tower c.
Move the top disk from tower a to the tower c.
```

例 7.31 生成全排列,考虑仅有三个元素 a,b,c 的全排列,可以递归为:

$a+\{b,c\}$ 的全排列

$b+\{a,c\}$ 的全排列

$c+\{b,a\}$ 的全排列

代码如下:

```python
def Perm(a = list('abcdefghijklmnopqrstuvwxyz'), k = 0, n = 3):
    #跳出条件,输出列表的前n位
    if k == n:print(''.join(a[:n:]), end = ' ')
    else:
        for i in range(k, n):
            a[k], a[i] = a[i], a[k]
            Perm(a, k + 1, n)
            a[k], a[i] = a[i], a[k]
Perm()
```

输出结果为：

abc acb bac bca cba cab

例 7.32 元素数量为 n 的集合 A 的**幂集**，指其包含空集在内的所有子集的集合，A 的幂集中元素的数量为 2^n 个。我们借助树结构生成一个集合的幂集。

代码如下：

```
def powerSet(listS,powS = {()}):
    if len(listS)> 0:
        #集合是其自身的子集
        powS.add(tuple(listS))
        #递归,去掉一个元素,生成子集
        for i in range(len(listS)):
            removeElement = listS[i]
            listS.remove(removeElement)
            powerSet(listS)
            listS.insert(i,removeElement)
    return len(powS),powS
```

取三元集$\{1,2,3\}$，调用 powerSet() 函数：

```
powerSet([1,2,3])
```

输出结果为：

(8, {(), (1,), (1, 2), (1, 2, 3), (1, 3), (2,), (2, 3), (3,)})

> **注意**：参数 powS={()}自动包含空集$\varnothing$，这里用空的元组()表示空集$\varnothing$。

以上例 7.30～例 7.32 说明了递归构造的复杂性。

例 7.33 组合恒等式 $C(n,r)=C(n-1,r)+C(n-1,r-1)$（其中 n,r 为非负整数）可以递归定义如下：

$$C(n,r)=\begin{cases}0,n<r\\1,r=0 \text{ 或 } n=r\\C(n-1,r)+C(n-1,r-1)\end{cases}$$

求 $C(1,2),C(100,0),C(100,100),C(20,5)$。

代码如下：

```
def C(n,r):
    if n < r:return 0
    if r == 0 or n == r:return 1
    return C(n-1,r) + C(n-1,r-1)
C(1,2),C(100,0),C(100,100),C(20,5)
```

输出结果为：

(0, 1, 1, 15504)

本例中递归的第二条可以不考虑 $n=r$ 的情况，添加此返回条件可以提高程序的运行效率。例如 $C(100,99)=C(99,99)+C(99,98)$，$C(99,99)$ 本来可以直接返回 1，如果没有这个退出条件，程序会继续计算 $C(99,99)=C(98,99)+C(98,98)$。我们要避免这种情况的发生。本例的另一个稍微高效的递归版本可以如下定义：

$$\text{Another\_}C(n,r) = \begin{cases} 0, & n < r \\ 1, & r = 0 \\ 1, & n = r \\ n, & r = 1 \\ \text{Another\_}C(n-1,r) + \text{Another\_}C(n-1,r-1) \end{cases}$$

代码如下：

```
def Another_C(n,r):
    if n < r:return 0
    if r == 0 or n == r:return 1
    if r == 1:return n
    return Another_C(n-1,r) + Another_C(n-1,r-1)
Another_C(20,5), Another_C(5,20)
```

输出结果为：

```
(15504,0)
```

例 7.34 欧拉数可以做如下递归：

$$\text{Euler}(m,k) = \begin{cases} 1, & m = k = 0 \\ 0, & k \geq m \\ 0, & k < 0 \\ (m-k) \times \text{Euler}(m-1,k-1) + (k+1) \times \text{Euler}(m-1,k), & 0 \leq k \leq m-1 \end{cases}$$

递归函数定义如下：

```
def Euler(m,k):
    if m == 0 and k == 0:return 1
    if m <= k or k < 0:return 0
    return (m-k) * Euler(m-1,k-1) + (k+1) * Euler(m-1,k)
```

欧拉数有一个性质：$\sum_{k=0}^{m-1} \text{Euler}(m,k) = m!$

测试代码如下：

```
for m in range(1,7):
    sum = 0
    for k in range(m):
        x = Euler(m,k)
        sum += x
        print(x,end = ' ')
    print('Sum is {},and it is equals {}!.'.format(sum,m))
```

输出结果为：

```
1         Sum is 1,and it is equals 1!.
1 1       Sum is 2,and it is equals 2!.
1 4 1     Sum is 6,and it is equals 3!.
1 11 11 1 Sum is 24,and it is equals 4!.
```

```
1 26 66 26 1         Sum is 120,and it is equals 5!.
1 57 302 302 57 1    Sum is 720,and it is equals 6!.
```

从而在定义阶乘函数时可以使用如下两种方式：

```
import numpy as np
#阶乘定义
def Factorial_1(n):
    if n <= 1:return 1
return n * Factorial_1(n-1)
#欧拉数
def Factorial_2(n):
    def Euler(m,k):
        if m == 0 and k == 0:return 1
        if m <= k or k < 0:return 0
        return (m-k) * Euler(m-1,k-1) + (k+1) * Euler(m-1,k)
    return np.sum([Euler(n,k) for k in range(n)])
Factorial_1(7),Factorial_2(7)
```

输出结果为：

```
(5040, 5040)
```

例 7.35 **正整数 n 的分拆**是指把 n 写成正整数之和的方式，不考虑和式中项的顺序，如 5 的分拆：$5=5, 5=4+1, 5=3+2, 5=3+1+1, 5=2+2+1, 5=2+1+1+1, 5=1+1+1+1+1$，共有 7 种分拆方式。

设 $P(n,m)$ 表示用不超过正整数 m 的数来表示 n 的分拆方式数，则如下递归是正确的：

$$P(n,m)=\begin{cases}1, & n=1 \\ 1, & m=1 \\ P(n,n), & m>n \\ 1+P(n,m-1), & n=m>1 \\ P(n,m-1)+P(n-m,m), & n>m>1\end{cases}$$

其中，最后一个式子 $P(n,m-1)+P(n-m,m), n>m>1$ 的含义如下：以 $P(5,3)$ 为例，$P(5,3)=P(5,2)+P(2,3)$，其中 $P(5,2)=3$ 表示用不超过正整数 2 的数对于 5 的分拆方式数为 3，即前面所列的 7 种分拆方式中的后 3 个分拆方式；将式子 $5=3+2, 5=3+1+1$ 两边同时减去 3，得到 $2=2, 2=1+1$，恰为对于 2 的不超过 3 的 2 个分拆方式。

代码如下：

```
def P(n,m):
    if n == 1 or m == 1:return 1
    if m > n:m = n
    if m == n:return 1 + P(n,n-1)
    if n > m:return P(n,m-1) + P(n-m,m)
```

测试：

```
P(5,5),P(7,2)
```

输出结果为：

(7, 4)

例 7.36 二分法寻找元素。

假设 a 为一个经过排序的递增列表，$\forall 0 \leqslant i < j \leqslant n, a[i] < a[j], x \in a$，为了寻找 x 在 a 中的下标（索引），我们可以使用二分搜索的递归算法。首先比较 x 与中间项 $a[(0+n)//2]$，如果 x 等于这一项，搜索结束；若 x 小于中间项，则递归到序列的前一半；若 x 大于中间项，则递归到序列的后一半。代码如下：

```python
def binarySearch(a, left, right, x):
    middle = (left + right)//2
    if x == a[middle]: return middle
    elif x < a[middle]:
        return binarySearch(a, left, middle - 1, x)
    else:
        return binarySearch(a, middle + 1, right, x)
```

测试函数：

```python
import random as r
a = list(range(1,101))
x = r.randint(1,100)
x, binarySearch(a, 0, len(a) - 1, x)
```

输出结果为：

(76, 75)

例 7.37 用**归并排序**将一个列表按递增顺序排序。

归并排序不断地将列表从中间一分为二，直至分成长度为 1 的列表。如将长度为 4 的列表[1,4,3,2]首先分成两个长度为 2 的列表[1,4]与[3,2]，然后将列表[1,4]分成两个列表[1]与[4]，由于 1<4，将[1]与[4]合并为[1,4]；将[3,2]分成[3]与[2]，由于 3>2，将[3]与[2]合并为[2,3]，最后将[1,4]与[2,3]合并为[1,2,3,4]，代码如下：

```python
# 按由小到大的顺序合并列表
def merge(L1, L2):
    L = []
    while True:
        if len(L1) > 0 and len(L2) > 0:
            if L1[0] < L2[0]:
                L.append(L1[0])
                L1.remove(L1[0])
            else:
                L.append(L2[0])
                L2.remove(L2[0])
        elif len(L1) == 0:
            for l in L2:
                L.append(l)
            break
        else:
            for l in L1:
                L.append(l)
```

```
        break
    return L
#递归归并排序
def mergeSort(a,bDisplay = False):
    n = len(a)
    if n > 1:
        n//= 2
        L1 = a[:n:]
        L2 = a[n::]
        if bDisplay:
            print('L1 is {}.'.format(L1))
            print('L2 is {}.'.format(L2))
        a = merge(mergeSort(L1),mergeSort(L2))
        if bDisplay:
            print('a is {}.'.format(a))
    return a
```

我们测试对[1,4,3,2]的排序:

```
a = [1,4,3,2]
mergeSort(a,True)
```

输出结果为:

```
L1 is [1, 4].
L2 is [3, 2].
a is [1, 2, 3, 4].
[1, 2, 3, 4]
```

进一步测试:

```
import numpy as np
a = list(range(1,11))
np.random.seed(0)
np.random.shuffle(a)
print(a)
mergeSort(a)
```

输出结果为:

```
[3, 9, 5, 10, 2, 7, 8, 4, 1, 6]
[1, 2, 3, 4, 5, 6, 7, 8, 9, 10]
```

事实上,递归在一棵深度优先的树上执行代码,跳出递归的条件为树的叶节点。这棵树可能是"代代单传"的"独树",可能是仅有两个后代的"二叉树",也可能是其他不规则的树。下面两个例子进一步说明了递归的基本原理。

例7.38 Factorial_1(5)的实现,我们用公式编辑的方式示意其执行图:

$$\{5!\xrightarrow[8(120\leftarrow)]{1}\{5\times 4!\xrightarrow[7(24\leftarrow)]{2}\{4\times 3!\xrightarrow[6(6\leftarrow)]{3}\{3\times 2!\xrightarrow[5(2\leftarrow)]{4}\{2\times 1!\quad(1!为叶节点)$$

其中阿拉伯数字代表代码执行的顺序,圆括号里的内容为程序的返回值,称向右的箭头为向下**搜索**,向左的箭头为向上**回溯**,这是一棵没有分叉的"独树"。

例 7.39 以例 7.33 的组合恒等式为例求 $C(5,3)$。

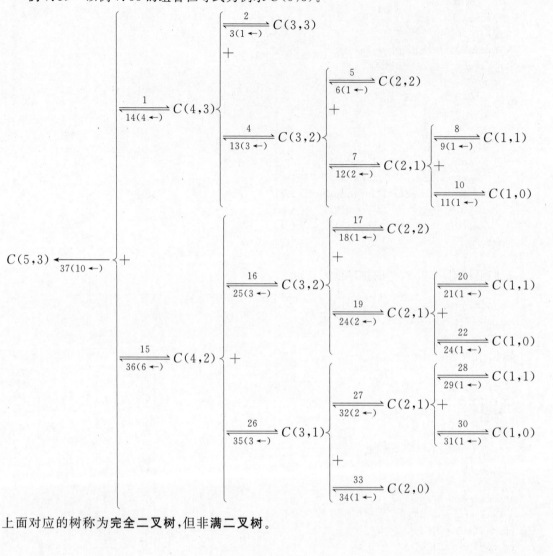

上面对应的树称为**完全二叉树**,但非**满二叉树**。

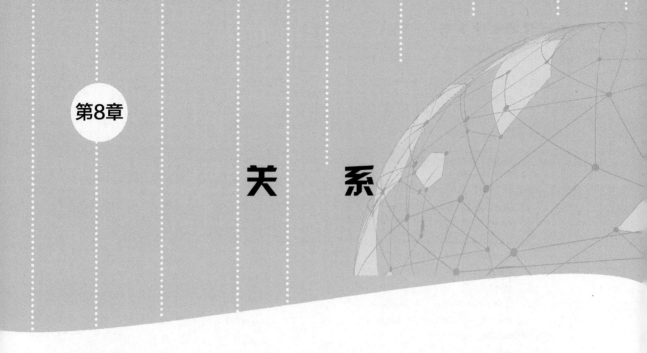

第8章

关 系

在很多情况下,集合之间以及其元素之间都存在某种关系,我们将这种关系表示成一种结构,并将这种结构称为**关系**。函数是关系的特殊情况。等价关系和偏序关系是较为重要的两类关系,根据等价关系可以将集合进行**划分**,根据偏序关系可以将集合的元素进行**排序**。

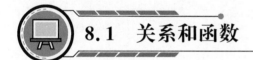 8.1 关系和函数

8.1.1 笛卡儿积和关系

对于集合 A 和 B,A 和 B 的笛卡儿积 $A\times B$ 定义为 $\{(a,b)|a\in A, b\in B\}$。类似地,可以定义 $A_1\times A_2\times\cdots\times A_n = \{(a_1,a_2,\cdots a_n)|\forall i, 1\leqslant i\leqslant n, a_i\in A_i\}$。

例 8.1 设 $A=\{1,2\}, B=\{3,4\}, C=\{5,6\}$,求 $A\times B, A\times B\times C$。

可以使用 itertools.product 函数求集合的笛卡儿积,代码如下:

```
from itertools import product
A,B,C = {1,2},{3,4},{5,6}
set(product(A,B)),set(product(A,B,C))
```

输出结果为:

```
({(1, 3), (1, 4), (2, 3), (2, 4)},
 {(1, 3, 5),(1, 3, 6),(1, 4, 5),(1, 4, 6),(2, 3, 5),(2, 3, 6),(2, 4, 5),(2, 4, 6)})
```

对于集合 A 和 B,$A\times B$ 的任一子集都叫作 A 到 B 的一个二元关系,$A\times A$ 的任一子集都叫作 A 上的一个二元关系。我们主要讨论二元关系,下文中的"关系"特指二元关系。

如果 $|A|=m, |B|=n$,则 $|A\times B|=mn$,A 到 B 的关系共有 2^{mn} 个,A 上的关系共有 2^{m^2} 个。

例 8.2 $A=\{1,2\}, B=\{3,4\}, A\times B=\{(1,3),(1,4),(2,3),(2,4)\}$,则 $R=\{(1,4),(2,3),(2,4)\}$ 为 A 到 B 的一个关系,由于 $(1,4)\in R, (2,3)\in R, (2,4)\in R$,我们记 1R4, 2R3,

$2R4$。

例 8.3 $A=\{1,2\}$,$P(A)=\{\varnothing,\{1\},\{2\},\{1,2\}\}$,由于$|P(A)|=4$,故 $P(A)$ 上的关系共有 $2^{4^2}=2^{16}=65\,536$ 个,求 $P(A)$ 上所有的关系 R。

代码如下:

```
def Get_Relations_PowerA(listA):
    #递归,生成幂集
    def pow(listA, power = {()}):
        if len(listA)> 0:
            power.add(tuple(listA))
            for i in range(len(listA)):
                removeElement = listA[i]
                listA.remove(removeElement)
                pow(listA)
                listA.insert(i, removeElement)
        return tuple([set(x) if len(x)> 0 else {} for x in power])
    #幂集的笛卡儿积
    def cross():
        tuplePower = pow(listA)
        listPow = list(tuplePower)
        result = []
        for i in range(len(listPow)):
            for j in range(len(listPow)):
                result.append((listPow[i], listPow[j]))
        return tuple(result)
    xy = cross()
    strResult = ''
    #提取笛卡儿积的子集写入文件
    with open('relationsOfPowerSetA.txt','w') as f:
        for i in range(2 ** len(xy)):
            strResult += 'R_' + str(i + 1) + ' = {'
            for j in range(len(xy)):
                if i % 2 == 1:
                    strResult += str(xy[j]) + ','
                i = i >> 1
            strResult += '}\n'
        f.write(strResult)
    f.close()
```

调用函数 Get_Relations_PowerA():

```
Get_Relations_PowerA([1,2])
```

函数将集合$\{1,2\}$的幂集$\{\{\},\{1\},\{2\},\{1,2\}\}$上的所有关系共计 65 536 个写入文本文件:relationsOfPowerSetA.txt。

这里举例说明笛卡儿积子集的提取方式,具体如下:

对 3 元集 $A=\{a,b,c\}$,其子集共有 $2^3=8$ 个,子集的确定可借助 0~7 的二进制数字 000、001、010、011、100、101、110、111。比如 101,右侧第一位为 1,取出集合 A 左侧第一个元素 a;右起第三位为 1,取出集合 A 左起第三个元素 c,构成子集$\{a,c\}$。

8.1.2 函数

设 A 和 B 为非空集合,我们把从 A 到 B 的一个关系 R 称为 A 到 B 的一个函数 $f:A \to B$,其中集合 A 中的元素在此关系中出现且仅出现一次。若 $(a,b) \in R$,写作 $f(a)=b$,称 b 为 a 在 f 下的象,a 为 b 的原象。A 为函数 f 的定义域,$f(A)$ 为 f 的值域,其中 $f(A) \subseteq B$。

如果 $|A|=m, |B|=n$,则 A 到 B 上的函数共有 $n^m = |B|^{|A|}$ 个。

例 8.4 设 $A=\{a,b,c\}, B=\{1,2\}$,求出从 A 到 B 的所有函数。

代码如下:

```
A = ['a','b','c']
B = [1,2]
y = []
#由1和2构成的,长为3的所有排列
for i in range(len(B)):
    for j in range(len(B)):
        for k in range(len(B)):
            y.append([B[i],B[j],B[k]])
for i in range(len(y)):
    print('f_{}:{}({},{}),({},{}),({},{}){}'.format(i+1,'{',A[0],y[i][0],A[1],y[i][1],A[2],y[i][2],'}'))
```

输出结果为:

```
f_1:{(a,1),(b,1),(c,1)}
f_2:{(a,1),(b,1),(c,2)}
f_3:{(a,1),(b,2),(c,1)}
f_4:{(a,1),(b,2),(c,2)}
f_5:{(a,2),(b,1),(c,1)}
f_6:{(a,2),(b,1),(c,2)}
f_7:{(a,2),(b,2),(c,1)}
f_8:{(a,2),(b,2),(c,2)}
```

8.1.3 单射

函数 $f:A \to B$,如果 $f(a_1)=f(a_2)$,则 $a_1=a_2$,则 f 称为**单射**或**一对一**的。

如果 $|A|=m, |B|=n, f:A \to B$ 为单射函数,则 $m \leqslant n$,此时函数的个数相当于从 B 中抽取 m 个元素并做全排列的个数,即 $P(n,m)=n \times (n-1) \times \cdots \times (n-m+1) = \dfrac{n!}{(n-m)!}$。

例 8.5 $A=\{1,2\}, B=\{1,2,3,4,5\}$,求出所有 A 到 B 的单射函数。

A 到 B 的单射函数的个数为 $P(5,2)=5 \times 4 = 20$ 个,代码如下:

```
from itertools import permutations
A,B = [1,2],[1,2,3,4,5]
C = list(permutations(B,len(A)))
for i in range(len(C)):
    print('f_{}:{}({},{}),({},{}){}'.format(i+1,'{',A[0],C[i][0],A[1],C[i][1],'}'))
```

输出结果为:

```
f_1:{(1,1),(2,2)}
f_2:{(1,1),(2,3)}
f_3:{(1,1),(2,4)}
f_4:{(1,1),(2,5)}
f_5:{(1,2),(2,1)}
f_6:{(1,2),(2,3)}
f_7:{(1,2),(2,4)}
f_8:{(1,2),(2,5)}
f_9:{(1,3),(2,1)}
f_10:{(1,3),(2,2)}
f_11:{(1,3),(2,4)}
f_12:{(1,3),(2,5)}
f_13:{(1,4),(2,1)}
f_14:{(1,4),(2,2)}
f_15:{(1,4),(2,3)}
f_16:{(1,4),(2,5)}
f_17:{(1,5),(2,1)}
f_18:{(1,5),(2,2)}
f_19:{(1,5),(2,3)}
f_20:{(1,5),(2,4)}
```

8.1.4 满射(到上)函数：第二类 Stirling 数

如果 $\forall b \in B, \exists a \in A$，使得 $f(a)=b$，称函数 $f:A \to B$ 为满射(到上)。如果 $f:A \to B$ 为满射的，有 $|A|=m \geq n=|B|$，我们考查满射 f 的个数。

例 8.6 设 $A=\{x,y,z\}, B=\{1,2\}$，求满射函数 $f:A \to B$ 的个数。

$f:A \to B$ 的函数的个数为 $2^3=8$ 个，现在将集合 B 分成两个非空子集 $B_1=\{1\}, B_2=\{2\}$，其中 $(\{f_1:A \to B_1\} \cup \{f_2:A \to B_2\}) \subset \{f\}$，但前者(常值函数)不是满射的，故满射的个数为 $2^3-C(2,1)=6$ 个。

例 8.7 设 $A=\{w,x,y,z\}, B=\{1,2,3\}$，求满射函数 $f:A \to B$ 的个数。

设 $B_1=\{1,2\}, B_2=\{1,3\}, B_3=\{2,3\}$，

函数集 $\{f_1:A \to B_1\} \cup \{f_2:A \to B_2\} \cup \{f_3:A \to B_3\}$ 都不是满射，从而我们必须从 $A \to B$ 的函数中将这些非满射函数去掉，即 $3^4-C(3,2) \times 2^4$，但是常值函数 $f(A)=1$ 在 $\{f_1:A \to B_1\}$ 和 $\{f_2:A \to B_2\}$ 上被减去两次，$f(A)=2, f(A)=3$ 也分别被减去两次，所以满射函数的个数为：$C(3,3) \times 3^4 - C(3,2) \times 2^4 + C(3,1) \times 1^4 = 36$。

我们不加证明地有如下结论：对于有限集合 A 和 B，$|A|=m, |B|=n$，且 $m \geq n$，则 A 到 B 的满射函数的个数为 $\sum_{k=0}^{n-1}(-1)^k \times C(n,n-k) \times (n-k)^m$。

满射函数的个数是容斥原理的一种应用，我们可以将其描述为如下问题：

把 m 个不同的物品放入带有编号的 n 个盒子中($m \geq n$)，使每个盒子都不为空，共有 $\sum_{k=0}^{n-1}(-1)^k \times C(n,n-k) \times (n-k)^m$ 种放法。

该问题也可理解为：把 m 个不同的物品放入 n 个无区别的盒子(每个盒子都不空)，然后将 n 个编号与 n 个盒子相对应。因此，我们可以得到，把 m 个不同的物品放入 n 个无区别的盒子(每个盒子都不空)，其放置方法数为：

$$S(m,n) = \frac{1}{n!}\Big(\sum_{k=0}^{n-1}(-1)^k \times C(n,n-k) \times (n-k)^m\Big)$$

称 $S(m,n)$ 为第二类 Stirling 数。

例 8.8 求 $S(m,n)$, $1 \leqslant n \leqslant m \leqslant 7$。

代码如下：

```
from scipy.special import comb
from math import factorial,pow
import numpy as np
def S(m,n):
    if m < n:return 0
    return int(np.sum([pow(-1,k) * comb(n,n-k) * pow(n-k,m) for k in range(n)])/(factorial(n)))
for m in range(1,8):
    for n in range(1,m+1):
        print(S(m,n),end = ' ')
    print('\n')
```

输出结果为：

```
1
1 1
1 3 1
1 7 6 1
1 15 25 10 1
1 31 90 65 15 1
1 63 301 350 140 21 1
```

第二类 Stirling 数有如下递推关系：$S(m,n) = \begin{cases} 0, & m \leqslant 0 \\ 0, & n \leqslant 0 \\ 0, & m < n \\ 1, & m = n \\ S(m-1,n-1) + n \times S(m-1,n) \end{cases}$。

将 $a_1, a_2, \cdots, a_m$ 放入 n 个无区别的盒子,考虑 a_1 有两种放置方式：①单独放入一个盒子,共有 $S(m-1,n-1)$ 种情况；②将 $a_2, a_3, \cdots, a_m$ 放入 n 个盒子(没有空盒),有 $S(m-1,n)$ 种情况,然后将 a_1 添加至其中的一个盒子中,共有 $n \times S(m-1,n)$ 种放置方法。

其递归函数如下：

```
def recurse_S(m,n):
    if m < n or m < 1 or n < 1:return 0
    if m == n:return 1
    return recurse_S(m-1,n-1) + n * recurse_S(m-1,n)
```

调用函数求 $S(7,4)$、$S(8,4)$：

```
recurse_S(7,4),recurse_S(8,4)
```

输出结果为：

```
(350,1701)
```

8.1.5 复合函数和逆函数

如果 $f:A\to B$，若 f 既是单射又是满射的，则称 f 为**双射**或**一一对应**的。

函数 $I_A:A\to A$，$\forall a\in A$ 都有 $I_A(a)=a$，称为 A 上的**恒等函数**。

如果 $f:A\to B$ 并且 $g:B\to C$，$\forall a\in A$，用 $(g\circ f)(a)=g(f(a))$ 定义复合函数，记为：$g\circ f:A\to C$。

函数的复合运算满足结合律：$h\circ g\circ f=h\circ(g\circ f)=(h\circ g)\circ f$。

如果 $f:A\to A$，记 $f^1=f$，对于 $n\in\mathbf{Z}^+$，$f^{n+1}=f\circ(f^n)$。

如果 $f:A\to B$，若存在 $g:B\to A$，使得 $g\circ f=I_A$ 并且 $f\circ g=I_B$，则称 f 是可逆的，且 g 为 f 的逆，记为 $g=f^{-1}$。

若 f 可逆，则其逆是唯一的，并且有 $f:A\to B$ 为一一对应的。

8.1.6 n 元关系及其应用

两个以上的集合之间的关系称为 ***n* 元关系**。

数据库中的数据表就是一个 n 元关系，sqlite 数据库 Students 有三个数据表，如图 8.1～图 8.3 所示。

RecNo	ID	Name	No	Gender	Birth	MajorID
Click here to define a filter						
1	1	安红	20210001	☑	2003-01-12	1
2	2	刘晓	20210002	☐	2003-05-22	1
3	3	魏涛	20210003	☑	2004-01-21	1
4	4	王萌萌	20210055	☐	2004-06-09	2
5	5	马卫国	20210056	☑	2003-12-19	2
6	6	潘秀秀	20210057	☐	2003-09-02	2
7	7	张磊	20210100	☑	2004-02-24	3
8	8	赵静	20210101	☐	2004-08-11	3
9	9	李盼盼	20210102	☐	2003-01-31	3

图 8.1

RecNo	ID	Name
Click here to define a filter		
1	1	数学
2	2	信息管理
3	3	计算机科学

图 8.2

RecNo	GenderID	GenderName
Click here to define a filter		
1	0	女
2	1	男

图 8.3

每个数据表的第一列 RecNo 是数据库管理器自动添加的行索引号，从第二列开始，每一列称为数据表的一个字段。从关系的角度看的话，数据表 Student 是一个六元关系，而数据表 Major 和 Gender 均为二元关系。

对于集合 $A_1,A_2,\cdots,A_n$，$D\subseteq A_1\times A_2\times\cdots\times A_n$，则 $\pi_{A_i}:D\to A_i$，定义为 $\pi_{A_i}(a_1,a_2,\cdots,a_n)=a_i$，称为在第 i 个坐标上的投影。类似地称 $\pi_{A_{i_1}\times A_{i_2}\times\cdots\times A_{i_k}}(a_1,a_2,\cdots,a_n)=(a_{i_1},a_{i_2},\cdots,a_{i_k})$ 为在第 $i_1,i_2,\cdots,i_k$ 个坐标上的投影。

数据库的查询系统很自然地使用了投影的概念，我们通过以下几个例子学习数据库查询的基本知识。

例 8.9 设 $A_{\mathrm{ID}}=\{1,2,3,4,5,6,7,8,9\}$，$A_{\mathrm{Name}}=\{$安红，刘晓，魏涛，王萌萌，马卫国，潘秀秀，张硈，赵静，李盼盼$\}$，A_{No}，A_{Gender}，A_{Birth}，A_{MajorID} 分别为数据表 Student 对应字段取值

的集合,故:$|A_{\text{ID}} \times A_{\text{Name}} \times A_{\text{No}} \times A_{\text{Gender}} \times A_{\text{Birth}} \times A_{\text{MajorID}}| = 9^6$,设数据表 Student 对应的关系为 R,$R \subseteq A_{\text{ID}} \times A_{\text{Name}} \times A_{\text{No}} \times A_{\text{Gender}} \times A_{\text{Birth}} \times A_{\text{MajorID}}$,求 R。

实际上,本题就是显示数据表 Student 的所有数据,代码如下:

```
import sqlite3
import pandas as pd
# 建立和数据库的连接
conn = sqlite3.connect('Students')
# 读取数据表 Student
df = pd.read_sql('select * from Student',con = conn)
df
```

输出结果为:

```
   ID  Name  No         Gender  Birth         MajorID
------------------------------------------------------
0  1   安红    20210001   1       2003-01-12    1
1  2   刘晓    20210002   0       2003-05-22    1
2  3   魏涛    20210003   1       2004-01-21    1
3  4   王萌萌   20210055   0       2004-06-09    2
4  5   马卫国   20210056   1       2003-12-19    2
5  6   潘秀秀   20210057   0       2003-09-02    2
6  7   张磊    20210100   1       2004-02-24    3
7  8   赵静    20210101   0       2004-08-11    3
8  9   李盼盼   20210102   0       2003-01-31    3
```

例 8.10 求 R 在 A_{No} 上的投影,即求字段 No 的所有值。

代码如下:

```
# 读取 No(学号)字段
df = pd.read_sql('select No from Student',con = conn)
df
```

输出结果为:

```
   No
------------
0  20210001
1  20210002
2  20210003
3  20210055
4  20210056
5  20210057
6  20210100
7  20210101
8  20210102
```

例 8.11 求 R 在 $A_{\text{Name}} \times A_{\text{Birth}}$ 上的投影。

本题实质上获得数据表 Student 中字段 Name 和 Birth 的所有值,代码如下:

```
# 读取 Name 和 Birth 字段
df = pd.read_sql('select Name,Birth from Student',con = conn)
df
```

输出结果为：

```
    Name    Birth
    ------------------
0   安红     2003-01-12
1   刘晓     2003-05-22
2   魏涛     2004-01-21
3   王萌萌   2004-06-09
4   马卫国   2003-12-19
5   潘秀秀   2003-09-02
6   张磊     2004-02-24
7   赵静     2004-08-11
8   李盼盼   2003-01-31
```

例 8.12 求 R 在 $A_{MajorID}$ 上的投影。

当投影上有重复数据时，我们需要添加关键字 distinct，具体如下：

```
#读取MajorID字段
df = pd.read_sql('select distinct MajorID from Student',con = conn)
df
```

输出结果为：

```
    MajorID
    -------
0   1
1   2
2   3
```

以下的代码展示数据表之间的连接和数据的筛选及排序：

```
#两个数据表的连接
df = pd.read_sql('select Student.Name as 姓名,Student.No as 学号,Major.Name as 专业 from Student inner join Major on Student.MajorID = Major.ID',conn)
df
```

输出结果为：

```
    姓名    学号        专业
    ----------------------------------
0   安红    20210001   数学
1   刘晓    20210002   数学
2   魏涛    20210003   数学
3   王萌萌  20210055   信息管理
4   马卫国  20210056   信息管理
5   潘秀秀  20210057   信息管理
6   张磊    20210100   计算机科学
7   赵静    20210101   计算机科学
8   李盼盼  20210102   计算机科学
```

```
#数据的筛选
df = pd.read_sql('select Student.Name as 姓名,Student.No as 学号,Major.Name as 专业 from Student inner join Major on Student.MajorID = Major.ID where Student.MajorID > 1',conn)
df
```

输出结果为:

	姓名	学号	专业
0	王萌萌	20210055	信息管理
1	马卫国	20210056	信息管理
2	潘秀秀	20210057	信息管理
3	张磊	20210100	计算机科学
4	赵静	20210101	计算机科学
5	李盼盼	20210102	计算机科学

```
#多表连接、筛选及排序
df = pd.read_sql('select Student.Name as 姓名,Student.No as 学号,Gender.GenderName as 性别,
Major.Name as 专业 from Student inner join Major on Student.MajorID = Major.ID inner join Gender on
Student.Gender = Gender.GenderID where 性别 = "男" order by 学号 desc',conn)
df
```

输出结果为:

	姓名	学号	性别	专业
0	张磊	20210100	男	计算机科学
1	马卫国	20210056	男	信息管理
2	魏涛	20210003	男	数学
3	安红	20210001	男	数学

下面介绍一种分配原理,这个原理和本章内容关系不大,是离散数学中不太容易归类的内容。

鸽巢原理:如果 m 只鸽子飞入 n 个鸽巢并且 $m>n$,则至少有一个鸽巢中有不少于两只鸽子。

广义鸽巢原理:如果 m 个物体放入 n 个盒子,则至少有一个盒子包含了至少 $\lceil m/n \rceil$ 个物体。鸽巢原理及广义鸽巢原理显然成立。

例 8.13 任一长度为 11 的手机号码,至少有两个数字是一样的。

将手机号码的 11 个数字放入编号为 0~9 的 10 个盒子中,由鸽巢原理可知,至少有一个盒子中存有两个一样的数字。

例 8.14 随机选取 20 个整数,存在两个整数使得二者的差为 19 的倍数。

任一整数除以 19 的余数有 19 种情况,分别为 $0,1,\cdots,18$,我们将 20 个整数分别除以 19,按其余数放入编号为 0~18 的盒子中,则至少有一个盒子中有至少两个整数,这两个整数的差一定可以整除 19。

例 8.15 从一副标准的 52 张牌中,至少抽出几张牌可以保证有 5 张花色是相同的?

由广义鸽巢原理,满足 $\lceil m/4 \rceil \geq 5$ 的最小的 m 为 17。

例 8.16 令 $m \in \mathbf{Z}^+$ 并且 m 为奇数,证明存在正整数 n 使得 $m|2^n-1$。

考虑 $m+1$ 个正整数 $2^1-1,2^2-1,\cdots,2^{m+1}-1$,由鸽巢原理,至少存在两个整数除以 m 后余数相同,不妨假设 $2^r-1 \equiv (2^s-1)(\bmod m), 1 \leq r < s \leq m+1$,从而 $(2^s-1)-(2^r-1) = 2^s-2^r = 2^r(2^{s-r}-1)$ 整除 m,而 m 为奇数,从而 $m|(2^{s-r}-1)$。

例 8.17 将正整数 $1,2,3,\cdots,n^2+1$ 随机打乱,证明新的序列中一定存在一个长度不少于 $n+1$ 的,或者递增或者递减的子序列。

例如 $n=2$ 时的序列 4,2,3,1,5,它包含一个递减的子序列 4,3,1,同时也包含一个递增的

子序列 2,3,5。

记新的序列为 $a_1,a_2,\cdots,a_{n^2+1}$,$\forall k,1\leqslant k\leqslant n^2+1$,$a_k$ 关联两个数 i_k,d_k,其中 i_k 为从 a_1 至 a_k 的递增子序列的最大长度,d_k 为从 a_1 至 a_k 的递减子序列的最大长度。

假设结论不成立,则 $1\leqslant i_k\leqslant n$ 并且 $1\leqslant d_k\leqslant n$,从而有序对 (i_k,d_k) 至多有 n^2 种可能。由于共有 n^2+1 个数,由鸽巢原理可知:存在 $a_s,a_t(s<t)$ 使得 $i_s=i_t$ 且 $d_s=d_t$,这显然是不可能的,不论 $a_s<a_t$ 还是 $a_s>a_t$。

8.2 关系的性质及表示

设 R 为集合 A 上的关系:
(1) 如果 $\forall x\in A$ 都有 $(x,x)\in R$,则称 R 为**自反的**。
(2) 如果 $(x,y)\in R\Rightarrow(y,x)\in R$,则称 R 为**对称的**。
(3) 如果 $(x,y)\in R$ 且 $(y,x)\in R\Rightarrow x=y$,则称 R 为**反对称的**。
(4) 如果 $(x,y)\in R$ 且 $(y,z)\in R\Rightarrow(x,z)\in R$,则称 R 为**传递的**。

假设 $A=\{1,2,3\}$,且 $\{(1,1),(2,2),(3,3)\}\subseteq R$,则 R 是自反的。若 $|A|=n$,则 A 上的自反关系共有 2^{n^2-n} 个。

$A=\{1,2,3\}$,$R=\{(1,1),(1,2),(2,1),(1,3)\}$,则 R 不是集合 A 上的对称关系,因为 $(3,1)\notin R$。我们可以按如下方法构造对称的关系。

设 $A=\{a_1,a_2,\cdots,a_n\}$,我们将 $A\times A$ 分成两部分,$A\times A=A_1\cup A_2$,其中 $A_1=\{(a_i,a_i)\mid 1\leqslant i\leqslant n\}$,$A_2=\{(a_i,a_j)\mid 1\leqslant i,j\leqslant n,i\neq j\}$,易知 $|A_1|=n$,$|A_2|=n(n-1)$,令 $A_3=\{(a_i,a_j)\mid 1\leqslant i<j\leqslant n,i\neq j\}$,则 $A_3\subset A_2$,且 $|A_3|=\dfrac{|A_2|}{2}=\dfrac{n(n-1)}{2}$。为了构造一个满足对称的关系 R,对于集合 A_1 中的元素 (a_i,a_i),$1\leqslant i\leqslant n$ 要么选择,要么不选择,则共有 2^n 种选法;同理,对于 A_3 中的元素 (a_i,a_j),$1\leqslant i<j\leqslant n,i\neq j$ 要么选择,要么不选择,如果选择 (a_i,a_j),则向 R 中添加 (a_j,a_i),共有 $2^{n(n-1)/2}$ 种选法;根据乘法原理,集合 A 上的对称关系共有 $2^n\times 2^{n(n-1)/2}=2^{n(n+1)/2}$ 个。

$R=\{(1,1),(1,2),(2,1)\}$ 是对称的,但不是反对称的,这是因为 $(1,2)\in R$ 且 $(2,1)\in R$ 但 $1\neq 2$。

为了构造一个满足反对称的关系 R,对于上述集合 A_1 中的元素要么选择,要么不选择;对于 A_3 中的每个元素 (a_i,a_j) 有三种选法:①选择 (a_i,a_j),但不选择 (a_j,a_i);②不选择 (a_i,a_j),但选择 (a_j,a_i);③既不选择 (a_i,a_j),也不选择 (a_j,a_i)。根据乘法原理,集合 A 上的反对称关系共有 $2^n\times 3^{n(n-1)/2}$ 个。

关系 $R=\{(1,2),(2,3),(3,1)\}$ 不是传递的,因为 $(1,2)\in R$ 且 $(2,3)\in R$,但 $(1,3)\notin R$。我们没有办法计算有限集合上传递关系的总数。

若集合 A 上的关系 R 是自反、对称和传递的,就称关系 R 为**等价关系**。若关系 R 是自反、反对称和传递的,就称关系 R 为**偏序**或**偏序关系**。

例 8.18 如果 $A=\{1,2,3\}$,以下关系均为等价关系:
$R_1=\{(1,1),(2,2),(3,3)\}$;
$R_2=\{(1,1),(2,2),(3,3),(1,2),(2,1)\}$;

$R_3 = A \times A = \{(1,1),(2,2),(3,3),(1,2),(2,1),(2,3),(3,2),(1,3),(3,1)\}$。

例 8.19 如果 $A = \{1,2,3,4,5,6,7\}$，A 上的关系 R 定义为 aRb，如果 $a \equiv b \pmod 3$，则：$R = \{(1,1),(2,2),(3,3),(4,4),(5,5),(6,6),(7,7),(1,4),(4,1),(1,7),(7,1),(4,7),(7,4),(2,5),(5,2),(3,6),(6,3)\}$，$R$ 为等价关系。

实数集合上的"$\leqslant$"和"$\geqslant$"关系，集合上的"$\subseteq$"和"$\supseteq$"关系，整数集合上的整除关系均构成**偏序关系**。

例 8.20 集合 $A = \{1,2,3\}$，A 上的"$\geqslant$"关系为 $R = \{(1,1),(2,2),(3,3),(2,1),(3,2),(3,1)\}$。

例 8.21 考虑整数 12 的正因子 $A = \{1,2,3,4,6,12\}$，A 上的整除关系 R 如下：
$R = \{(1,1),(1,2),(1,3),(1,4),(1,6),(1,12),(2,2),(2,4),(2,6),(2,12),(3,3),(3,6),(3,12),(4,4),(4,12),(6,6),(6,12),(12,12)\}$

如果正整数 n 的素因子分解为：$n = \prod_{i=1}^{k} p_i^{e_i}$，则由 n 的所有正因子构成的集合 A 上的整除关系 R 为偏序，且 $|R| = \prod_{i=1}^{k} C(e_i + 2, 2)$。

关于等价关系与偏序关系，会在 8.4 节与 8.5 节做进一步讨论。

关系的表示除了前边给出的集合表示外，还可以用矩阵来表示。设 $A = \{a_1, a_2, \cdots, a_n\}$，$R$ 为集合 A 上的关系，定义 R 的**关系矩阵** $\boldsymbol{M}(R)$ 为：

$$m_{ij} = \begin{cases} 1, & \text{如果}(a_i, a_j) \in R \\ 0, & \text{其他} \end{cases}$$

关系矩阵 $\boldsymbol{M}(R)$ 为零-幺(0-1)矩阵，在运算时约定 $1 + 1 = 1$。

对于两个零-幺矩阵 $\boldsymbol{P}_{n \times n} = (p_{ij})$，$\boldsymbol{Q}_{n \times n} = (q_{ij})$，如果 $\forall 1 \leqslant i, j \leqslant n$，都有 $p_{ij} \leqslant q_{ij}$，称 $\boldsymbol{P}$ 小于或等于 $\boldsymbol{Q}$，记 $\boldsymbol{P} \leqslant \boldsymbol{Q}$。

如果 A, B, C 为集合并且 $R_1 \subseteq A \times B$ 以及 $R_2 \subseteq B \times C$，则复合关系 $R_1 \circ R_2$ 是一个 A 到 C 的关系，定义为 $R_1 \circ R_2 = \{(x,z) | x \in A, z \in C, \text{且} \exists y \in B, \text{使得}(x,y) \in R_1, (y,z) \in R_2\}$。

不难验证 $\boldsymbol{M}(R_1 \circ R_2) = \boldsymbol{M}(R_1) \cdot \boldsymbol{M}(R_2)$。

关系 R 的幂可以递归定义为：$R^1 = R, R^{n+1} = R \circ R^n$。

设 A 为集合且 $|A| = n$，R 为 A 上的一个关系，记 $\boldsymbol{M} = \boldsymbol{M}(R)$，我们有如下结论：

(1) R 为自反的 $\Leftrightarrow \boldsymbol{I}_n \leqslant \boldsymbol{M}$；

(2) R 为对称的 $\Leftrightarrow \boldsymbol{M} = \boldsymbol{M}^T$；

(3) R 为传递的 $\Leftrightarrow \boldsymbol{M}^2 \leqslant \boldsymbol{M}$；

(4) R 为反对称的 $\Leftrightarrow (\boldsymbol{M} \cap \boldsymbol{M}^T) \leqslant \boldsymbol{I}_n$，规定 $0 \cap 0 = 0 \cap 1 = 1 \cap 0 = 0, 1 \cap 1 = 1$。

首次定义一个函数，将两个矩阵的乘积转换为 0-1 矩阵：

```
import numpy as np
def AB_01(A,B):
    a,_ = A.shape         # 矩阵 A 的行数
    _,b = B.shape         # 矩阵 B 的列数
    C = A@B               # 乘积矩阵
    # 转换为 0-1 矩阵
```

```
        C = np.ravel(C)
        for i in range(len(C)):
            C[i] = 1 if C[i]>=1 else 0
        return C.reshape(a,b)
```

例 8.22 设
$$A=\{1,2,3,4\}, B=\{5,6,7\}, C=\{8,9\}$$
$$R_1 \subset A \times B = \{(1,7),(2,5),(3,5),(4,6),(4,7)\}, R_2 \subset B \times C = \{(5,8),(7,9)\}$$
验证 $M(R_1 \circ R_2) = M(R_1) \cdot M(R_2)$。

易知 $M(R_1) = \begin{bmatrix} 0 & 0 & 1 \\ 1 & 0 & 0 \\ 1 & 0 & 0 \\ 0 & 1 & 1 \end{bmatrix}, M(R_2) = \begin{bmatrix} 1 & 0 \\ 0 & 0 \\ 0 & 1 \end{bmatrix}, R_1 \circ R_2 = \{(1,9),(2,8),(3,8),(4,9)\},$

$M(R_1 \circ R_2) = \begin{bmatrix} 0 & 1 \\ 1 & 0 \\ 1 & 0 \\ 0 & 1 \end{bmatrix}$。

运行代码：

```
R1 = np.array([[0,0,1],[1,0,0],[1,0,0],[0,1,1]])
R2 = np.array([[1,0],[0,0],[0,1]])
AB_01(R1,R2)
```

输出结果为：

```
array([[0, 1],
       [1, 0],
       [1, 0],
       [0, 1]])
```

即 $M(R_1 \circ R_2) = M(R_1) \cdot M(R_2)$。
下面定义几个简单的函数，用于判定一个关系是否为等价关系和偏序关系：

```
#A == B?
def A_eq_B(A,B):
    A = np.ravel(A)
    B = np.ravel(B)
    if len(A)!=len(B):return False
    for i in range(len(A)):
        if A[i]!=B[i]:return False
            return True
#A <= B?
def A_less_B(A,B):
    A = np.ravel(A)
    B = np.ravel(B)
    if len(A)!=len(B):return False
    for i in range(len(A)):
        if A[i]>B[i]:return False
    return True
```

```
# A&B
def AND(A,B):
    rows,columns = A.shape
    A,B = np.ravel(A),np.ravel(B)
    C = np.array([(A[i] and B[i]) for i in range(len(A))])
    return C.reshape(rows,columns)
#等价关系的判定
def Equivalence(R):
    n,_ = R.shape
    I = np.eye(n)      #n 阶单位矩阵
    return A_less_B(I,R) and A_eq_B(R,np.transpose(R)) and A_less_B(AB_01(R,R),R)
#偏序关系的判定
def Partial_ordering(R):
    n,_ = R.shape
    I = np.eye(n)
    return A_less_B(I,R) and A_less_B(AND(R,np.transpose(R)),I) and A_less_B(AB_01(R,R),R)
```

例 8.23 $R_1 = \begin{bmatrix} 1 & 0 & 0 \\ 1 & 1 & 0 \\ 0 & 0 & 1 \end{bmatrix}, R_2 = \begin{bmatrix} 1 & 1 & 0 \\ 1 & 1 & 0 \\ 0 & 0 & 1 \end{bmatrix}, R_3 = \begin{bmatrix} 1 & 1 & 1 \\ 1 & 1 & 1 \\ 1 & 1 & 1 \end{bmatrix}$,判定 R_1, R_2, R_3 是否为等价关系。

代码如下：

```
R1,R2,R3 = np.array([[1,0,0],[1,1,0],[0,0,1]]),np.array([[1,1,0],[1,1,0],[0,0,1]]),np.array([[1,1,1],[1,1,1],[1,1,1]])
Equivalence(R1),Equivalence(R2),Equivalence(R3)
```

输出结果为：

```
(False, True, True)
```

这里 R_1 不是对称的。

例 8.24 $R_1 = \begin{bmatrix} 1 & 0 & 0 \\ 1 & 1 & 0 \\ 0 & 0 & 1 \end{bmatrix}, R_2 = \begin{bmatrix} 1 & 1 & 0 \\ 0 & 1 & 1 \\ 0 & 0 & 1 \end{bmatrix}$ 判定 R_1, R_2 是否为偏序关系。

代码如下：

```
R1,R2 = np.array([[1,0,0],[1,1,0],[0,0,1]]),np.array([[1,1,0],[0,1,1],[0,0,1]])
Partial_ordering(R1),Partial_ordering(R2)
```

输出结果为：

```
(True, False)
```

这里 R_2 不是传递的。

关系的另一种表示方法为关系图。如果 aRb，我们作一条以为 a 起点，以 b 为终点的**有向边**；aRa 为 a 到自身的有向弧，称为**环**，则关系 R 可以表示为一个有向图。

例 8.25 $A = \{1,2,3,4\}, R = \{(1,1),(1,3),(2,1),(2,3),(2,4),(3,1),(3,2),(4,1)\}$，则 R 对应的有向图表示如图 8.4 所示。

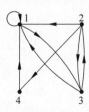

图 8.4

8.3 关系的闭包

设 R 是集合 A 上的关系。R 可能具有或者不具有某一性质 P，如自反性、对称性或传递性，如果存在包含 R 的具有性质 P 的关系 S，并且 S 是所有包含 R 且具有性质 P 的关系的子集，则 S 叫作 R 的关于性质 P 的闭包。记 $\Delta = S - R$。

我们主要寻找关系 R 的自反闭包、对称闭包和传递闭包，尤其是**传递闭包**。

例 8.26 集合 $A = \{1,2,3\}$ 上的关系 $R = \{(1,1),(1,2),(2,1),(3,2)\}$，求 R 的自反闭包。

易知 $\Delta = \{(2,2),(3,3)\}$，将 Δ 中的元素添加至 R 即得到自反闭包 S。求解自反闭包 S 及 Δ 的代码如下：

```python
# 自反闭包
def reflexive_closure(R):
    n,_ = R.shape
    I = np.eye(n)   # n 阶单位阵
    R,I = np.ravel(R),np.ravel(I)
    S = [1 if R[i] + I[i] > 0 else 0 for i in range(len(R))]
    delta = [S[i] - R[i] for i in range(len(R))]
    return np.array(S).reshape(n,n),np.array(delta).reshape(n,n)
```

关系 R 的矩阵表示为 $M_R = \begin{bmatrix} 1 & 1 & 0 \\ 1 & 0 & 0 \\ 0 & 1 & 0 \end{bmatrix}$，调用函数 reflexive_closure()，代码如下：

```python
R = np.array([[1,1,0],[1,0,0],[0,1,0]])
S,D = reflexive_closure(R)
S,D
```

输出结果为：

```
(array([[1, 1, 0],[1, 1, 0],[0, 1, 1]]),
 array([[0, 0, 0],[0, 1, 0],[0, 0, 1]]))
```

第一个矩阵为 R 的自反闭包 S，第二个矩阵为 Δ。

例 8.27 求例 8.26 中关系 R 的对称闭包 S 及 Δ。

求对称闭包实质上是求 $R + R^T$，代码如下：

```python
# 对称闭包
def symmetric_closure(R):
    n,_ = R.shape
    TR = np.transpose(R)   # 转置
    R,TR = np.ravel(R),np.ravel(TR)
    S = [1 if R[i] + TR[i] > 0 else 0 for i in range(len(R))]
    delta = [S[i] - R[i] for i in range(len(S))]
    return np.array(S).reshape(n,n),np.array(delta).reshape(n,n)
```

调用函数：

```
R = np.array([[1,1,0],[1,0,0],[0,1,0]])
S,D = symmetric_closure(R)
S,D
```

输出结果为：

```
(array([[1, 1, 0],[1, 0, 1],[0, 1, 0]]),
 array([[0, 0, 0],[0, 0, 1],[0, 0, 0]]))
```

下面我们以图 8.5 的形式介绍有向图中的路径。

a,b 为长为 1 的路径，a,b,e 为长为 2 的路径，e,d,b,a 为长为 3 的路径，e,d,b,e 为长为 3 的圈，c,a 不是路径。

从关系的角度看，$(b,e)\in R$，$(e,d)\in R$，而 $(b,d)\in R$，从而关系 R 不是传递的。

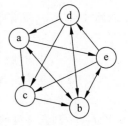

图 8.5

现在定义关系矩阵的幂运算：

```
from numpy.linalg import matrix_power
def powerR(R,n):
    m,_ = R.shape
    R = matrix_power(R,n)    # 矩阵的幂
    R = np.ravel(R)
    # 转化为 0-1 矩阵
    for i in range(len(R)):
        if R[i]>1:R[i] = 1
    return R.reshape(m,m)
```

图 8.5 对应的关系矩阵 $\boldsymbol{R}=\begin{bmatrix}0 & 1 & 1 & 0 & 1\\1 & 0 & 0 & 0 & 1\\0 & 1 & 0 & 0 & 0\\1 & 1 & 1 & 0 & 0\\0 & 1 & 1 & 1 & 0\end{bmatrix}$，现在求 $\boldsymbol{R}^2$ 及 $\boldsymbol{R}^3$，代码如下：

```
R = np.array([[0,1,1,0,1],
              [1,0,0,0,1],
              [0,1,0,0,0],
              [1,1,1,0,0],
              [0,1,1,1,0]])
R2 = powerR(R,2)
R3 = powerR(R,3)
R2,R3
```

输出结果为：

```
(array([[1, 1, 1, 1, 1],
        [0, 1, 1, 1, 1],
        [1, 0, 0, 0, 1],
        [1, 1, 1, 0, 1],
        [1, 1, 1, 0, 1]]),
```

```
array([[1, 1, 1, 1, 1],
       [1, 1, 1, 1, 1],
       [0, 1, 1, 1, 1],
       [1, 1, 1, 1, 1],
       [1, 1, 1, 1, 1]]))
```

$R_{11}=0$ 而 $R_{11}^2=1$,说明图 8.5 中没有从 a 至 a 的长为 1 的路径,但存在从 a 至 a 的长为 2 的路径 a,b,a；$R_{34}=R_{34}^2=0$ 而 $R_{34}^3=1$,说明图 8.5 中没有从 c 至 d 的长为 1 的路径,也不存在长为 2 的路径,但存在长为 3 的路径 c,b,e,d。

我们不加证明地有如下结论：

(1) 设 R 是集合 A 上的关系,从 a 到 b 存在一条长为 n 的路径,当且仅当 $(a,b) \in R^n$。

(2) $a,b \in A$,$|A|=n$,如果 $a \neq b$ 且存在从 a 至 b 的路径,则此路径的长度不超过 $n-1$,如果 $a=b$,则此路径的长度不超过 n。

设 R 是 n 元集 A 上的关系,关系 R 的传递闭包 $S=\bigcup_{k=1}^{\infty}R^k=\bigcup_{k=1}^{n}R^k$ 记为 R^*,设 M_R 为关系 R 对应的 0-1 矩阵,则 R^* 对应的 0-1 矩阵为 $M_{R^*}=M_R \cup M_{R^2} \cup \cdots \cup M_{R^n}$。

这里我们改良传递闭包的计算,使输出的矩阵同时能体现路径的最短长度,代码如下：

```
def transitive_closure(R):
    n, _ = R.shape
    closure = np.zeros((n,n))
    #更新矩阵 closure,使其元素表示存在路径的最短长度
    for i in range(1,n+1):
        R_i = powerR(R,i)
        for j in range(n):
            for k in range(n):
                if R_i[j][k] > closure[j][k]:
                    closure[j][k] = i
    return closure
```

例 8.28 求关系矩阵 $M=\begin{bmatrix} 0 & 1 & 1 & 0 & 1 \\ 1 & 0 & 0 & 0 & 1 \\ 0 & 1 & 0 & 0 & 0 \\ 1 & 1 & 1 & 0 & 0 \\ 0 & 1 & 1 & 1 & 0 \end{bmatrix}$ 的传递闭包。

代码如下：

```
M = np.array([[0,1,1,0,1],
              [1,0,0,0,1],
              [0,1,0,0,0],
              [1,1,1,0,0],
              [0,1,1,1,0]])
transitive_closure(M)
```

输出结果为：

```
array([[2., 1., 1., 2., 1.],
       [1., 2., 2., 2., 1.],
       [2., 1., 3., 3., 2.],
```

```
       [1., 1., 1., 3., 2.],
       [2., 1., 1., 1., 2.]])
```

这比理论上的传递闭包信息丰富一些,比如第三行第三列值为3(实际应该为1),说明从 c 到 c 存在长度为3的路径,且为从 c 到 c 长度最短的路径。传递闭包的每个值都大于0,说明图中任意两个顶点都是连通的。

例8.29 关系矩阵 $M=\begin{bmatrix} 1 & 0 & 1 \\ 0 & 1 & 0 \\ 1 & 1 & 0 \end{bmatrix}$,求其传递闭包。

代码如下:

```
M = np.array([[1,0,1],[0,1,0],[1,1,0]])
transitive_closure(M)
```

输出结果为:

```
array([[1., 2., 1.],
       [0., 1., 0.],
       [1., 1., 2.]])
```

8.4 等价关系与划分

给定一个集合 A 及下标集 I,设 $\forall i \in I, \varnothing \neq A_i \subseteq A$。称 $\{A_i\}_{i \in I}$ 为集合 A 的一个划分,如果:

(1) $\bigcup_{i \in I} A_i = A$;

(2) $\forall i,j \in I, i \neq j, A_i \cap A_j = \varnothing$。

我们经常根据等价关系对集合进行划分,如 $A=\{1,2,3,4,5,6,7,8,9,10\}$:

(1) $\forall x,y \in A$,如果 $\lfloor \frac{x}{6} \rfloor = \lfloor \frac{y}{6} \rfloor$,则 xRy,容易知道这是个等价关系,并且这个等价关系 R 将集合 A 划分为两个集合 $A_1=\{1,2,3,4,5\}, A_2=\{6,7,8,9,10\}$。

(2) $\forall x,y \in A$,如果 $x \equiv y \pmod 3$,则 xRy,等价关系 R 将集合 A 划分为3个集合 $A_1=\{1,4,7,10\}, A_2=\{2,5,8\}, A_3=\{3,6,9\}$。

将 x 的等价类记为 $[x]$,则上例中 $[1]=\{1,4,7,10\}$。

我们有如下结论:**集合 A 上的任一等价关系 R 都诱导出 A 的一个划分,A 上的任一划分都确定了 A 上的一个等价关系 R。**

如果 $|A|=n$,则集合 A 上的等价关系共有 $\sum_{i=1}^{n} S(n,i)$ 个,其中 $S(n,i)$ 为第二类 Stirling 数。

例8.30 $A=\{a,b,c,d,e,f\}$,集合 A 上有多少等价关系?

代码如下:

```
from scipy.special import comb
from math import factorial,pow
```

```
def total_equivalence_nums(n):
    def S(m,n):
        if m<n:return 0
        return int(np.sum([pow(-1,k) * comb(n,n-k) * pow(n-k,m) for k in range(n+1)])/(factorial(n)))
    return np.sum([S(n,i) for i in range(1,n+1)])
total_equivalence_nums(6)
```

输出结果为：

203

8.5 偏序关系与哈斯图

定义在集合 A 上的关系 R，如果 R 是自反的、反对称的和传递的，则称 R 为偏序，集合 A 与 R 一起称为偏序集，记为 (A,R)。如果 $a,b \in A$ 且 aRb，我们也可以记作 $a \preccurlyeq b$，这里符号 "$\preccurlyeq$" 不是小于或等于符号 "$\leqslant$"。偏序集也记为 $(A, \preccurlyeq)$。

例 8.31 整数集合上的"大于或等于"关系 $(A, \preccurlyeq) = (Z, \geqslant)$ 是偏序集。

$\forall a,b,c \in Z, a \geqslant a$，从而 $\geqslant$ 是自反的；若 $a \geqslant b, b \geqslant a \Rightarrow a = b$，说明 $\geqslant$ 是反对称的；$a \geqslant b, b \geqslant c \Rightarrow a \geqslant c$，从而关系 $\geqslant$ 是传递的。

例 8.32 真包含关系 $\subset$ 不是集合 A 的幂集上的偏序。

容易知道，关系 $\subset$ 既不是自反的，也不是反对称的，虽然是传递的。但关系 $\subseteq$ 与 $\supseteq$ 是偏序关系。

$(A, \preccurlyeq)$ 为偏序集，如果 $\forall a,b \in A$，都有 $a \preccurlyeq b$ 或 $b \preccurlyeq a$，则 A 为**全序集**或**线序集**，$\preccurlyeq$ 为全序或线序。

$(Z, \leqslant), (R, \geqslant)$ 是全序集，而 $(Z^+, |)$ 不是全序的，比如 $5, 9 \in Z^+$，但 $5 \nmid 9$ 且 $9 \nmid 5$。

由于集合 A 上的偏序关系 R 总是自反的和传递的，我们将 R 所对应的有向图做如下修改：

(1) 删除所有的环；

(2) 删除所有由于传递所产生的有向边，如由于 $(1,2),(2,3) \in R \Rightarrow (1,3) \in R$，删除边 $(1,3)$；

(3) 让有向边的箭头都由下指向上，然后删除箭头。

修改后的图称为偏序集 $(A, \preccurlyeq)$ 的**哈斯图**。

例 8.33 作偏序集 $(\{1,5,6,8\}, \geqslant)$ 的哈斯图。

我们删除由于 $(1,1),(5,5),(6,6),(8,8) \in R$ 所产生的环，删除由于传递性所产生的有向边 $(8,5),(8,1),(6,1)$，删除箭头所得哈斯图如图 8.6 所示。

例 8.34 作偏序集 $(\{1,2,3,4,5,6,7,8,9,10\}, |)$ 的哈斯图。

偏序集 $(\{1,2,3,4,5,6,7,8,9,10\}, |)$ 的哈斯图如图 8.7 所示。

例 8.35 作偏序集 $(\{2,3,4,6,8,9\}, |)$ 的哈斯图，如图 8.8 所示。

图 8.6

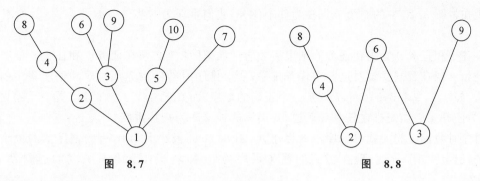

图 8.7　　　　　　　　　　　　　　图 8.8

例 8.36　作偏序集$(\{2,3,4,6,12\},|)$的哈斯图。

如图 8.9 所示。

下面我们通过图 8.6～图 8.9 理解哈斯图的几个术语。

极大元与极小元：设(A,R)为偏序集，且$a\in A$，如果不存在$b\in A,b\neq a$使得aRb，则a为极大元；如果不存在$b\in A,b\neq a$使得bRa，则a为极小元。

根据定义可知：图 8.6 中的 8 为极小元，1 为极大元；图 8.7 中的 1 为极小元，6,7,8,9,10 均为极大元；图 8.8 中 2,3 为极小元，6,8,9 为极大元；图 8.9 中 2,3 为极小元，12 为极大元。

最大元与最小元：设(A,R)为偏序集，如果存在$a\in A$，且$\forall b\in A,bRa$，则a为最大元；如果存在$a\in A$，且$\forall b\in A,aRb$，则a为最小元。

图 8.6 中，8 是最小元，1 是最大元；图 8.7 中 1 是最小元，不存在最大元；图 8.8 中既不存在最小元，也不存在最大元；图 8.9 中 12 为最大元，但不存在最小元。

上界与下界：设(A,R)是一个偏序集，B为A的子集，如果$a\in A$且$\forall b\in B$，有bRa，则称a为集合B的一个上界，类似地可以定义集合B的下界。

$(\{1,2,3,4,6,8,12,24,36\},|)$为偏序集，其哈斯图如图 8.10 所示。

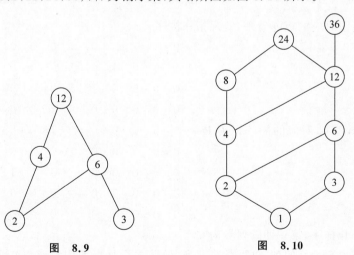

图 8.9　　　　　　　　　　　　　　图 8.10

集合$\{1,2,3\}$的下界为 1，上界为 6,12,24,36，其中 6 为最小上界。$\{8,12\}$的下界为 1,2,4，上界为 24，其中 4 为最大下界。记集合B的最小上界为$\text{lub}(B)$，最大下界为$\text{glb}(B)$。集合$\{24,36\}$的最大下界为 12，没有最小上界。

如果偏序集中的每对元素都有最小上界和最大下界，则称这个偏序集为**格**。易知偏序集$(\mathbf{Z}^+,\leqslant),(\mathbf{Z}^+,\geqslant),(\mathbf{Z}^+,|)$均为格。

现在将图 8.10 中的 9 个节点视为 9 个任务，我们重新为这些任务编号为 0~8，如图 8.11 所示。

任务 1 和任务 2 必须在任务 0 结束后才能开始，任务 7 必须在任务 5 和任务 6 都结束后才能开始。现在我们尝试对这 9 个任务排序，使得排序后的任务完成顺序和偏序集中的顺序不矛盾，如 0,1,2,4,3,5,6,8,7 就是一个正确的顺序，而 0,1,4,2,3,5,6,7,8 是一个错误的安排，因为任务 4 必须安排在任务 2 后边，我们称这种排序为**拓扑排序**。

排序时我们首先要找出偏序集的极小元，图 8.11 的极小元为 0，有的偏序集的极小元不止一个，但至少有一个。现在得到的任务顺序为 (0,)，将极小元和其关联的边删除，得到图 8.12。

现在极小元为 1 和 2，我们任选一个，不妨选择 1，得到任务顺序为 (0,1,)，将 1 及与其关联的边删除，得到图 8.13。如此反复，直到所有的任务都添加进来为止。

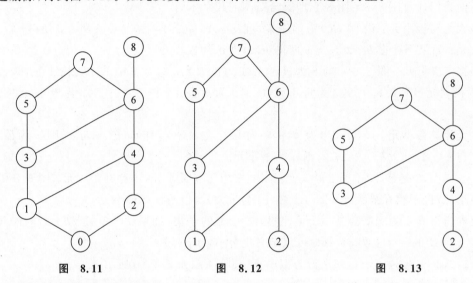

图 8.11　　　　　图 8.12　　　　　图 8.13

我们从哈斯图对应的矩阵着手，实现拓扑排序。

例 8.37　图 8.11 对应的矩阵记为 $R = \begin{bmatrix} 0 & 1 & 1 & 0 & 0 & 0 & 0 & 0 & 0 \\ 0 & 0 & 0 & 1 & 1 & 0 & 0 & 0 & 0 \\ 0 & 0 & 0 & 0 & 1 & 0 & 0 & 0 & 0 \\ 0 & 0 & 0 & 0 & 0 & 1 & 1 & 0 & 0 \\ 0 & 0 & 0 & 0 & 0 & 0 & 1 & 0 & 0 \\ 0 & 0 & 0 & 0 & 0 & 0 & 0 & 1 & 0 \\ 0 & 0 & 0 & 0 & 0 & 0 & 0 & 1 & 1 \\ 0 & 0 & 0 & 0 & 0 & 0 & 0 & 0 & 0 \\ 0 & 0 & 0 & 0 & 0 & 0 & 0 & 0 & 0 \end{bmatrix}$，试对矩阵 R 按列索引号进行拓扑排序，第一列的列号为 0。

我们首先找出全为 0 的列，这里是第 0 列，说明关系哈斯图中没有以 0 为终点的边，将任务 0 选出，并将第 0 行的数字全部变为 0，因为此时任务 0 已经在哈斯图中被删除；现在第 1 列和第 2 列也都为 0，任意选一列，比如选择第 2 列，将第 2 行的元素全部置为 0，如此继续，直到所有的列都为 0 为止。具体实现时，我们用一行初始值全为 0 的行，记录任务是否已被取出，如果已被取出，将对应的值设置为 1。

定义排序函数，代码如下：

```python
import numpy as np
def Topo_sort(R):
    sorted_taskes = []
    n,_ = R.shape
    #任务状态,0代表未被取出,1代表被取出,初始值全为0
    selected_taskes = np.zeros(n)
    np.random.seed(0)
    for _ in range(n):
        #筛选可选择的列
        taskesCanSelect = []
        RT = np.transpose(R)
        for i in range(n):
            if np.sum(RT[i]) == 0 and selected_taskes[i] == 0:
                taskesCanSelect.append(i)
        #从可选列中任选一列
        selected = taskesCanSelect[np.random.randint(len(taskesCanSelect))]
        sorted_taskes.append(selected)
        #修改任务状态
        selected_taskes[selected] = 1
        #矩阵对应行上的元素全部置为0
        R[selected] = np.zeros(n)
    return sorted_taskes
```

对 **R** 进行排序:

```python
R = np.zeros((9,9))
R[0][1] = 1
R[0][2] = 1
R[1][3] = 1
R[1][4] = 1
R[2][4] = 1
R[3][5] = 1
R[3][6] = 1
R[4][6] = 1
R[5][7] = 1
R[6][7] = 1
R[6][8] = 1
Topo_sort(R)
```

输出结果为:

```
[0, 1, 3, 5, 2, 4, 6, 7, 8]
```

第9章 容斥原理

9.1 容斥原理概述

设集合 A,$|A|=N$ 和条件 c_i,$1\leqslant i\leqslant t$,其中满足条件 c_i 的集合 A 中元素的个数记为 $N(c_i)$,不满足 c_i 的元素个数记为 $N(\bar{c}_i)$,A 中不满足任一条件的元素个数记为 $\bar{N}=N(\bar{c}_1\bar{c}_2\cdots\bar{c}_t)$,则:

$$\bar{N}=N-\sum_{i=1}^{t}N(c_i)+\sum_{1\leqslant i<j\leqslant t}N(c_ic_j)-\sum_{1\leqslant i<j<k\leqslant t}N(c_ic_jc_k)+\cdots+(-1)^tN(c_1c_2\cdots c_t) \tag{9.1}$$

下面来证明式(9.1)。$\forall x\in A$,x 如果不满足 $c_1,c_2,\cdots,c_t$ 中的任意一个条件,则 x 在等式左边的 $\bar{N}$ 中计数 1 次,在等式右边的 N 中计数 1 次,而在等式右边的其他式子中不被计数,从而 x 在等式两边分别被计数 1 次。

若 x 恰好满足 $c_1,c_2,\cdots,c_t$ 中的一个条件,不妨假设 x 满足条件 c_1,则 x 在等式左边的 $\bar{N}$ 中不被计数或计数 0 次,在等式右边的 N 和 $N(c_1)$ 中分别被计数 1 次,二者的差为 0。

现在假设 x 恰好满足 $c_1,c_2,\cdots,c_t$ 中的 $r(1\leqslant r\leqslant t)$ 个条件,我们有

$$0=1-C(r,1)+C(r,2)+\cdots+(-1)^rC(r,r)=(1-1)^r=0$$

从而,等式(9.1)左边和右边包含了相同数目的元素。

在式(9.1)中我们依次记 $N=S_0$,$\sum_{i=1}^{t}N(c_i)=S_1$,$\cdots$,$N(c_1c_2\cdots c_t)=S_t$,则式(9.1)可写成:$\bar{N}=S_0-S_1+\cdots+(-1)^tS_t$。$A$ 中至少满足一个条件的元素个数为 $N-\bar{N}=S_1-S_2+\cdots+(-1)^{t-1}S_t$。

例 9.1 求 100 以内不能被 2、5 和 7 整除的正整数的个数。

设用 c_i,$i=1,2,3$ 分别表示能被 2、5 和 7 整除,则

$$\overline{N} = N - \sum_{i=1}^{3} N(c_i) + \sum_{1 \leqslant i < j \leqslant 3} N(c_i c_j) - N(c_1 c_2 c_3)$$

$$= 100 - \left(\left\lfloor\frac{100}{2}\right\rfloor + \left\lfloor\frac{100}{5}\right\rfloor + \left\lfloor\frac{100}{7}\right\rfloor\right) + \left(\left\lfloor\frac{100}{2\times 5}\right\rfloor + \left\lfloor\frac{100}{2\times 7}\right\rfloor + \left\lfloor\frac{100}{5\times 7}\right\rfloor\right) - \left\lfloor\frac{100}{2\times 5\times 7}\right\rfloor$$

$$= 34$$

实现代码为:

```
import numpy as np
#若x能被2、5或7整除,返回1
def c(x):
    return x%2==0 or x%5==0 or x%7==0
#不能被2、5和7整除的正整数的个数
np.sum([0 if c(i) else 1 for i in range(1,101)])
```

输出结果为:

34

例 9.2 求方程 $x_1 + x_2 + x_3 = 10$ 有多少组满足条件 $x_1 \leqslant 3, x_2 \leqslant 4, x_3 \leqslant 5$ 的非负整数解。

设 c_1 为 $x_1 > 3, c_2$ 为 $x_2 > 4, c_3$ 为 $x_3 > 5$,所求问题为 $\overline{N} = N(\overline{c}_1 \overline{c}_2 \overline{c}_3)$。依第1章所述,方程 $x_1 + x_2 + x_3 = 10$ 非负整数解的个数相当于从3种物品中可重复选取10个的组合数,共有 $N = C(10+3-1, 10) = 66$ 组。

$N(c_1)$ 相当于方程 $y_1 + y_2 + y_3 = 6$ 的非负整数解的个数,$N(c_1) = C(6+3-1, 6) = 28$,$N(c_2) = C(5+3-1, 5) = 21$,$N(c_3) = C(4+3-1, 4) = 15$。

$N(c_1 c_2)$ 相当于方程 $y_1 + y_2 + y_3 = 1$ 的非负整数解的个数,$N(c_1 c_2) = C(1+3-1, 1) = 3$,类似可得 $N(c_1 c_3) = C(0+3-1, 0) = 1$,$N(c_2 c_3) = N(c_1 c_2 c_3) = 0$。

从而 $\overline{N} = N(\overline{c}_1 \overline{c}_2 \overline{c}_3) = 66 - (28+21+15) + (3+1+0) - 0 = 6$。

验证代码为:

```
solves = set()
np.random.seed(0)
for _ in range(1000):
    x = np.random.randint(3 + 1)      #大于或等于0,小于或等于3
    y = np.random.randint(4 + 1)      #大于或等于0,小于或等于4
    z = np.random.randint(5 + 1)      #大于或等于0,小于或等于5
    if x + y + z == 10:
        solves.add((x,y,z))
len(solves)
```

输出结果为:

6

第8章中讨论的**满射(到上或映上)函数的个数**问题,用容斥原理来解决如下:

集合 $A = \{a_1, a_2, \cdots, a_m\}$ 和 $B = \{b_1, b_2, \cdots, b_n\}$,$m \geqslant n$,映射 $f: A \to B$ 为函数,条件 c_i 为 $b_i, 1 \leqslant i \leqslant n$ 不在值域中,从而满射函数的个数为 $\overline{N} = N(\overline{c}_1 \overline{c}_2 \cdots \overline{c}_n)$,

$$\overline{N} = N - \sum_{i=1}^{n} N(c_i) + \sum_{1 \leqslant i < j \leqslant n} N(c_i c_j) - \sum_{1 \leqslant i < j < k \leqslant n} N(c_i c_j c_k) + \cdots + (-1)^n N(c_1 c_2 \cdots c_n)$$

$$= n^m - C(n,1)(n-1)^m + C(n,2)(n-2)^m + \cdots + (-1)^n (n-n)^m$$

$$= \sum_{i=0}^{n} (-1)^i C(n,i)(n-i)^m$$

例 9.3 将 5 个不同的建筑项目分配给 3 个施工方,使得每个施工方至少分得一个建筑项目,问总共有多少种不同的分配方法?

此问题相当于构造从 5 元集到 3 元集上的满射,其个数为 $\sum_{i=0}^{3}(-1)^i C(3,i)(3-i)^5 = 3^5 - 3 \times 2^5 + 3 \times 1^5 = 150$。

验证代码为:

```
#符合要求的对应法则
def project():
    while True:
        p = np.random.randint(1,4,size = 5)
        if 1 in p and 2 in p and 3 in p:return tuple(p)
#随机模拟,返回符合要求的对应法则的个数
np.random.seed(0)
projectes = set()
for _ in range(10000):
    projectes.add(project())
len(projectes)
```

输出结果为:

```
150
```

欧拉函数 $\varphi(n), n \in \mathbf{Z}^+, n \geqslant 2$ 定义为满足 $1 \leqslant m < n$ 且 $\gcd(m,n)=1$ 的正整数 m 的个数。如 $\varphi(2)=1, \varphi(4)=|\{1,3\}|=2, \varphi(10)=|\{1,3,7,9\}|=4$。设 $n = p_1^{e_1} \times p_2^{e_2} \times \cdots \times p_t^{e_t}$ 为 n 的素因子分解。c_i 为 $k | p_i, 1 \leqslant i \leqslant t, k \in \{1,2,\cdots,n\}$,则:

$$\varphi(n) = N(\overline{c}_1 \overline{c}_2 \cdots \overline{c}_t)$$

$$= n - \sum_{i=1}^{t} \frac{n}{p_i} + \sum_{1 \leqslant i < j \leqslant t} \frac{n}{p_i p_j} + \cdots + (-1)^t \frac{n}{p_1 p_2 \cdots p_t}$$

$$= n \prod_{i=1}^{t} \left(1 - \frac{1}{p_i}\right).$$

例 9.4 计算 $\varphi(100)$。

$100 = 2^2 \times 5^2$,从而 $\varphi(100) = 100 \times \left(1 - \frac{1}{2}\right) \times \left(1 - \frac{1}{5}\right) = 40$。

验证代码为:

```
#欧拉函数
from sympy.ntheory import totient
totient(100)
```

输出结果为：

40

例 9.5 一个无向图 G 中,如果没有任何边 E 和顶点 V 相连,则说顶点 V 是**孤立**的。在一个由 4 个顶点 1,2,3,4 构成的无向图中,有多少种不存在孤立点的情况？

令条件 c_i 为顶点 i 为孤立点,其中 $1 \leqslant i \leqslant 4$,则问题为 $\overline{N} = N(\overline{c}_1 \overline{c}_2 \overline{c}_3 \overline{c}_4)$,我们有

$$N(\overline{c}_1 \overline{c}_2 \overline{c}_3 \overline{c}_4) = 2^{C(4,2)} - C(4,1) \times 2^{C(3,2)} + C(4,2) \times 2^{C(2,2)} -$$
$$C(4,3) \times 2^{C(1,2)} + C(4,4) \times 2^{C(0,2)}$$
$$= 2^6 - 4 \times 2^3 + 6 \times 2^1 - 4 \times 2^0 + 1 \times 2^0 = 41$$

程序验证如下：

```
#生成一个顶点数为n的无向图,其中不含孤立点
def Generate_Graph_No_Isolate(n):
    while True:
        #随机生成顶点数为n的无向图
        G = np.zeros((n,n))
        for i in range(n-1):
            for j in range(i+1,n):
                G[i][j] = np.random.randint(2)
                G[j][i] = G[i][j]
        #无向图中无孤立点时,输出
        product = 1
        for i in range(n):
            product *= np.sum(G[i])
        if product > 0:
            return tuple(np.ravel(G))
#随机模拟1000次,输出不含孤立点的无向图的个数
s = set()
np.random.seed(0)
for _ in range(1000):
    s.add(Generate_Graph_No_Isolate(4))
len(s)
```

输出结果为：

41

当顶点数为 5 时,增加随机模拟的次数,如下：

```
s = set()
np.random.seed(0)
for _ in range(10000):
    s.add(Generate_Graph_No_Isolate(5))
len(s)
```

输出结果为：

768

与理论计算值是一致的。

9.2 容斥原理的推广

A 为集合，$|A|=n$，$c_1,c_2,\cdots,c_t$ 为集合 A 中元素满足的条件。记 E_m 为 A 中恰好满足 m 个条件的元素的个数，$1 \leqslant m \leqslant t$。

比如 $t=1$ 时，$E_1=S_1$；

$t=2$ 时，$E_1=S_1-S_2$，$E_2=S_2$；

$t=3$ 时，有 $E_1=S_1-2S_2+3S_3=S_1-C(2,1)S_2+C(3,2)S_3$，

$\qquad E_2=S_2-3S_3=S_2-C(3,1)S_3$，

$\qquad E_3=S_3$。

我们不加证明地给出如下公式：$E_m = \sum_{i=0}^{t-m}(-1)^i C(m+i,i) S_{m+i}$。

记 L_m 为 A 中至少满足 m 个条件的元素的个数，$1 \leqslant m \leqslant t$，则 $L_m = \sum_{k=m}^{t} E_k = \sum_{i=0}^{t-m}(-1)^i C(m+i-1,m-1) S_{m+i}$。

例 9.6 求 100 以内的正整数中恰能被 2、3 和 5 中的两个整除的个数及至少能被 2、3、5 和 7 中的两个整除的个数。

$$E_2 = S_2 - C(3,1)S_3 = \left(\left\lfloor\frac{100}{6}\right\rfloor + \left\lfloor\frac{100}{10}\right\rfloor + \left\lfloor\frac{100}{15}\right\rfloor\right) - 3 \times \left\lfloor\frac{100}{30}\right\rfloor = 23$$

$$L_2 = S_2 - C(2,1)S_3 + C(3,1)S_4$$
$$= \left(\left\lfloor\frac{100}{6}\right\rfloor + \left\lfloor\frac{100}{10}\right\rfloor + \left\lfloor\frac{100}{14}\right\rfloor + \left\lfloor\frac{100}{15}\right\rfloor + \left\lfloor\frac{100}{21}\right\rfloor + \left\lfloor\frac{100}{35}\right\rfloor\right) -$$
$$2 \times \left(\left\lfloor\frac{100}{30}\right\rfloor + \left\lfloor\frac{100}{42}\right\rfloor + \left\lfloor\frac{100}{70}\right\rfloor + \left\lfloor\frac{100}{105}\right\rfloor\right) + 3 \times \left\lfloor\frac{100}{210}\right\rfloor = 33$$

验证代码为：

```
import numpy as np
E2 = np.sum([1 if (i%6==0 or i%10==0 or i%15==0) and not i%30==0 else 0 for i in range(1,101)])
s = set()
for i in range(1,101):
    for j in [6,10,14,15,21,35]:
        if i%j==0:s.add(i)
L2 = len(s)
E2,L2
```

输出结果为：

```
23,33
```

9.3 都不在正确位置的错排

在高等数学中，指数函数 e^x 的麦克劳林展开式为：

$$e^x = 1 + x + \frac{x^2}{2!} + \frac{x^3}{3!} + \cdots = \sum_{n=0}^{\infty} \frac{x^n}{n!}$$

从而有 $e^{-1} = \sum_{n=0}^{\infty} \frac{(-1)^n}{n!} = \frac{1}{2!} - \frac{1}{3!} + \frac{1}{4!} - \cdots$，由于其一般项收敛于 0 的速度很快，从而我们可以取较小的 n 如 $n = 10$ 即可得到 e^{-1} 的近似值。

例 9.7 在有 8 名运动员参加的百米决赛中，比赛前某人猜测这 8 名运动员的比赛名次，当比赛结束后如果此人没有猜对任一个运动员的名次，我们称这类问题为**都不在正确位置的错排**，简称错排。求此问题的错排个数。

假设这 8 名运动员依比赛名次编号为 001~008，条件 c_i 为 00i 号运动员取得的比赛名次为第 i 名，我们要计算的错排个数为：$\overline{N} = N(\overline{c}_1 \overline{c}_2 \cdots \overline{c}_8)$。

$$\begin{aligned}\overline{N} &= S_0 - S_1 + S_2 - \cdots + S_8 \\ &= 8! - C(8,1) \times (7!) + C(8,2) \times (6!) - \cdots + C(8,8)(0!) \\ &= 8!\left(1 - 1 + \frac{1}{2!} - \frac{1}{3!} + \cdots + \frac{1}{8!}\right) \approx 8! \times e^{-1} \approx 14\,833\end{aligned}$$

当 $n \geqslant 7$ 时，错排的概率接近于 $e^{-1} \approx 0.36788$。

当 n 为 2~12 时，错排数及错排概率的计算代码如下：

```
from math import factorial
import numpy as np
def derangement(n):
    #错排概率
    rate = np.sum([(-1) ** i/factorial(i) for i in range(n + 1)])
    #错排数
    derangeNums = rate * factorial(n)
    return int(derangeNums),np.round(rate,5)
for n in range(2,13):
    print(derangement(n))
```

输出结果为：

```
(1, 0.5)
(2, 0.33333)
(9, 0.375)
(44, 0.36667)
(265, 0.36806)
(1854, 0.36786)
(14833, 0.36788)
(133496, 0.36788)
(1334961, 0.36788)
(14684570, 0.36788)
(176214841, 0.36788)
```

9.4 车多项式

现在考虑国际象棋的棋盘（Board）和棋子车（Rook），车的行棋规则是可以在棋盘上向左、向右、向上及向下走至任意一个空白的方格（当然这个走动不能造成本方被将军），直到有一个子出现，如果这个子是对方的棋子，可以将这个子吃掉。和中国象棋的车是一样的。现在我们的问题和下棋稍微有些不同。

如图9.1所示,现在要在棋盘B的空白处,即标号1~7的方格内放置一些车(带阴影的方格不能放置棋子,称为**禁用方格**),使得任意两个车不能相互攻击,即同一行和同一列上至多有一个车。如果仅在棋盘上放一个车,则有7种放置方法,记为$r_1(B)=7$,如果在棋盘上放两个车,则不同的放置方法有:

$$(1,5),(1,6),(1,7),(2,4),(2,5),(2,7),(3,4),(3,6),(4,6),(4,7),(5,6)$$

共计11种,我们记为$r_2(B)=11$,类似地,$r_3(B)=|\{(1,5,6),(2,4,7),(3,4,6)\}|=3$,$n\geq 4$时有$r_n(B)=0$。令$r_0(B)=1$,称$r(B,x)=1+7x+11x^2+3x^3$为棋盘$B$的**车多项式**。

现在对于方格1有两种情况:①放一个车;②不放车。对于第①种情况,我们将方格1所处的行和所处的列删除,得到棋盘B_s,如图9.2所示。

对于第②种情况,我们仅将方格1禁用,得到棋盘B_e,如图9.3所示。

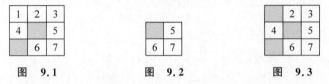

图 9.1　　　　　图 9.2　　　　　图 9.3

易知$r(B_s,x)=1+3x+x^2$,$r(B_e,x)=1+6x+8x^2+2x^3$。不难验证

$$xr(B_s,x)+r(B_e,x)=x(1+3x+x^2)+(1+6x+8x^2+2x^3)$$
$$=1+7x+11x^2+3x^3=r(B,x)$$

我们将上边的等式公式化为$r(B,x)=xr(B_s,x)+r(B_e,x)$。

如果棋盘B可以划分为子棋盘B_1和B_2,其中B_1中的任一方格和B_2中的任一方格不在同一行,也不在同一列,我们称这两个子棋盘**不相交**,如图9.4所示。

记1,2,3,4所在的部分为棋盘B_1,5,6,7,8所在的部分为棋盘B_2,则$r(B,x)=r(B_1,x)\cdot r(B_2,x)$。

易知$r(B_1,x)=r(B_2,x)=1+4x+2x^2$,从而$r(B,x)=(1+4x+2x^2)^2=1+8x+20x^2+16x^3+4x^4$。

下面的例子,我们将从容斥原理和车多项式两方面来论证。

例9.8 现有4个任务t_1,t_2,t_3,t_4,分配给4个团队g_1,g_2,g_3,g_4,每个团队恰分得一个任务。由于专业原因,g_1无法承担任务t_1和t_2,g_2无法承担任务t_2,g_3无法承担任务t_3,g_4无法承担任务t_4,问有多少种不同的分配方案?

问题和棋盘B对应,如图9.5所示。

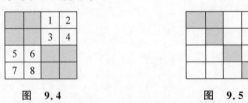

图 9.4　　　　　图 9.5

棋盘的行代表4个团队g_1,g_2,g_3,g_4,列代表4个任务t_1,t_2,t_3,t_4。由于每个团队恰好分得4个任务中的一个,所以每一行和每一列的非禁用格中恰好只能选择一个。

在16个方格中有11个可用的,禁用格为5个,我们令条件c_i为团队g_i占用禁用格,则我们需要求出$\bar{N}=N(\bar{c}_1\bar{c}_2\bar{c}_3\bar{c}_4)$。此时$S_0=N=4!$;$N(c_1)=2\times(3!),N(c_2)=N(c_3)=N(c_4)=3!$,从而$S_1=N(c_1)+N(c_2)+N(c_3)+N(c_4)=30$;$N(c_1c_3)=N(c_1c_4)=2\times$

$(2!)$，$N(c_1c_2)=N(c_2c_3)=N(c_2c_4)=N(c_3c_4)=2!$，从而 $S_2=16$；同理 $S_3=5, S_4=1$。故 $\overline{N}=N(\overline{c}_1\overline{c}_2\overline{c}_3\overline{c}_4)=S_0-S_1+S_2-S_3+S_4=6$。

接下来我们考查棋盘 B 的车多项式，现使用代码生成车多项式 $r(B,x)$：

```
import numpy as np
def r(B,n):
    if n == 0:return 1
    if n == 1:return len(B)
    S = set()
    for _ in range(10000):
        #随机生成n个位置
        selected = np.random.randint(len(B),size = n)
        #排除有相同位置被选中的情况
        sel_set = set(selected)
        sel_set = list(sel_set)
        sel_set.sort()
        bSuccess = True
        if len(sel_set)< n:bSuccess = False
        #排除有同行或同列被选中的情况
        else:
            for i in range(n-1):
                for j in range(i+1,n):
                    if B[sel_set[i]][0] == B[sel_set[j]][0] or B[sel_set[i]][1] == B[sel_set[j]][1]:
                        bSuccess = False
                        break
                if not bSuccess:break
        #符合要求的选择方案,添加进集合S
        if bSuccess:
            S.add(tuple([B[sel_set[i]] for i in range(n)]))
    return len(S)
B = ((1,3),(1,4),(2,1),(2,3),(2,4),(3,1),(3,2),(3,4),(4,1),(4,2),(4,3))
[r(B,i) for i in [0,1,2,3,4]]
```

输出结果为：

```
[1,11,35,33,6]
```

这说明此棋盘的车多项式为：$r(B,x)=1+11x+35x^2+33x^3+6x^4$，其中系数 6 为放置 4 个车的不同放置种数，即任务的不同分配方案数。

第10章

生 成 函 数

本章我们学习计数和幂级数的关系。

10.1 从方程的非负整数解开始

例10.1 求方程 $x_1+x_2+x_3+x_4=10$ 的非负整数解的个数,其中要求 $x_1\geqslant 3, x_2\leqslant 5$, $1\leqslant x_3\leqslant 7$。

我们可以用以下三种方法来求解。

第一种方法:使用计算机程序的循环机制。代码如下:

```
def solve_by_for():
    solves = []
    for a in range(3,11):            #大于或等于3小于或等于10
        for b in range(6):           #大于或等于0小于或等于5
            for c in range(1,8):     #大于或等于1小于或等于7
                for d in range(11):  #大于或等于0小于或等于10
                    if a + b + c + d == 10:
                        solves.append([a,b,c,d])
    return len(solves),solves
solves_num,_ = solve_by_for()
solves_num
```

输出结果为:

83

第二种方法:将方程做适当的变换,使用容斥原理求解。

令 $y_1=x_1-3, y_2=x_2, y_3=x_3-1, y_4=x_4$,则原方程和 $y_1+y_2+y_3+y_4=6$ 等价,其中 $0\leqslant y_1, 0\leqslant y_2\leqslant 5, 0\leqslant y_3, 0\leqslant y_4$,设 c_2 为条件 $y_2>5$,由于 $y_2\geqslant 6$ 的解仅有一组,从而总共有 $N(\bar{c}_2)=N-N(c_2)=C(6+4-1,6)-1=83$。

第三种方法:考虑多项式函数。

$$f(x)=(x^3+x^4+\cdots+x^{10})\cdot(1+x+\cdots+x^5)\cdot(x+x^2+\cdots+x^7)\cdot(1+x+\cdots+x^{10})$$

展开式中 x^{10} 的系数。第一个圆括号中的 x^4,第二个圆括号中的 1,第三个圆括号中的 x 及第四个圆括号中的 x^5 为展开式中的 x^{10} 的系数贡献 1,此时对应着方程的一组符合要求的解 $(4,0,1,5)$,由此我们知道,$f(x)$ 展开式中 x^{10} 的系数恰好为方程的解的个数。我们称函数 $f(x)$ 为这一问题的**生成函数**。

现在我们用 sympy 求解,代码如下:

```
from sympy import *
init_printing()
x = Symbol('x')
#生成函数
f = sum([pow(x,i) for i in range(3,10)]) * sum([pow(x,i) for i in range(6)]) * \
    sum([pow(x,i) for i in range(1,8)]) * sum([pow(x,i) for i in range(11)])
expand(f)
```

输出结果中 x^{10} 的系数为:

```
83
```

当自变量的限制更为严格时,比如 x_1 必须为偶数,x_2 必须为素数,我们使用生成函数的方法,仍然可以求出解的个数。

例 10.2 求 $x_1+x_2+x_3=10$ 的非负整数解的个数,其中要求 x_1 为奇数,x_2 为素数,x_3 为完全平方数。

问题的生成函数为

$$f(x)=(x+x^3+x^5+x^7+x^9)\cdot(x^2+x^3+x^5+x^7)\cdot(1+x+x^4+x^9)$$

代码如下:

```
f = sum([pow(x,2*i+1) for i in range(5)]) * (x**2+x**3+x**5+x**7) * (1+x+x**4+x**9)
expand(f)
```

输出结果中 x^{10} 的系数为:

```
6
```

容易列出问题的解:$(3,7,0),(5,5,0),(7,3,0),(7,2,1),(3,3,4),(1,5,4)$。

10.2 例子与公式

设 $a_0,a_1,a_2,\cdots$ 为一个实数序列,称函数 $f(x)=\sum_{n=0}^{\infty}a_nx^n=a_0+a_1x+a_2x^2+\cdots$ 为此序列的生成函数。

例 10.3 求实数序列 $C(n,0),C(n,1),\cdots,C(n,n),0,0,\cdots$ 的生成函数。

由定义易得

$$f(x)=C(n,0)+C(n,1)x+C(n,2)x^2+\cdots+C(n,n)x^n+0x^{n+1}+\cdots=(1+x)^n$$

例 10.4 求整数序列 $1,1,1,\cdots$ 的生成函数。

$$f(x)=1+x+x^2+\cdots=\frac{1}{1-x},$$ 其中 $x\in(-1,1)$ 为幂级数 $\sum_{n=0}^{\infty}x^n$ 的**收敛域**。

sympy.series()将给定函数展开成幂级数,代码如下:

```
from sympy import *
init_printing()
x = Symbol('x')
f = 1/(1 - x)
series(f)
```

输出结果为:

$1 + x + x^2 + x^3 + x^4 + x^5 + O(x^6)$

由本例可知,$f(x)=\dfrac{x}{1-x}$ 为序列 $0,1,1,1,\cdots$ 的生成函数。

例 10.5 对函数 $f(x)=\dfrac{x}{1-x}=x+x^2+x^3+\cdots$ 两边同时求导,得

$$\frac{\mathrm{d}f(x)}{\mathrm{d}x}=\frac{1}{(1-x)^2}=1+2x+3x^2+\cdots$$

从而我们知道序列 $1,2,3,\cdots$ 的生成函数为 $f(x)=\dfrac{1}{(1-x)^2},x\in(-1,1)$。

例 10.6 由例 10.5 可知,$\dfrac{x}{(1-x)^2}=x+2x^2+3x^3+\cdots$,两边求导得到序列 $1^2,2^2,3^2,\cdots$ 的生成函数为 $f(x)=\dfrac{1+x}{(1-x)^3},x\in(-1,1)$,从而

$$f(x)=\frac{x(1+x)}{(1-x)^3}=\frac{x+x^2}{(1-x)^3}=0^2+1^2x+2^2x^2+3^2x^3+\cdots=\sum_{n=0}^{\infty}n^2x^n$$

进一步,序列 $0^3,1^3,2^3,3^3,\cdots$ 的生成函数 $f(x)=\dfrac{x+4x^2+x^3}{(1-x)^4}$。

例 10.7 用代码验证 $f(x)=\dfrac{x+11x^2+11x^3+x^4}{(1-x)^5}$ 为序列 $0^4,1^4,2^4,3^4,\cdots$ 的生成函数。

代码如下:

```
f = (x + 11 * x ** 2 + 11 * x ** 3 + x ** 4)/(1 - x) ** 5
series(f)
```

输出结果为:

$x + 16x^2 + 81x^3 + 256x^4 + 625x^5 + O(x^6)$

通过上述例子的结果我们可以推演出更为复杂的序列的生成函数。

例 10.8 求序列 $0,2,6,12,20,30,42,\cdots$ 的生成函数。

序列 $a_n=n(n+1),n\geqslant 0$。

$$f(x)=\sum_{n=0}^{\infty}n(n+1)x^n=\sum_{n=0}^{\infty}nx^n+\sum_{n=0}^{\infty}n^2x^n=\frac{x}{(1-x)^2}+\frac{x+x^2}{(1-x)^3}=\frac{2x}{(1-x)^3}, 其中$$

$x\in(-1,1)$。

例 10.9 求序列 $1,3,8,17,32,57,\cdots,2^n+n^2,\cdots$ 的生成函数。

由于 $g(x)=\dfrac{1}{1-2x}=2^0+2^1x+2^2x^2+\cdots$ 为序列 $2^n,n\geqslant 0$ 的生成函数，$\dfrac{x+x^2}{(1-x)^3}$ 为序列 $n^2,n\geqslant 0$ 的生成函数，从而 $f(x)=\dfrac{1}{1-2x}+\dfrac{x+x^2}{(1-x)^3}=\dfrac{1-2x+2x^2-3x^3}{(1-2x)(1-x)^3}$ 为给定序列的生成函数，其中 $x\in\left(-\dfrac{1}{2},\dfrac{1}{2}\right)$。我们用代码验证如下：

```
f = (1-2*x+2*x**2-3*x**3)/((1-2*x)*(1-x)**3)
series(f)
```

输出结果为：

$1+3x+8x^2+17x^3+32x^4+57x^5+O(x^6)$

下面引入**广义组合等式**。

(1) $\forall n\in\mathbf{R},r\in\mathbf{Z}^+,C(n,r)=\dfrac{n(n-1)\cdots(n-r+1)}{r!}$；

(2) $\forall n,r\in\mathbf{Z}^+,C(-n,r)=\dfrac{(-n)(-n-1)\cdots(-n-r+1)}{r!}=(-1)^r\dfrac{(n+r-1)(n+r-2)\cdots n}{r!}=(-1)^rC(n+r-1,r)$。

例 10.10 求组合式 $C(1.5,3),C(-2,3)$。

$C(1.5,3)=\dfrac{1.5\times 0.5\times(-0.5)}{3!}=-0.0625;C(-2,3)=(-1)^3C(2+3-1,3)=-4$。

我们定义函数实现上述计算：

```
import numpy as np
from scipy.special import comb
def general_comb(n,r):
    if r == 0 or n == 0:return 1
    if n > 0:return np.product([n-i for i in range(r)])/np.product([i for i in range(1,r+1)])
    if n < 0:return np.power(-1,r)*comb(-n+r-1,r)
general_comb(1.5,3),general_comb(-2,3)
```

输出结果为：

(-0.0625,-4.0)

例 10.11 验证 $(1+x)^{-5}=\sum\limits_{r=0}^{\infty}C(-5,r)x^r$。

代码如下：

```
f = 1/(1+x)**5
print([general_comb(-5,r) for r in range(6)])
series(f)
```

输出结果为：

[1, -5.0, 15.0, -35.0, 70.0, -126.0]

一般地，$(1+x)^{-n} = \sum_{r=0}^{\infty} C(-n,r) x^r, n \in \mathbf{Z}^+$。

例 10.12 验证 $\sqrt{1-2x} = \sum_{r=0}^{\infty} C(0.5,r)(-2)^r x^r$。

代码如下：

```
f = (1 - 2*x)**0.5
print([general_comb(0.5,r) * pow(-2,r) for r in range(6)])
series(f)
```

输出结果为：

```
[1, -1.0, -0.5, -0.5, -0.625, -0.875]
```

即 $\sqrt{1-2x} = 1 - 1.0x - 0.5x^2 - 0.5x^3 - 0.625x^4 - 0.875x^5 + O(x^6)$。

例 10.13 求 $f(x) = (x^2 + x^3 + x^4 + \cdots)^3$ 的展开式中 x^{20} 的系数。

此问题相当于求 $x_1 + x_2 + x_3 = 20$ 的非负整数解，其中 $x_1, x_2, x_3 \geqslant 2$。这和 $y_1 + y_2 + y_3 = 14$ 的非负整数解等价，相当于从 3 种物品中可重复选择 14 个的组合数，这个数为 $C(14+3-1, 14) = C(16, 14) = 120$。

事实上，$f(x) = x^6 (1+x+x^2+\cdots)^3 = \dfrac{x^6}{(1-x)^3}$，而 $\dfrac{1}{(1-x)^3} = (1-x)^{-3}$ 展开式中 x^{14} 的系数为 $C(-3, 14)$，代码为：

```
general_comb(-3,14)
```

输出结果为：

```
120.0
```

例 10.14 用生成函数的方法探讨从 n 种不同的物品中可重复地选择 r 个的组合数。

令 $f(x) = (1+x+x^2+\cdots)^n$，展开式中 x^r 前方系数即为所求的组合数。

$f(x) = \left(\dfrac{1}{1-x}\right)^n = (1-x)^{-n} = \sum_{i=0}^{\infty} C(-n, i)(-x)^i$，从而 x^r 的系数为：$C(-n, r)(-1)^r = (-1)^r C(n+r-1, r)(-1)^r = C(n+r-1, r)$。

例 10.15 用生成函数的方法探讨正整数 n 的合成方式数问题。

由第 1 章的分析可知，正整数 n 的合成方式数为 2^{n-1}。我们以 $n=3$ 为例，用生成函数的方法阐述此问题。

幂级数 $f(x) = \dfrac{x}{1-x} = x + x^2 + x^3 + \cdots$ 中 x^3 的系数为 1，对应 $n=3$ 的仅有一个数合成的方式数 1，即 $3 = 3$。

为了求 $n=3$ 的恰有两个数合成的方式数，可取 $f^2(x) = \left(\dfrac{x}{1-x}\right)^2 = x^2 [C(-2, 0) + C(-2, 1)(-x) + C(-2, 2)(-x)^2 + \cdots]$，计算 x^3 的系数为 $(-1)^1 C(2+1-1, 1)(-1) = 2$，即 $3 = 1+2, 3 = 2+1$。

用同样的方式我们可以得到 $n=3$ 的恰有三个数合成的方式数为 1，即 $3 = 1+1+1$。

从而 $n=3$ 的合成方式数为 $2^{3-1} = 4$。

事实上，令 $y=\dfrac{x}{1-x}$，$\sum_{i=1}^{\infty}(\dfrac{x}{1-x})^i = \sum_{i=1}^{\infty} y^i = y\sum_{i=0}^{\infty} y^i = \dfrac{y}{1-y} = \dfrac{x}{1-2x} = x(1+2x+2^2 x^2+2^3 x^3+\cdots) = x+2x^2+2^2 x^3+2^3 x^4+\cdots$，$x^n$ 的系数为 2^{n-1}，对应正整数 n 的所有合成方式数。

10.3 正整数的拆分

在正整数的合成方式中，如果我们不考虑合成的顺序，如把 $3=1+2, 3=2+1$ 看成一种方式，我们称这种计数方式为正整数 n 的拆分，记为 $p(n)$。

易知，$p(1)=1, p(2)=2, p(3)=3, 4=1+3=1+1+2=1+1+1+1=2+2$，所以 $p(4)=5$。

用幂级数 $1+x+x^2+x^3+\cdots$ 记录 n 的拆分中 1 出现的次数；幂级数 $1+x^2+x^4+x^6+\cdots$ 记录 n 的拆分中 2 出现的次数；而幂级数 $1+x^3+x^6+x^9+\cdots$ 记录 n 的拆分中 3 出现的次数；所以，如果要计算 $p(4)$，可以计算 $(1+x+x^2+x^3+\cdots)(1+x^2+x^4+x^6+\cdots)(1+x^3+x^6+x^9+\cdots)(1+x^4+x^8+x^{12}+\cdots)$ 中 x^4 的系数。从而 $p(x)=\prod_{i=1}^{\infty}\dfrac{1}{1-x^i}$ 为序列 $p(0), p(1), p(2), \cdots$ 的生成函数，其中规定 $p(0)=1$。

我们定义一个函数来实现 $p(x)$：

```
from sympy import *
init_printing()
x = Symbol('x')
def Partition_N(n,numsInPartition):
    f = Function('f')
    f = 1
    for num in numsInPartition:
        f *= 1/(1 - x**num)
    return series(f,n = n + 1)
```

例 10.16 求 $p(6)$。

代码如下：

```
Partition_N(6,[1,2,3,4,5,6])
```

输出结果为：

```
1 + x + 2x² + 3x³ + 5x⁴ + 7x⁵ + 11x⁶ + O(x⁷)
```

这说明 $p(6)=11$，而 $p(5)=7$。

例 10.17 一个收银台仅有 1 角、2 角和 5 角的纸币，现在要找顾客 9 角钱，问有多少种找零方式？

代码如下：

```
Partition_N(9,[1,2,5])
```

输出结果为：

$$1 + x + 2x^2 + 2x^3 + 3x^4 + 4x^5 + 5x^6 + 6x^7 + 7x^8 + 8x^9 + O(x^{10})$$

这说明共有 8 种找零方式。

此问题相当于求方程 $x_1 + 2x_2 + 5x_3 = 9$ 的非负整数解的个数。

例 10.18 求方程 $x_1 + 3x_2 + 5x_3 + 2x_4 = 20$ 的非负整数解的个数。

代码如下：

```
Partition_N(20,[1,3,5,2])
```

输出结果中 x^{20} 的系数为 91。

10.4 指数生成函数

我们称 $f(x) = a_0 + a_1 x + a_2 \dfrac{x^2}{2!} + a_3 \dfrac{x^3}{3!} + \cdots = \sum_{n=0}^{\infty} a_n \dfrac{x^n}{n!}$ 为序列 $a_0, a_1, a_2, a_3, \cdots$ 的**指数生成函数**。

如序列 $1,1,1,\cdots$ 的指数生成函数为 $f(x) = e^x$，$1,-1,1,-1,\cdots$ 的指数生成函数为 $f(x) = e^{-x}$，进一步有 $1,0,1,0,1,0,\cdots$ 的指数生成函数为 $\dfrac{e^x + e^{-x}}{2}$ 及 $0,1,0,1,0,1$ 的指数生成函数为 $\dfrac{e^x - e^{-x}}{2}$。

现在考查从单词 MATHEMATIC 中抽出 4 个字母进行排列，有多少种排列方式？

由于单词中分别有两个 A,M 和 T，可以分三种情况计数：两对相同的字母、仅有一对相同的字母和四个字母互不相同：

$$C(3,2) \times \dfrac{4!}{2! \, 2!} + C(3,1) \times C(6,2) \times \dfrac{4!}{2!} + C(7,4) \times 4! = 1398$$

我们断言排列数等于指数生成函数 $f(x) = \left(1 + x + \dfrac{x^2}{2!}\right)^3 (1+x)^4$ 中 $\dfrac{x^4}{4!}$ 的系数。

事实上，$f(x) = \left(1 + x + \dfrac{x^2}{2!}\right)\left(1 + x + \dfrac{x^2}{2!}\right)\left(1 + x + \dfrac{x^2}{2!}\right)(1+x)(1+x)(1+x)(1+x)$，让 $f(x)$ 的这 7 个因子分别对应字母 A,M,T,C,E,H 和 I。

如果抽取的一个结果为 AMCI 此时取这 7 个因子中的 $x,x,1,x,1,1,x$，因为这个方式的字母互不相同，其全排列数为 4!，从而为 $\dfrac{x^4}{4!}$ 的系数贡献 4!。

如果抽取的字母为 AAMI，取 6 个因子中的 $\dfrac{x^2}{2!}, x, 1, 1, 1, 1, x$，这个抽取的全排列数为 $\dfrac{4!}{2!}$，从而为 $\dfrac{x^4}{4!}$ 的系数贡献 $\dfrac{4!}{2!}$。

同理：如果抽取的字母为 AAMM，其为 $\dfrac{x^4}{4!}$ 的系数贡献 $\dfrac{4!}{(2!)^2}$。

我们用两种方式验证这一结论。

(1) 实验法：

```
import numpy as np
def perm(letter,n):
    if n > len(letter):return 0
    m = 0
    result = ''
    #每次随机选取一个字母,被选中的字母从候选列表中删去,重复n次
    while m < n:
        x = letter[np.random.randint(len(letter))]
        result += x
        letter.remove(x)
        m = m + 1
    return result
S = set()
np.random.seed(0)
for _ in range(100000):
    S.add(perm(list('mathematic'),4))
len(S)
```

输出结果为：

```
1398
```

(2) 生成函数方法：

```
from sympy import *
init_printing()
x = Symbol('x')
expand((1 + x + x**2/2)**3 * (1 + x)**3)
```

输出结果中 x^4 的系数为 $\dfrac{233}{4}$，从而 $\dfrac{x^4}{4!}$ 的系数为 $\dfrac{233}{4} \times (4!) = 1398$。

例 10.19 A 和 B 为集合，$|A|=10$，$|B|=5$，函数 $f: A \to B$ 为满射函数，求函数 f 的个数。

假设集合 B 中的元素为字母 a,b,c,d,e，方式 baceedaaaa 代表集合 A 中的第 1 个元素的像为 b，第 2,7,8,9,10 个元素的像为 a，第 3 个元素的像为 c，第 4,5 个元素的像为 e，第 6 个元素的像为 d。所以问题相当于从 5 个字母（每个字母的数量为无限多）中抽取 10 次的全排列数，其中每个字母至少被抽取 1 次。

$$\text{令 } f(x) = \left(x + \frac{x^2}{2!} + \frac{x^3}{3!} + \cdots\right)^5 = (e^x - 1)^5 = \sum_{n=0}^{5} (-1)^n \times C(5,n) \times e^{(5-n)x}$$

$$= e^{5x} - C(5,1)e^{4x} + C(5,2)e^{3x} - C(5,3)e^{2x} + C(5,4)e^x - 1$$

问题的解为 $f(x)$ 中 $\dfrac{x^{10}}{10!}$ 的系数，由 e^{kx} 的展开式中 $\dfrac{x^{10}}{10!}$ 的系数为 k^{10}，可得

$$5^{10} - C(5,1) \times 4^{10} + C(5,2) \times 3^{10} - C(5,3) \times 2^{10} + C(5,4) \times 1^{10} - C(5,5) \times 0^{10}$$

$$= \sum_{n=0}^{5} (-1)^n \times C(5,n) \times (5-n)^{10}$$

验证如下：

```
series((E**x-1)**5,n=11)
```

输出结果中 x^{10} 的系数为 $\frac{45}{32}$,我们再让它乘以 $10!$:

```
from scipy.special import comb
int(45/32 * np.product(list(range(1,11)))),int(np.sum([np.power(-1,n) * comb(5,n) * (5-n) ** 10 for n in range(6)]))
```

输出结果为:

5103000,5103000

10.5 求和算子

设 $f(x)$ 为序列 $a_0, a_1, a_2, \cdots$ 的生成函数,则

$$\frac{f(x)}{1-x} = (a_0 + a_1 x + a_2 x^2 + \cdots) \cdot (1 + x + x^2 + \cdots) = a_0 + (a_0 + a_1)x + (a_0 + a_1 + a_2)x^2 + \cdots$$

为序列 $a_0, a_0+a_1, a_0+a_1+a_2, \cdots$ 的生成函数,称 $\frac{1}{1-x}$ 为**求和算子**。

例 10.20 求序列 $1,2,3,4,\cdots$ 的生成函数。

令 $f(x) = 1 + x + x^2 + \cdots = \frac{1}{1-x}$,应用求和算子,有

$$\frac{f(x)}{1-x} = \frac{1}{(1-x)^2} = \sum_{r=0}^{\infty} C(-2,r)(-x)^r = \sum_{r=0}^{\infty} C(2+r-1,r)x^r = \sum_{r=0}^{\infty} (r+1)x^r$$

验证代码为:

```
from sympy import *
x = Symbol('x')
series(1/(1-x)**2)
```

运行结果为:

$1 + 2x + 3x^2 + 4x^3 + 5x^4 + 6x^5 + O(x^6)$

例 10.21 求序列 $1^2, 2^2, 3^2, \cdots$ 的生成函数。

由于 $1^2 = 1, 2^2 = 1+3, 3^2 = 1+3+5, \cdots$,序列 $1,2,2,2,\cdots$ 的生成函数为

$$1 + 2x + 2x^2 + 2x^3 + \cdots = \frac{2}{1-x} - 1 = \frac{1+x}{1-x}$$

对 $\frac{1+x}{1-x}$ 应用求和算子得到序列 $1,3,5,7,\cdots$ 的生成函数 $\frac{1+x}{(1-x)^2}$,再对 $\frac{1+x}{(1-x)^2}$ 应用求和算子即得序列 $1, 1+3, 1+3+5, \cdots$ 的生成函数 $f(x) = \frac{1+x}{(1-x)^3}$。

验证代码为:

```
series((1+x)/(1-x)**3)
```

输出结果为：

```
1 + 4x + 9x² + 16x³ + 25x⁴ + 36x⁵ + O(x⁶)
```

例 10.22 求证 $\sum_{i=1}^{n} i^2 = \dfrac{n(n+1)(2n+1)}{6}$。

由例 10.21 可知序列 $1^2, 1^2+2^2, 1^2+2^2+3^2, \cdots$ 的生成函数为 $f(x) = \dfrac{1+x}{(1-x)^4}$。

$$f(x) = \frac{1+x}{(1-x)^4} = \frac{1}{(1-x)^4} + \frac{x}{(1-x)^4}$$

其中 $\dfrac{1}{(1-x)^4}$ 展开式中 x^{n-1} 的系数为 $C(-4, n-1) \times (-1)^{n-1} = C(n+2, 3)$；$\dfrac{x}{(1-x)^4}$ 展开式中 x^{n-1} 的系数为 $C(-4, n-2) \times (-1)^{n-2} = C(n+1, 3)$，从而 $f(x)$ 的展开式中 x^{n-1} 的系数为 $C(n+2, 3) + C(n+1, 3) = \dfrac{n(n+1)(2n+1)}{6}$。

例 10.23 求序列 $1^3, 2^3, 3^3, 4^3, \cdots$ 的生成函数，并由此推导求和公式 $\sum_{i=1}^{n} i^3$。

由于 $n^3 = \dfrac{n(n+1)(2n+1)}{6} \times 3 - \dfrac{3}{2}n^2 - \dfrac{n}{2}$，故序列 $1^3, 2^3, 3^3, 4^3, \cdots$ 的生成函数为 $f(x) = \dfrac{3(1+x)}{(1-x)^4} - \dfrac{3(1+x)}{2(1-x)^3} - \dfrac{1}{2(1-x)^2} = \dfrac{1+4x+x^2}{(1-x)^4}$。

验证代码如下：

```
f = (1+4*x+x**2)/(1-x)**4
series(f)
```

输出结果为：

```
1 + 8x + 27x² + 64x³ + 125x⁴ + 216x⁵ + O(x⁶)
```

求和公式 $\sum_{i=1}^{n} i^3$ 为生成函数 $f(x) = \dfrac{1+4x+x^2}{(1-x)^5}$ 中 x^{n-1} 的系数，此系数为：$C(n+3, 4) + 4 \times C(n+2, 4) + C(n+1, 4) = \left[\dfrac{n(n+1)}{2}\right]^2$。

代码 series(f/(1-x)) 的输出结果为：

```
1 + 9x + 36x² + 100x³ + 225x⁴ + 441x⁵ + O(x⁶)
```

第11章

递 推 关 系

在第 7 章我们学习了一个递归函数 f 的编写,给这个递归函数一个参数 n,可以得到函数对应值 $f(n)$,但我们还想知道函数 f 关于 n 的表达式。如汉诺塔的移动次数有递推关系 $\begin{cases} H(1)=1 \\ H(n)=2H(n-1)+1 \end{cases}$,通过本章的分析,我们可以得到 $H(n)=2^n-1$。

本章的一些问题会牵涉计算机算法中一个称为**时间复杂性**或**时间复杂度**的术语,首先需要了解这个术语及其表示方法。

11.1 时间复杂性

f 和 g 是关于正整数 n 的函数,如果存在常数 k 和 C,使得当 $n>k$ 时,有 $|f(n)| \leqslant C|g(n)|$,我们说 $f(n)$ 是 $O(g(n))$ 的。

例 11.1 $f(n)=1000$,证明 $f(n)$ 是 $O(1)$ 的。

令 $g(n)=1, k=0, C=10\,000$,显然当 $n>0$ 时有:
$$|f(n)|=1000 \leqslant 10\,000 = C|g(n)|$$

例 11.2 $f(n)=\log_2 n$,证明 $f(n)$ 是 $O(n)$ 的,但不是 $O(1)$ 的。

令 $g(n)=n, k=0, C=1$,由高等数学洛必达法则相关理论可知,当 $n \geqslant 1 > k$ 时有 $|f(n)|=\log_2 n \leqslant n=C|g(n)|$;但不存在常数 C,使得 $\log_2 n \leqslant C$ 总成立。

类似地,我们有 $f(n)=2n+3$ 是 $O(n)$ 的,是 $O(n\log_2 n)$ 的,也是 $O(n^2)$ 的,但不是 $O(\log_2 n)$ 的;$f(n)=n^2+3n+5$ 是 $O(n^2)$ 的,也是 $O(n^3)$ 的,但不是 $O(n)$ 的,也不是 $O(n\log_2 n)$ 的。

在用计算机程序求解问题时,如果问题为对 n 个实数进行排序或者统计 n 个学生的性别比例,此时我们称问题的规模(size)为 n。由于问题的性质不同,计算机进行计算的次数也不同,我们举例如下。

例 11.3 $n=100$,求 $\dfrac{n(n+1)}{2}$。

代码如下:

```
n = 100
int(n * (n + 1)/2)
```

输出结果为：

```
5050
```

这里代码执行了一次乘法、一次除法和一次类型转换，共 3 次计算，即便将 n 设为 1000，程序也仅仅执行 3 次计算，所以此问题的时间复杂性为 $O(1)$。注意：这里我们不考虑对 n 的赋值及计算后输出结果所用的时间。

例 11.4 $n=1000$，求满足 $2^x<n$ 的最大整数 x。

代码如下：

```
x,y,n = 1,0,1000
computeNums = 0
while x < n:
    x = x * 2
    y += 1
    computeNums += 4        #while 后的比较运算及上三行的运算
y -= 1
computeNums += 3            #while 最后一次不满足条件的比较和上两行的运算
y,computeNums
```

输出结果为：

```
(9,43)
```

我们着重分析代码 x = x * 2 的执行次数，while 代码块循环 i 次，则 $x=2^i$，从而这行代码共执行了 $\lfloor \log_2 1000 \rfloor + 1 = 10$ 次。加上其他代码的执行次数，代码总的执行次数充其量为 10 的某个常值倍数，比如这里无论如何超不过 $(\lfloor \log_2 1000 \rfloor + 1) \times 5$，所以此问题的时间复杂度为 $O(\log_2 n)$。由对数计算法则，$\forall c > 1, \log_c n = \dfrac{\log_2 n}{\log_2 c} \Rightarrow \log_2 n = C \log_c n$，从而 $\forall c > 1$，我们不再特意写出对数的底，简记为 $O(\log n)$。

例 11.5 随机产生 100 个介于 1 和 1000 的正整数，求出其中奇数的个数并求它们的和。

代码如下：

```
import numpy as np
summary = 0
oddNums = 0
np.random.seed(0)
#100 个介于 1 和 1000 的正整数
nums = np.random.randint(1,1001,size = 100)
#统计奇数的个数并求它们的和
for i in range(len(nums)):
    if nums[i] % 2 == 1:
        oddNums += 1
        summary += nums[i]
summary,oddNums
```

输出结果为：

(23083,43)

我们忽略一些细节，程序运算次数为 $43\times3=129$，尽管 43 不及 $n=100$ 的一半，但运算总次数 129 又超过了 n，我们仍说这个问题的时间复杂度为 $O(n)$。

例 11.6 随机产生一个长度为 100 的列表并按升序排列好，再从这个列表中随机抽出一个元素，求出它在列表中的索引；这样的工作重复 100 次，求平均每次需要做多少次运算，并说明此问题的时间复杂性。

如果我们将抽取的元素和列表中的元素逐一比较的话，从概率上来讲，分析比较的次数大体为 0.5×100 次，重复 100 次的话，应该比较 0.5×100^2 次，此时问题的时间复杂度为 $O(n^2)$。

由于列表已经被排好序，我们可以用二分法查找，二分法每次可以排除列表中一半的元素，从而每次查找的时间复杂度为 $O(\log n)$，重复 n 次的时间复杂度为 $O(n\log n)$。代码如下：

```python
total_searchTimes = 0
n = 100
np.random.seed(0)
for _ in range(100):
    #随机生成长度为 100 的列表
    nums = np.random.randint(1000, size = 100)
    #随机抽出一个元素
    index = np.random.randint(len(nums))
    select = nums[index]
    #列表排序
    nums = sorted(nums)
    #二分法查找元素,统计搜索次数
    left, right = 0, len(nums) - 1
    middle = int((left + right)/2)
    while True:
        if nums[middle] == select or nums[middle + 1] == select:break
        elif nums[middle] > select:
            right = middle
            middle = int((left + right)/2)
        else:
            left = middle
            middle = int((left + right)/2)
        total_searchTimes += 1
total_searchTimes, total_searchTimes/n
```

输出结果为：

(386,3.86)

这说明用二分法查找列表中的元素时，每次查找平均不超过 4 次，大致为 $\dfrac{\lceil 1+\log_2 n \rceil}{2}$ 次，运气最好时，1 次就可以查到，运气最差时也不过 $\lceil \log_2 n \rceil$ 次。

时间复杂度反映了随着问题规模 n 的增大，程序解决问题所需计算量的增加趋势。一般来说 $O(1)$，$O(\log n)$，$O(n)$，$O(n\log n)$，$O(n^2)$ 是可以接受的，但 $O(2^n)$，$O(n!)$，$O(n^n)$ 是不可接受的，在编写程序时应尽量避免。

11.2 一阶线性常系数递推关系

如果序列 $a_0, a_1, a_2, \cdots, a_n, \cdots$ 满足等式 $a_n - ra_{n-1} = f(n)$,其中 $n \geqslant 1$,r 为常数,我们称此等式为**一阶常系数线性递推关系**。当 $f(n) = 0$ 时,称此递推关系为**齐次的**,否则为**非齐次的**。在递推关系中预先给定的值称为**边界条件**,比如 $a_0 = A, a_1 = B$, A, B 为常数。表达式 $a_0 = A$ 称为**初始条件**。

对于一阶齐次线性递推关系 $a_n = ra_{n-1}$,有
$$a_1 = ra_0$$
$$a_2 = ra_1 = r^2 a_0$$
$$\vdots$$
$$a_n = ra_{n-1} = r^2 a_{n-2} = \cdots = r^n a_0$$

我们称 $a_n = cr^n, n \geqslant 1$ 为递推关系的**通解**,若给定初始条件 $a_0 = A$,则可得递推关系的**唯一解** $a_n = Ar^n, n \geqslant 1$。

对于一阶非齐次线性递推关系 $a_n = ra_{n-1} + f(n)$,我们有如下理论:

称 $a_n = ra_{n-1}$ 为非齐次递推关系所对应的齐次递推关系,将齐次递推关系的通解记为 $a_n^{(h)}$,这里有 $a_n^{(h)} = cr^n$,其中 c 为待定的常数;记 $a_n^{(p)}$ 为非齐次递推关系的一个特解,则非齐次递推关系 $a_n = ra_{n-1} + f(n)$ 的通解 $a_n = a_n^{(h)} + a_n^{(p)} = cr^n + a_n^{(p)}$。其中特解 $a_n^{(p)}$ 与 $f(n)$ 的形式有关。

如果 $f(n) = kb^n$,有如下结论:

当 $b \neq r$ 时,$a_n^{(p)} = Ab^n$,其中 A 为待定的常数;

当 $b = r$ 时,$a_n^{(p)} = Bnb^n$,其中 B 为待定的常数。

例 11.7 解递推关系 $a_n - 5a_{n-1} = 0, n \geqslant 1$,初始条件为 $a_0 = 100$。

这是一阶齐次线性递推关系,其中 $r = 5, a_0 = 100$,有 $a_n = c \times 5^n, n \geqslant 0$,将 $a_0 = 100$ 代入得 $c = 100$,从而 $a_n = 100 \times 5^n, n \geqslant 0$。

例 11.8 求解一阶线性非齐次递推关系 $a_n - a_{n-1} = 1, n \geqslant 1$,且 $a_0 = 0$。

由于 $r = 1, f(n) = 1 = 1^n = r^n$,从而 $a_n^{(p)} = Bn1^n = Bn$,$a_n = cr^n + a_n^{(p)} = cr^n + Bn$,由 $a_0 = 0, a_1 = 1$ 可知,$c = 0, B = 1$,从而 $a_n = n, n \geqslant 0$。

例 11.9 求解一阶非齐次线性递推关系 $H_n = 2H_{n-1} + 1, n \geqslant 2$,且 $H_1 = 1$。

本例就是汉诺塔移动次数问题。

易知 $H_n = c \times 2^n + A \times 1^n, n \geqslant 1$,因为 $H_1 = 1, H_2 = 3$,从而 $c = 1, A = -1$,即 $H_n = 2^n - 1$,$n \geqslant 1$。

例 11.10 求解一阶非齐次线性递推关系 $a_n = 3a_{n-1} + 5 \times 2^n, n \geqslant 1$,且 $a_0 = 4$。

设 $a_n = c \times 3^n + A \times 2^n$,由 $a_0 = 4, a_1 = 22$ 可得

$$\begin{cases} c + A = 4 \\ 3c + 2A = 22 \end{cases} \Rightarrow \begin{cases} c = 14 \\ A = -10 \end{cases}$$

从而 $a_n = 14 \times 3^n - 10 \times 2^n, n \geqslant 0$。

下面探讨 $f(n)$ 为关于 n 的多项式函数的情况,我们有如下结论:

若 $f(n)=p_m(n)$,$p_m(n)$ 为关于 n 的 m 次多项式函数,则:

当 $r\neq 1$ 时,$a_n=cr^n+q_m(n)$,其中 $q_m(n)$ 为关于 n 的 m 次多项式;

当 $r=1$ 时,$a_n=cr^n+nq_m(n)$,其中 $q_m(n)$ 为关于 n 的 m 次多项式。

例 11.11 求解一阶非齐次线性递推关系 $a_n=2a_{n-1}+n^2$,$n\geqslant 1$,并且 $a_0=1$。

这里 $r=2\neq 1$,故设 $a_n=c\times 2^n+An^2+Bn+C$,我们可以利用递推关系求出 a_0,a_1,a_2,$a_3,\cdots,a_9$,由于仅有 4 个待定的常数 c,A,B,C,所以仅需要知道 a_0,a_1,a_2,a_3 的值。我们用代码求解如下:

```
from numpy.linalg import solve
def a(n):
    if n == 0:return 1
    return 2 * a(n-1) + n ** 2
[a(i) for i in range(10)]
```

输出结果为:

```
[1, 3, 10, 29, 74, 173, 382, 813, 1690, 3461]
```

```
#求解线性方程组,A 为待定常数的系数,b 为常数项
A = [[1,0,0,1],
     [2,1,1,1],
     [4,4,2,1],
     [8,9,3,1]]
b = [1,3,10,29]
solve(A,b)
```

输出结果为:

```
array([ 7., -1., -4., -6.])
```

即 $a_n=7\times 2^n-n^2-4n-6$。

最后,我们验证结果 $a_n=7\times 2^n-n^2-4n-6$ 的正确性:

```
def A(n):
    return 7 * 2 ** n - n ** 2 - 4 * n - 6
[A(i) for i in range(10)]
```

输出结果为:

```
[1, 3, 10, 29, 74, 173, 382, 813, 1690, 3461]
```

与由递推关系算得的值相同。

例 11.12 求解递推关系 $a_n=a_{n-1}+n$,$n\geqslant 1$,且 $a_0=0$。

这里 $r=1$,设 $a_n=c+n(An+B)$,求出前三项的值代入可得 $a_n=n\left(\dfrac{1}{2}n+\dfrac{1}{2}\right)=\dfrac{1}{2}n^2+\dfrac{1}{2}n=\dfrac{n(n+1)}{2}$。另一方面,由递推关系式

$$a_1=a_0+1=1$$
$$a_2=a_1+2=1+2$$
$$a_3=a_2+3=1+2+3$$

$$\vdots$$
$$a_n = a_{n-1} + n = 1 + 2 + 3 + \cdots + n$$

也容易得到 $a_n = \dfrac{n(n+1)}{2}$。

例 11.13 求解一阶非齐次递归关系 $a_n = 5a_{n-1} + n^5 - n^2 + 2, n \geqslant 1, a_0 = 10$。

本题这里 $r = 5 \neq 1$，故设 $a_n = c \times 5^n + An^5 + Bn^4 + Cn^3 + Dn^2 + En + F$。首先用递归函数求出前 10 项：

```
def a(n):
    if n == 0: return 10
    return 5 * a(n-1) + n ** 5 - n ** 2 + 2
result = [a(i) for i in range(10)]
result
```

输出结果为：

```
[10, 52, 290, 1686, 9440, 50302, 259252, 1313020, 6597806, 33048000]
```

接下来，求出线性方程组

$$\begin{bmatrix} 5^0 & 0^5 & 0^4 & 0^3 & 0^2 & 0^1 & 0^0 \\ 5^1 & 1^5 & 1^4 & 1^3 & 1^2 & 1^1 & 1^0 \\ 5^2 & 2^5 & 2^4 & 2^3 & 2^2 & 2^1 & 2^0 \\ 5^3 & 3^5 & 3^4 & 3^3 & 3^2 & 3^1 & 3^0 \\ 5^4 & 4^5 & 4^4 & 4^3 & 4^2 & 4^1 & 4^0 \\ 5^5 & 5^5 & 5^4 & 5^3 & 5^2 & 5^1 & 5^0 \\ 5^6 & 6^5 & 6^4 & 6^3 & 6^2 & 6^1 & 6^0 \end{bmatrix} \cdot \begin{bmatrix} c \\ A \\ B \\ C \\ D \\ E \\ F \end{bmatrix} = \begin{bmatrix} 10 \\ 52 \\ 290 \\ 1686 \\ 9440 \\ 50\,302 \\ 259\,252 \end{bmatrix}$$

的解，代码如下：

```
import numpy as np
A = []
A.append([5 ** i for i in range(7)])
for i in range(5, -1, -1):
    A.append([j ** i for j in range(7)])
# 转置得系数矩阵
A = np.transpose(A)
# 前 7 项
b = result[:7]
s = solve(A, b)
s = np.round(s, 5)
s
```

输出结果为：

```
array([ 16.93555, -0.25  , -1.5625 , -4.6875 , -8.73437, -10.50781, -6.93555])
```

从而

$$a_n \approx 16.935\,55 \times 5^n - 0.25 n^5 - 1.5625 n^4 - 4.6875 n^3 - 8.734\,37 n^2 - 10.507\,81 n - 6.935\,55$$

进一步验证：

```
[int(np.dot(s,[5**n,n**5,n**4,n**3,n**2,n,1])) for n in range(10)]
```

输出结果为：

[10, 52, 290, 1686, 9440, 50302, 259252, 1313020, 6597807, 33048006]

后两项的误差很小。

最后，讨论 $f(n)$ 为一些项的和的情况，有如下结论：

若 $f(n)=f_1(n)+f_2(n)$，则 $a_n^{(p)}=a_n^{(p1)}+a_n^{(p2)}$，其中 $a_n^{(p1)}$，$a_n^{(p2)}$ 分别为 $f_1(n)$，$f_2(n)$ 对应的特解。

例 11.14 求解一阶线性非齐次递推关系 $a_n=2a_{n-1}+3^n+5^n$，$n\geqslant 1$，且 $a_0=1$。

首先用递推关系求出前 10 项：

```
def a(n):
    if n == 0:return 1
    return 2*a(n-1)+3**n+5**n
[a(i) for i in range(10)]
```

输出结果为：

[1, 10, 54, 260, 1226, 5820, 27994, 136300, 669786, 3312380]

设 $a_n=c\times 2^n+A\times 3^n+B\times 5^n$，求解代码如下：

```
A = [[1,1,1],[2,3,5],[4,9,25]]
b = [1,10,54]
result = solve(A,b)
result
```

输出结果为：

array([-3.66666667, 3.   , 1.66666667])

从而有 $a_n=-\dfrac{11}{3}\times 2^n+3^{n+1}+\dfrac{5^{n+1}}{3}$，$n\geqslant 0$，验证如下：

```
[int(-11/3*2**n+3*3**n+5/3*5**n) for n in range(10)]
```

输出结果为：

[1, 10, 54, 260, 1226, 5820, 27994, 136300, 669786, 3312380]

例 11.15 求解一阶线性非齐次递推关系 $a_n=2a_{n-1}+3\times 2^n+5n$，$n\geqslant 1$，且 $a_0=1$。

首先用递推关系求出前 10 项：

```
def a(n):
    if n == 0:return 1
    return 2*a(n-1)+3*2**n+5*n
a = [a(i) for i in range(10)]
a
```

输出结果为:

[1, 13, 48, 135, 338, 797, 1816, 4051, 8910, 19401]

设 $a_n = c \times 2^n + A \times n \times 2^n + B \times n + C$,用程序求解:

```
A = [ ]
A.append([2 ** i for i in range(4)])
A.append([i * 2 ** i for i in range(4)])
for i in range(1, -1, -1):
    A.append([j ** i for j in range(4)])
A = np.transpose(A)
b = a[:4]
result = solve(A,b)
result
```

输出结果为:

array([11.,   3.,   -5., -10.])

验证结果:

[int(np.dot(result,[2 ** n,n * 2 ** n, n,1])) for n in range(10)]

输出结果为:

[1, 13, 48, 135, 338, 797, 1816, 4051, 8910, 19401]

这说明递推关系的解为:$a_n = (11+3n)2^n - 5n - 10$。

我们对本节的内容加以概括:

对于一阶线性常系数递推关系 $a_n = ra_{n-1} + f(n)$,$n \geq 1$,且 a_0 给定,有如下结论。

(1) 如果 $f(n) = 0$,则 $a_n = a_0 r^n$。

(2) 如果 $f(n) = k \times b^n$,其中 k,b 为常数:

若 $b \neq r$,则 $a_n = cr^n + Ab^n$,其中 c,A 为待定的常数;

若 $b = r$,则 $a_n = (c + An)r^n$,其中 c,A 为待定的常数。

(3) 如果 $f(n)$ 为关于 n 的 m 次多项式函数 $p_m(n)$:

若 $r \neq 1$,则 $a_n = cr^n + q_m(n)$,其中 $q_m(n)$ 为关于 n 的 m 次多项式;

若 $r = 1$,则 $a_n = cr^n + nq_m(n)$,其中 $q_m(n)$ 为关于 n 的 m 次多项式。

(4) 如果 $f(n) = f_1(n) + f_2(n)$,则 $a_n = cr^n + a_n^{(p1)} + a_n^{(p2)}$,其中 $a_n^{(p1)}, a_n^{(p2)}$ 分别为 $f_1(n), f_2(n)$ 对应的待定特解。

11.3 二阶线性常系数递推关系

称 $a_n + C_1 a_{n-1} + C_2 a_{n-2} = f(n)$ 为二阶线性常系数递推关系,其中 C_1, C_2 为常数。如果 $f(n) = 0$,则称此递推关系为齐次的,否则称为非齐次的。一般情况下,在求解二阶递推关系时,需要两个初始值 a_0 与 a_1。

先考虑二阶齐次递推关系 $a_n + C_1 a_{n-1} + C_2 a_{n-2} = 0, n \geq 2$。我们尝试寻找 $a_n = cr^n$ 形式的解，其中 c, r 为非零常数。将 $a_n = cr^n$ 代入 $a_n + C_1 a_{n-1} + C_2 a_{n-2} = 0$，可得
$$cr^n + C_1 cr^{n-1} + C_2 cr^{n-2} = 0$$
即 $r^2 + C_1 r + C_2 = 0$。

称 $r^2 + C_1 r + C_2 = 0$ 为齐次递推关系 $a_n + C_1 a_{n-1} + C_2 a_{n-2} = 0$ 的特征方程。

根据特征方程 $r^2 + C_1 r + C_2 = 0$ 解的情况，对于二阶线性常系数齐次递推关系 $a_n + C_1 a_{n-1} + C_2 a_{n-2} = 0$ 的通解有如下结论：

(1) 如果特征方程有两个不相等的实根 r_1, r_2，则 $a_n = c_1 r_1^n + c_2 r_2^n$，其中 c_1, c_2 为待定的常数；

(2) 如果特征方程仅有一个单根 r(二重根)，则 $a_n = (c_1 + c_2 n) r^n$，其中 c_1, c_2 为待定的常数；

(3) 如果特征方程有一对共轭复根 $A(\cos\alpha \pm i\sin\alpha)$，则
$$a_n = A^n [c_1 \cos(n\alpha) + c_2 \sin(n\alpha)]$$
其中 c_1, c_2 为待定的常数。

例 11.16 求 $F_n = F_{n-1} + F_{n-2}, n \geq 2, F_0 = 0, F_1 = 1$。

递推关系产生的序列 $0, 1, 1, 2, 3, 5, 8, \cdots$ 称为斐波那契数，这是一个二阶线性常系数齐次递推关系，其特征方程为 $r^2 - r - 1 = 0$，解为 $r_1, r_2 = \frac{1 \pm \sqrt{5}}{2}$，递推关系通解的形式为

$$F_n = c_1 r_1^n + c_2 r_2^n = c_1 \left(\frac{1+\sqrt{5}}{2}\right)^n + c_2 \left(\frac{1-\sqrt{5}}{2}\right)^n$$

将 $F_0 = 0, F_1 = 1$ 代入求得 $c_1 = \frac{1}{\sqrt{5}}, c_2 = -\frac{1}{\sqrt{5}}$，从而 $F_n = \frac{\alpha^n - \beta^n}{\alpha - \beta}, n \geq 0$，其中 $\alpha = \frac{1+\sqrt{5}}{2}, \beta = \frac{1-\sqrt{5}}{2}$。

例 11.17 求 n 阶楼梯有多少种走法？假设一次只能上 1 阶或 2 阶。

将 n 阶楼梯的走法数记为 F_n，考虑第一步可以走的两种情况，我们有 $F_n = F_{n-1} + F_{n-2}$，$n \geq 3$，并且有 $F_1 = 1, F_2 = 2$。类似例 11.16 可得 $F_n = \frac{\alpha^{n+1} - \beta^{n+1}}{\alpha - \beta}, n \geq 1$。$n = 0$ 时记 $F_0 = 1$，我们认为 0 阶楼梯的走法为 1，也是可以说通的。

例 11.18 对于 $n \geq 0, S_0 = \emptyset, S_1 = \{1\}, S_2 = \{1, 2\}, \cdots, S_n = \{1, 2, 3, \cdots, n\}$，用 a_n 表示不含连续整数的 S_n 的子集数，求 a_n。

在计算 $a_n, n \geq 2$ 时，考虑 S_n 的满足条件的子集 A 有以下两种情况：

(1) $n \in A$，此时 $n-1 \notin A$，这种情况的个数为 a_{n-2}；

(2) $n \notin A$，这种情况的个数为 a_{n-1}。

从而有递推关系 $a_n = a_{n-1} + a_{n-2}, n \geq 2$，并且 $a_0 = |\{\emptyset\}| = 1, a_1 = |\{\emptyset, \{1\}\}| = 2$。

类似例 11.16，可以得到 $a_n = \frac{\alpha^{n+2} - \beta^{n+2}}{\alpha - \beta}, n \geq 0$。

例 11.19 求不出现连续两个 0 的长度为 n 的二进制数的个数 a_n。

从长度为 1 的二进制数开始，显然 $a_1 = 2$；

长度为 2 的不含连续两个 0 的二进制数有 $a_2=3$ 个：
$$01$$
$$10$$
$$11$$
长度为 3 的不含连续两个 0 的二进制数有以下两种情况：

(1) 最后一位为 0，这相当于长度为 1 的二进制数后面添加 10；

(2) 最后一位为 1，这相当于长度为 2 的二进制数后面添加 1。即

$$\left.\begin{matrix}0\\1\end{matrix}\right\}\Rightarrow\left\{\begin{matrix}010\\110\end{matrix}\right.$$

$$\left.\begin{matrix}01\\10\\11\end{matrix}\right\}\Rightarrow\left\{\begin{matrix}011\\101\\111\end{matrix}\right.$$

一般地，我们有 $a_n = a_{n-1} + a_{n-2}$，$n \geqslant 3$，其中 $a_1 = 2, a_2 = 3$。

代码求解如下：

```
from sympy import *
init_printing()
c1,c2 = symbols('c1 c2')
#特征根
a,b = (1 + sqrt(5))/2,(1 - sqrt(5))/2
#求常数 c1,c2 的值
eq1 = c1*a + c2*b - 2
eq2 = c1*a**2 + c2*b**2 - 3
solve([eq1,eq2])
```

输出结果为：

$$c_1, c_2 = \frac{1}{2} \pm \frac{3\sqrt{5}}{10}$$

从而 $a_n = \dfrac{\alpha^{n+2} - \beta^{n+2}}{\alpha - \beta}$，$n \geqslant 1$。

例 11.20 我们发现整数 6 的回文（左右对称）合成可以由 4 的回文合成按照如下方法得到：

$$4 \Rightarrow 6$$
$$2+2 \Rightarrow 2+2+2$$
$$1+2+1 \Rightarrow 1+4+1$$
$$1+1+1+1 \Rightarrow 1+1+2+1+1$$

$$4 \Rightarrow 1+4+1$$
$$2+2 \Rightarrow 1+2+2+1$$
$$1+2+1 \Rightarrow 1+1+2+1+1$$
$$1+1+1+1 \Rightarrow 1+1+1+1+1+1$$

6 的回文合成方式数为 4 的回文合成方式数的 2 倍。从而我们得到递推关系 $a_n - 2a_{n-2} = 0$，其中 $a_1 = 1, a_2 = 2$，根据递推关系容易得到序列 $a_1, a_2, a_3, \cdots$ 为：1,2,2,4,4,8,8,16,16,32,$\cdots$，容易得到递推关系的解为

$$a_n = \left(\frac{1}{2} + \frac{1}{2\sqrt{2}}\right)(\sqrt{2})^n + \left(\frac{1}{2} - \frac{1}{2\sqrt{2}}\right)(-\sqrt{2})^n = \begin{cases} 2^m, n=2m \\ 2^{m-1}, n=2m-1 \end{cases} = 2^{\lfloor \frac{n}{2} \rfloor}$$

这与我们观察到的序列是一致的。

例 11.21 求解递归关系 $a_n - 4a_{n-1} + 4a_{n-2} = 0, n \geq 2$，且 $a_0 = 0, a_1 = 1$。

递归关系对应的特征方程为 $r^2 - 4r + 4 = 0$，特征方程仅有一个单根 $r = 2$，从而设 $a_n = (c_1 + c_2 n) r^n$，将 $a_0 = 0, a_1 = 1$ 代入，求出 $c_1 = 0, c_2 = \dfrac{1}{2}$，得 $a_n = n 2^{n-1}, n \geq 0$。

例 11.22 求解递归关系 $a_n + a_{n-2} = 0, n \geq 2$，且 $a_0 = 0, a_1 = 1$。

观察递推关系式，容易知道解序列为 $0, 1, 0, -1, 0, 1, 0, -1, \cdots$，由经验可知 $a_n = \sin \dfrac{n\pi}{2}$，$n \geq 0$ 为此序列的解。

另一方面，递推关系对应的特征方程为 $r^2 + 1 = 0$，从而 $r_1, r_2 = \pm i = 1 \times \left(\cos \dfrac{\pi}{2} \pm i \sin \dfrac{\pi}{2}\right)$，因此有 $a_n = 1^n \left(c_1 \cos \dfrac{n\pi}{2} + c_2 \sin \dfrac{n\pi}{2}\right)$，将 $a_0 = 0, a_1 = 1$ 代入得 $c_1 = 0, c_2 = 1$，从而 $a_n = \sin \dfrac{n\pi}{2}, n \geq 0$。

例 11.23 对于常数 $b > 0$，求 n 阶行列式

$$D_n = \begin{vmatrix} b & b & 0 & 0 & 0 & \cdots & 0 & 0 & 0 & 0 & 0 \\ b & b & b & 0 & 0 & \cdots & 0 & 0 & 0 & 0 & 0 \\ 0 & b & b & b & 0 & \cdots & 0 & 0 & 0 & 0 & 0 \\ 0 & 0 & b & b & b & \cdots & 0 & 0 & 0 & 0 & 0 \\ \vdots & \vdots & \vdots & \vdots & \vdots & & \vdots & \vdots & \vdots & \vdots & \vdots \\ 0 & 0 & 0 & 0 & 0 & \cdots & b & b & b & 0 & 0 \\ 0 & 0 & 0 & 0 & 0 & \cdots & 0 & b & b & b & 0 \\ 0 & 0 & 0 & 0 & 0 & \cdots & 0 & 0 & b & b & b \\ 0 & 0 & 0 & 0 & 0 & \cdots & 0 & 0 & 0 & b & b \end{vmatrix}$$

的值。

将行列式按第一行展开可得递推关系 $D_n = b \times D_{n-1} - b \times b \times D_{n-2} = b D_{n-1} - b^2 D_{n-2}$，并且 $D_1 = b, D_2 = \begin{vmatrix} b & b \\ b & b \end{vmatrix} = 0$。

递推关系对应的特征方程为 $r^2 - br + b^2 = 0$，得

$$r_1, r_2 = b\left(\dfrac{1}{2} \pm i \dfrac{\sqrt{3}}{2}\right) = b\left(\cos \dfrac{\pi}{3} \pm i \sin \dfrac{\pi}{3}\right)$$

从而 $D_n = b^n \left(c_1 \cos \dfrac{n\pi}{3} + c_2 \sin \dfrac{n\pi}{3}\right), n \geq 1$，将 $D_1 = b, D_2 = 0$ 代入求得 $c_1 = 1, c_2 = \dfrac{1}{\sqrt{3}}$，我们有

$$D_n = b^n \left(\cos \dfrac{n\pi}{3} + \dfrac{1}{\sqrt{3}} \sin \dfrac{n\pi}{3}\right), n \geq 1$$

下面讨论二阶线性常系数非齐次递推关系 $a_n + C_1 a_{n-1} + C_2 a_{n-2} = f(n)$ 的解。类似一阶的情况，二阶线性常系数非齐次递推关系的通解依然由其相应的齐次递推关系的通解与它自身的特解之和构成，即 $a_n = a_n^{(h)} + a_n^{(p)}$，特解 $a_n^{(p)}$ 与 $f(n)$ 的形式有关。

首先讨论 $f(n) = b_m n^m + b_{m-1} n^{m-1} + \cdots + b_1 n + b_0$ 的情况，有结论：

$$a_n^{(p)} = q_{m+j}(n) = \sum_{i=0}^{m+j} d_i n^i$$

其中依据 1 不是相应齐次递推关系的特征方程的根、是单根、是重根，j 分别取值 0、1、2。

例 11.24 求递推关系的解 $a_n - 5a_{n-1} + 6a_{n-2} = n^2 - n, n \geqslant 2$，且 $a_0 = 1, a_1 = 2$。

用程序求解，首先用递归函数求出 a_n 的前 10 项：

```
def a(n):
    if n<=1:return n+1
    return 5*a(n-1)-6*a(n-2)+n**2-n
result = [a(i) for i in range(10)]
print(result)
```

输出结果为：

```
[1, 2, 6, 24, 96, 356, 1234, 4076, 13032, 40776]
```

由于其特征方程对应的特征根 $r_1 = 2, r_2 = 3$，1 不是特征方程的根，所以设 $a_n = c_1 2^n + c_2 3^n + An^2 + Bn + C$，其中 c_1, c_2, A, B, C 为待定的常数。

```
from numpy import transpose,dot
from numpy.linalg import solve
#求解待定常数
A = []
A.append([2**i for i in range(5)])
A.append([3**i for i in range(5)])
for i in [2,1,0]:
        A.append([j**i for j in range(5)])
A = transpose(A)
coef = solve(A,result[:5])
coef
```

输出结果为：

```
array([-7. ,  2.25,  0.5,  3. ,  5.75])
```

验证前 10 项的结果：

```
[round(dot(coef,[2**n,3**n,n**2,n,1]),0) for n in range(10)]
```

输出结果为：

```
[1.0, 2.0, 6.0, 24.0, 96.0, 356.0, 1234.0, 4076.0, 13032.0, 40776.0]
```

与递归函数所得序列完全相同。从而递推关系的解为：$a_n = -7 \times 2^n + \dfrac{3^{n+2}}{4} + \dfrac{n^2}{2} + 3n + \dfrac{23}{4}$。

例 11.25 求解递推关系 $a_n - 5a_{n-1} + 4a_{n-2} = n^2 - n, n \geqslant 2$，且 $a_0 = 1, a_1 = 2$。

本题和例 11.24 的唯一变化为 a_{n-2} 的系数，注意本例特征方程的一个特征根为 1。

首先求出前 10 项的值：

```
def a(n):
    if n<=1:return n+1
    return 5*a(n-1)-4*a(n-2)+n**2-n
result = [a(i) for i in range(10)]
print(result)
```

输出结果为:

[1, 2, 8, 38, 170, 718, 2940, 11870, 47646, 190822]

递推关系对应的特征方程为 $r^2-5r+4=0, r_1=1, r_2=4$,不妨设
$$a_n = c_1 \times 1^n + c_2 \times 4^n + An^3 + Bn^2 + Cn + D_1 = c \cdot 4^n + An^3 + Bn^2 + Cn + D$$
求出待定的系数:

```
A = []
A.append([4**i for i in range(5)])
for i in [3,2,1,0]:
    A.append([j**i for j in range(5)])
A = transpose(A)
coef = solve(A,result[:5])
coef
```

输出结果为:

array([0.72839506, -0.11111111, -0.44444444, -0.62962963, 0.27160494])

验证:

[round(dot(coef,[4**n,n**3,n**2,n,1]),0) for n in range(10)]

输出结果为:

[1.0, 2.0, 8.0, 38.0, 170.0, 718.0, 2940.0, 11870.0, 47646.0, 190822.0]

从而 $a_n \approx 0.72839506 \cdot 4^n - \dfrac{n^3}{9} - \dfrac{4n^2}{9} - \dfrac{629n}{999} + 0.27160494$。

例 11.26 求解递推关系 $a_n - 2a_{n-1} + a_{n-2} = n^2 - n, n \geqslant 2$,且 $a_0 = 1, a_1 = 2$。
求出前 10 项的值:

```
def a(n):
    if n<=1:return n+1
    return 2*a(n-1)-a(n-2)+n**2-n
result = [a(i) for i in range(10)]
print(result)
```

输出结果为:

[1, 2, 5, 14, 35, 76, 147, 260, 429, 670]

由于特征方程 $r^2 - 2r + 1 = 0$ 有二重根 $r_1 = r_2 = 1$,设 $a_n = (c_1 + c_2 n)1^n + An^4 + Bn^3 + Cn^2 + D_1 n + E_1 = An^4 + Bn^3 + Cn^2 + Dn + E$,求出待定常数:

```
A = []
for i in [4,3,2,1,0]:
    A.append([n**i for n in range(5)])
A = transpose(A)
coef = solve(A,result[:5])
coef
```

输出结果为：

array([0.08333333, 0.16666667, −0.08333333, 0.83333333, 1.])

验证：

[int(dot(coef,[n**4,n**3,n**2,n,1])) for n in range(10)]

输出结果为：

[1, 2, 5, 14, 35, 76, 147, 260, 429, 670]

从而 $a_n = \dfrac{n^4}{12} + \dfrac{n^3}{6} - \dfrac{n^2}{12} + \dfrac{n}{12} + 1$。

当 $f(n)=kc^n$ 时，有 $a_n^{(p)}=An^ic^n$，依据 c 不是相应齐次递推关系的特征方程的根、是单根、是重根，i 分别取值 0、1、2。

例 11.27　求解递推关系 $a_n + 3a_{n-1} + 2a_{n-2} = 4, n \geqslant 2$，且 $a_0=0, a_1=1$。

相应特征方程的根为 $r_1=-1, r_2=-2$，而 $f(n)=4 \times 1^n$，1 不是对应特征方程的根，从而设 $a_n = c_1(-1)^n + c_2(-2)^n + A$，将 $a_n^{(p)}=A$ 代入非齐次递推关系可得 $A+3A+2A=4$，解得 $A=\dfrac{2}{3}$，由 $a_0=0, a_1=1$ 可以确定 $c_1=-1, c_2=\dfrac{1}{3}$，因此有 $a_n=(-1)^{n+1}+\dfrac{(-2)^n}{3}+\dfrac{2}{3}$，$n \geqslant 0$。

例 11.28　求解递推关系 $a_n - 3a_{n-1} + 2a_{n-2} = 2^{n+1}, n \geqslant 2$，且 $a_0=0, a_1=1$。

$2^{n+1}=2 \times 2^n$，2 为特征方程 $r^2-3r+2=0$ 的一个单根，故可设 $a_n^{(p)}=kn2^n$，由 $a_n=c_1 \cdot 1^n + c_2 \cdot 2^n + k \cdot n \cdot 2^n$，将 $a_0=0, a_1=1, a_2=11$ 代入求得 $c_1=7, c_2=-7, k=4$，递推关系的解为 $a_n=7+(4n-7) \cdot 2^n$。验证如下：

```
def a(n):
    if n<=1:return n
    return 3*a(n-1)-2*a(n-2)+2**(n+1)
def A(n):return 7-7*2**n+n*2**(n+2)
print([a(i) for i in range(10)])
print([A(i) for i in range(10)])
```

输出结果为：

[0, 1, 11, 47, 151, 423, 1095, 2695, 6407, 14855]
[0, 1, 11, 47, 151, 423, 1095, 2695, 6407, 14855]

例 11.29　求解递推关系 $a_n - 4a_{n-1} + 4a_{n-2} = 5 \cdot 2^n, n \geqslant 2$，且 $a_0=0, a_1=1$。

2 为特征方程的二重根，设 $a_n=(c_1+c_2 n)2^n + kn^2 2^n$，将 $a_0=0, a_1=1, a_2=24$ 代入得 $a_n=(5n^2-4n) \cdot 2^{n-1}, n \geqslant 0$。验证如下：

```
def a(n):
    if n<=1:return n
    return 4*a(n-1)-4*a(n-2)+5*2**n
def A(n):return int((5*n**2-4*n)*2**(n-1))
print([a(i) for i in range(10)])
print([A(i) for i in range(10)])
```

输出结果为:

[0, 1, 24, 132, 512, 1680, 4992, 13888, 36864, 94464]
[0, 1, 24, 132, 512, 1680, 4992, 13888, 36864, 94464]

例 11.30 求解递推关系 $a_n - 2a_{n-1} + 4a_{n-2} = 3 \times 2^n, n \geq 2$,且 $a_0 = 0, a_1 = 1$。
首先求出前 10 项的值:

```
def a(n):
    if n <= 1:return n
    return 2 * a(n-1) - 4 * a(n-2) + 3 * 2 ** n
[a(n) for n in range(10)]
```

输出结果为:

[0,1,14,48,88,80,0,64,896,3072]

特征方程的根为 $r_1, r_2 = 2\left(\cos\dfrac{\pi}{3} \pm i\sin\dfrac{\pi}{3}\right)$,由于 2 不是特征方程的根,设 $a_n^{(p)} = A \cdot 2^n$,将特解代入递推关系式得 $A = 3$,设 $a_n = 2^n\left(c_1\cos\dfrac{n\pi}{3} + c_2\sin\dfrac{n\pi}{3}\right) + 3 \cdot 2^n$,由 $a_0 = 0, a_1 = 1$ 得到 $c_1 = -3, c_2 = -\dfrac{2}{\sqrt{3}}$,从而有

$$a_n = 2^n\left(3 - 3\cos\dfrac{n\pi}{3} - \dfrac{2}{\sqrt{3}}\sin\dfrac{n\pi}{3}\right), n \geq 0$$

验证如下:

```
def A(n):return round(2 ** n * (3 - 3 * cos(n * pi/3) - 2/3 ** .5 * sin(n * pi/3)),2)
[A(n) for n in range(10)]
```

输出结果为:

[0,1.0,14.0,48,88.0,80.0,0,64.0,896.0,3072]

接下来,讨论 $f(n) = f_1(n) + f_2(n)$ 的情况,有 $a_n^{(p)} = a_n^{(p1)} + a_n^{(p2)}$,其中 $a_n^{(p1)}, a_n^{(p2)}$ 分别为 $f_1(n), f_2(n)$ 对应的特解。

例 11.31 求解递推关系 $a_n - 4a_{n-1} + 3a_{n-2} = 2^n + 10, n \geq 2$,且 $a_0 = 0, a_1 = 1$。
先求出前 10 项的值:

```
def a(n):
    if n <= 1:return n
    return 4 * a(n-1) - 3 * a(n-2) + 2 ** n + 10
[a(n) for n in range(10)]
```

输出结果为:

[0,1,18,87,320,1061,3358,10387,31740,96321]

特征方程 $r^2 - 4r + 3 = 0$ 的根为 $r_1 = 1, r_2 = 3, f(n) = f_1(n) + f_2(n) = 2^n + 10 \times 1^n$。
设 $a_n = (c_1 \times 1^n + c_2 \times 3^n) + A \times 2^n + B \times n$,将 a_0, a_1, a_2, a_3 的值代入求解:

```
from numpy.linalg import solve
A = [[1,1,1,0],[1,3,2,1],[1,9,4,2],[1,27,8,3]]
b = [0,1,18,87]
solve(A,b)
```

输出结果为：

```
array([-1., 5., -4., -5.])
```

从而 $a_n = 5 \cdot 3^n - 4 \cdot 2^n - 5n - 1, n \geqslant 0$。

验证：

```
[5*3**n-4*2**n-5*n-1 for n in range(10)]
```

输出结果为：

```
[0,1,18,87,320,1061,3358,10387,31740,96321]
```

这里对二阶线性常系数非齐次递推关系 $a_n + C_1 a_{n-1} + C_2 a_{n-2} = f(n)$ 的特解 $a_n^{(p)}$ 总结如下：

(1) 如果 $f(n) = p_m(n) = \sum_{i=0}^{m} b_i n^i$，则 $a_n^{(p)} = q_{m+j}(n) = \sum_{i=0}^{m+j} d_i n^i$，其中依据 1 不是对应特征方程的根、是单根、是重根，j 分别取值 0、1、2。

(2) 如果 $f(n) = kc^n$，则 $a_n^{(p)} = An^i c^n$，依据 c 不是相应齐次递推关系的特征方程的根、是单根、是重根，i 分别取值 0、1、2。

(3) 如果 $f(n) = f_1(n) + f_2(n)$，则 $a_n^{(p)} = a_n^{(p1)} + a_n^{(p2)}$，其中 $a_n^{(p1)}, a_n^{(p2)}$ 分别为 $f_1(n)$，$f_2(n)$ 对应的特解。

二阶线性常系数递推关系解的结论可以推广到更高阶的情况，本节最后，讨论一个高阶线性常系数递推关系。

例 11.32 求解递推关系 $a_n - 4a_{n-1} + 5a_{n-2} - 2a_{n-3} = 2 \cdot 3^n + 3 \cdot 2^n + 6, n \geqslant 3$，且 $a_0 = 0, a_1 = 1, a_2 = 2$。

首先求出前 10 项的值：

```
def a(n):
    if n<=2:return n
    return 4*a(n-1)-5*a(n-2)+2*a(n-3)+2*3**n+3*2**n+6
print([a(n) for n in range(10)])
```

输出结果为：

```
[0, 1, 2, 87, 556, 2381, 8574, 28267, 88856, 272145]
```

特征方程为 $r^3 - 4r^2 + 5r - 2 = 0$，有根 $r_1, r_2 = 1, r_3 = 2$。设

$$a_n = [(c_1 + c_2 n) \cdot 1^n + c_3 \cdot 2^n] + A \cdot 3^n + B \cdot n \cdot 2^n + C \cdot n^2$$
$$= A \cdot 3^n + B \cdot n \cdot 2^n + c_3 \cdot 2^n + C \cdot n^2 + c_2 \cdot n + c_1$$

求解待定常数：

```
from numpy.linalg import solve
from numpy import transpose
```

```
A = []
A.append([3 ** n for n in range(6)])
A.append([n * 2 ** n for n in range(6)])
A.append([2 ** n for n in range(6)])
A.append([n ** 2 for n in range(6)])
A.append([n ** 1 for n in range(6)])
A.append([n ** 0 for n in range(6)])
A = transpose(A)
b = [0,1,2,87,556,2381]
solve(A,b)
```

输出结果为:

```
array([ 13.5, 12. , -96. , -3. , 49. , 82.5])
```

检验:

```
print([int(13.5 * 3 ** n + 12 * n * 2 ** n - 96 * 2 ** n - 3 * n ** 2 + 49 * n + 82.5) for n in range(10)])
```

输出结果为:

```
[0, 1, 2, 87, 556, 2381, 8574, 28267, 88856, 272145]
```

从而有 $a_n = 13.5 \times 3^n + 12 \times n \times 2^n - 96 \times 2^n - 3 \times n^2 + 49n + 82.5, n \geqslant 0$。

11.4 生成函数法求解递推关系

例 11.33 求解递推关系 $a_n - 2a_{n-1} = n, n \geqslant 1$,且 $a_0 = 1$。

$$a_1 - 2a_0 = 1 \Rightarrow (a_1 - 2a_0)x = a_1 x - 2a_0 x = x$$
$$a_2 - 2a_1 = 2 \Rightarrow (a_2 - 2a_1)x^2 = a_2 x^2 - 2a_1 x^2 = 2x^2$$
$$\cdots$$
$$a_n - 2a_{n-1} = n \Rightarrow (a_n - 2a_{n-1})x^n = a_n x^n - 2a_{n-1} x^n = nx^n$$

将所有等式相加,可得

$$\sum_{n=1}^{\infty} a_n x^n - 2 \sum_{n=1}^{\infty} a_{n-1} x^n = \sum_{n=1}^{\infty} n x^n \tag{11.1}$$

设 $f(x)$ 为序列 $a_0, a_1, a_2, \cdots$ 的生成函数,并且由 $\dfrac{x}{(1-x)^2} = x + 2x^2 + 3x^3 + \cdots$ 可知 $\dfrac{x}{(1-x)^2}$ 是序列 $0, 1, 2, 3, \cdots$ 的生成函数,因此式(11.1)可改写为

$$f(x) - a_0 - 2x f(x) = \frac{x}{(1-x)^2} \Rightarrow f(x) = \frac{1-x+x^2}{(1-2x)(1-x)^2}$$

用 sympy.apart() 函数把 $f(x)$ 分解为部分和:

```
from sympy import *
init_printing()
```

```
x = Symbol('x')
f = (-1 + 3 * x - 3 * x ** 2)/(1 - 2 * x)/(1 - x) ** 2
apart(f)
```

输出结果为：

$$-\frac{3}{2x-1}+\frac{1}{x-1}-\frac{1}{(x-1)^2}$$

由于

$$f(x)=\frac{3}{1-2x}-\frac{1}{1-x}-\frac{1}{(1-x)^2}=3\sum_{n=0}^{\infty}2^n x^n-\sum_{n=0}^{\infty}x^n-\sum_{n=0}^{\infty}(n+1)x^n$$

$$=\sum_{n=0}^{\infty}(3\cdot 2^n-n-2)x^n$$

从而 $a_n=3\cdot 2^n-n-2, n\geq 0$，验证如下：

```
def a(n):
    if n == 0:return 1
    return 2 * a(n-1) + n
def A(n):
    return 3 * 2 ** n - n - 2
[a(n) - A(n) for n in range(10)]
```

输出结果为：

[0,0,0,0,0,0,0,0,0,0]

例 11.34 求解递推关系 $a_n+2a_{n-1}-3a_{n-2}=n^2+n+1, n\geq 0, a_0=0, a_1=1$。

设序列 $a_0,a_1,a_2,\cdots$ 的生成函数为 $f(x)$，由

$$a_2 x^2+2a_1 x^2-3a_0 x^2=2^2 x^2+2x^2+x^2$$

$$a_3 x^3+2a_2 x^3-3a_1 x^3=3^2 x^3+3x^3+x^3$$

$$\cdots$$

$$a_n x^n+2a_{n-1}x^n-3a_{n-2}x^n=n^2 x^n+nx^n+x^n$$

相加可得

$$[f(x)-a_1 x-a_0]+2x[f(x)-a_0]-3x^2 f(x)$$

$$=\sum_{n=2}^{\infty}(n^2+n+1)x^n=\left[\sum_{n=0}^{\infty}(n^2+n+1)x^n\right]-3x-1$$

求解 $f(x)$

$$(1+2x-3x^2)f(x)=\left[\sum_{n=0}^{\infty}(n^2+n+1)x^n\right]-2x-1$$

$$=\frac{x(x+1)}{(1-x)^3}+\frac{x}{(1-x)^2}+\frac{1}{1-x}-2x-1$$

得到

$$f(x)=\frac{\dfrac{x(x+1)}{(1-x)^3}+\dfrac{x}{(1-x)^2}+\dfrac{1}{1-x}-2x-1}{(1+2x-3x^2)}$$

将其分解为部分和：

```
f1 = x * (x + 1)/(1 - x) ** 3
f2 = x/(1 - x) ** 2
f3 = 1/(1 - x)
f = (f1 + f2 + f3 - 2 * x - 1)/(1 + 2 * x - 3 * x ** 2)
apart(f)
```

得到

$$f(x) = \frac{13}{128} \cdot \frac{1}{1+3x} - \frac{81}{128} \cdot \frac{1}{1-x} + \frac{5}{32} \cdot \frac{1}{(1-x)^2} - \frac{1}{8} \cdot \frac{1}{(1-x)^3} + \frac{1}{2} \cdot \frac{1}{(1-x)^4}$$

考虑到 $\dfrac{1}{(1-x)^2} = \sum\limits_{n=0}^{\infty}(n+1)x^n$ 及 $\dfrac{1}{1-x}$ 为求和算子,我们有

$$a_n = \frac{13 \cdot (-3)^n}{128} - \frac{81}{128} + \frac{5(n+1)}{32} - \frac{1}{8}\sum_{i=0}^{n}(i+1) + \frac{1}{2}\sum_{i=0}^{n}\left[\sum_{j=0}^{i}(j+1)\right]$$

$$= \frac{13 \cdot (-3)^n}{128} + \frac{n^3}{12} + \frac{7n^2}{16} + \frac{85n}{96} - \frac{13}{128}$$

验证如下：

```
def a(n):
    if n <= 1:return n
    return -2 * a(n-1) + 3 * a(n-2) + n ** 2 + n + 1
def A(n):return round(13/128 * (-3) ** n + n ** 3/12 + 7/16 * n ** 2 + 85/96 * n - 13/128,1)
print([(a(i),A(i)) for i in range(10)])
```

输出结果为：

```
[(0, 0.0), (1, 1.0), (5, 5.0), (6, 6.0), (24, 24.0), (1, 1.0), (113, 113.0), (-166, -166.0),
(744, 744.0), (-1895, -1895.0)]
```

例 11.35 求解递推关系组 $\begin{cases} a_n = 2a_{n-1} + b_{n-1} \\ b_n = a_{n-1} + b_{n-1} \end{cases}, n \geq 1, a_0 = 1, b_0 = 0$。

设序列 $a_0, a_1, a_2, \cdots$ 和 $b_0, b_1, b_2, \cdots$ 的生成函数分别为 $f(x)$ 和 $g(x)$,由

$$\begin{cases} a_1 x = 2a_0 x + b_0 x \\ a_2 x^2 = 2a_1 x^2 + b_1 x^2 \\ \vdots \\ a_n x^n = 2a_{n-1} x^n + b_{n-1} x^n \end{cases} \quad \begin{cases} b_1 x = a_0 x + b_0 x \\ b_2 x^2 = a_1 x^2 + b_1 x^2 \\ \vdots \\ b_n x^n = a_{n-1} x^n + b_{n-1} x^n \end{cases}$$

相加可得

$$\begin{cases} f(x) - a_0 = 2xf(x) + xg(x) \\ g(x) - b_0 = xf(x) + xg(x) \end{cases} \Rightarrow \begin{cases} f(x) = \dfrac{1-x}{1-3x+x^2} \\ g(x) = \dfrac{x}{1-3x+x^2} \end{cases}$$

对分母因式分解,有 $1 - 3x + x^2 = (x - \alpha)(x - \beta)$,其中 $\alpha = \dfrac{3+\sqrt{5}}{2}, \beta = \dfrac{3-\sqrt{5}}{2}$,因此

$$f(x) = \frac{1-x}{1-3x+x^2} = \frac{5+\sqrt{5}}{10} \cdot \frac{1}{\alpha - x} + \frac{5-\sqrt{5}}{10} \cdot \frac{1}{\beta - x}$$

可得 $a_n = \dfrac{5+\sqrt{5}}{10} \cdot \beta^{n+1} + \dfrac{5-\sqrt{5}}{10} \cdot \alpha^{n+1}, n \geq 0$。

同样的方法可得 $b_n = \dfrac{-5-3\sqrt{5}}{10} \cdot \beta^{n+1} + \dfrac{-5+3\sqrt{5}}{10} \cdot \alpha^{n+1}, n \geq 0$。

11.5 杂例

本节讨论几个非常系数或非线性的例子。

例 11.36 求解递推关系 $a_n = n a_{n-1}, n \geq 1, a_0 = 1$。

使用迭代法，容易得到

$$a_n = n a_{n-1} = n \cdot [(n-1) a_{n-2}] = n \cdot (n-1) \cdot (n-2) \times \cdots \times 2 \times 1 \times a_0 = n!$$

例 11.37 求解递推关系 $a_n^2 = 3 a_{n-1}^2 + n, n \geq 1, a_n \geq 0, a_0 = 1$。

使用换元法，令 $b_n = a_n^2$，代入原式，得到一阶线性常系数递推关系式 $b_n = 3 b_{n-1} + n$，求出 $b_n = \dfrac{7 \cdot 3^n}{4} - \dfrac{n}{2} - \dfrac{3}{4}$，从而有 $a_n = \dfrac{\sqrt{7 \cdot 3^n - 2n - 3}}{2}, n \geq 0$。验证如下：

```
def a(n):
    if n == 0:return 1
    return (3 * a(n-1) ** 2 + n) ** .5
def A(n):return 0.5 * (7 * 3 ** n - 2 * n - 3) ** .5
[(round(a(i),2),round(A(i),2)) for i in range(10)]
```

输出结果为：

```
[(1, 1.0), (2.0, 2.0), (3.74, 3.74), (6.71, 6.71), (11.79, 11.79), (20.54, 20.54), (35.67, 35.67),
(61.83, 61.83), (107.13, 107.13), (185.58, 185.58)]
```

例 11.38 求与二分归并排序算法相关的递推关系 $\begin{cases} W(n) = 2W\left(\dfrac{n}{2}\right) + (n-1), n = 2^k \\ W(1) = 0 \end{cases}$ 的解，其中函数 $W(n)$ 指的是 n 个元素用二分归并排序算法所需的元素间的比较次数。

如对数组 $[6,2,1,4,3,5]$ 进行排序，算法首先将元素分为两组 $[6,2,1], [4,3,5]$，每组的比较次数为 $W\left(\dfrac{6}{2}\right) = W(3)$，现在假设经过 $2 \times W(3)$ 次比较后每组都已排好序，变为 $[1,2,6]$ 与 $[3,4,5]$，接下来还需对这两组进行归并，即 3 需要与 1,2,6 三个元素比较才能定位于 2 和 6 之间得 $[1,2,3,6]$，而 4,5 仅需与 6 比较即可定位。这样总共需要 $2W(3) + (6-1)$ 次比较。

用迭代法：

$$\begin{aligned} W(n) &= W(2^k) = 2W(2^{k-1}) + 2^k - 1 = 2^2 W(2^{k-2}) + (2^k - 2) + (2^k - 1) \\ &= 2^3 W(2^{k-3}) + (2^k - 2^2) + (2^k - 2^1) + (2^k - 2^0) \\ &= \cdots \\ &= 2^k W(2^0) + k \times 2^k - 2^k + 1 = n \log_2 n - n + 1 \end{aligned}$$

从而，用二分归并排序算法对规模为 n 的数组进行排序的时间复杂度为 $O(n \log n)$。

如果序列 $a_0, a_1, a_2, \cdots$ 和 $b_0, b_1, b_2, \cdots$ 的生成函数分别为 $f(x)$ 和 $g(x)$，令 $h(x) =$

$f(x) \cdot g(x)$，有
$$h(x) = f(x) \cdot g(x) = (a_0 + a_1 x + a_2 x^2 + \cdots) \cdot (b_0 + b_1 x + b_2 x^2 + \cdots)$$
$$= a_0 b_0 + (a_0 b_1 + a_1 b_0)x + (a_0 b_2 + a_1 b_1 + a_2 b_0)x^2 + \cdots$$
$$= \sum_{n=0}^{\infty} c_n x^n$$

其中 $c_n = a_0 b_n + a_1 b_{n-1} + \cdots + a_n b_0 = \sum_{i=0}^{n} a_i b_{n-i}$，称序列 $c_0, c_1, c_2, \cdots$ 为序列 $a_0, a_1, a_2, \cdots$ 和 $b_0, b_1, b_2, \cdots$ 的**卷积**。

例 11.39 对于一棵有根树而言，若任何一个节点的子节点都不超过两个，这样的树称为**二叉树**。根节点（可以拓展为任一节点）如果有两个子节点，我们以左边子节点为根，得到的子树称为给定树的**左子树**，类似地还有**右子树**。现在我们讨论共有 n 个节点（包含根节点）的二叉树总共有多少种。如 $a_1 = 1, a_2 = 2, a_3 = 5, n = 3$ 时的 5 种情况如图 11.1 所示，其中标号为 1 的节点为根节点。

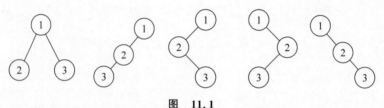

图 11.1

设有 $n+1$ 个节点的树共有 a_{n+1} 个 ($n \geqslant 0$)，且 $a_0 = 1$，现在将除了根节点外剩余的 n 个节点分为如下 $n+1$ 种情况：

左子树有 0 个节点，右子树有 n 个节点，对应的数量为 $a_0 \cdot a_n$；

左子树有 1 个节点，右子树有 $n-1$ 个节点，对应的数量为 $a_1 \cdot a_{n-1}$；

左子树有 2 个节点，右子树有 $n-2$ 个节点，对应的数量为 $a_2 \cdot a_{n-2}$；

$\cdots$

左子树有 n 个节点，右子树有 0 个节点，对应的数量为 $a_n \cdot a_0$。

从而有 $a_{n+1} = a_0 \cdot a_n + a_1 \cdot a_{n-1} + a_2 \cdot a_{n-2} + \cdots + a_n \cdot a_0$。

设 $a_0, a_1, a_2, \cdots$ 的生成函数为 $f(x)$，由
$$\sum_{n=0}^{\infty} a_{n+1} x^{n+1} = x \sum_{n=0}^{\infty} (a_0 \cdot a_n + a_1 \cdot a_{n-1} + a_2 \cdot a_{n-2} + \cdots + a_n \cdot a_0) x^n$$

可得 $f(x) - a_0 = x \cdot f^2(x)$，解得 $f(x) = \dfrac{1 \pm \sqrt{1-4x}}{2x}$。用程序测试一下这两个函数的幂级数展开式：

```
from sympy import *
init_printing()
x = Symbol('x')
f1,f2 = (1 + sqrt(1 - 4 * x))/(2 * x),(1 - sqrt(1 - 4 * x))/(2 * x)
series(f1),series(f2)
```

输出结果为：

$$\left(\frac{1}{x} - 1 - x - 2x^2 - 5x^3 - 14x^4 - 42x^5 + O(x^6),\ 1 + x + 2x^2 + 5x^3 + 14x^4 + 42x^5 + O(x^6) \right)$$

由于 $\dfrac{1+\sqrt{1-4x}}{2x}$ 幂级数展开式中 x^i 前方系数均为负，不是我们希望的，所以取 $f(x)=\dfrac{1-\sqrt{1-4x}}{2x}$。

$$f(x)=\frac{1}{2x}\left[1-(1-4x)^{\frac{1}{2}}\right]=\frac{1}{2x}\left\{1-\sum_{n=0}^{\infty}\left[C\left(\frac{1}{2},n\right)(-4x)^n\right]\right\}$$

后方 $\sum$ 和式中，x^n 前方系数为

$$C\left(\frac{1}{2},n\right)(-4)^n = \frac{\frac{1}{2}\times\left(\frac{1}{2}-1\right)\times\cdots\times\left(\frac{1}{2}-n+1\right)}{n!}\cdot(-4)^n$$

$$= -\frac{2^n\times 1\times 1\times 3\times\cdots\times(2n-3)}{n!}$$

$$= -\frac{(2n)!}{(2n-1)\cdot(n!)\cdot(n!)} = -\frac{1}{2n-1}\cdot C(2n,n)$$

所以 $f(x)$ 表达式中，x^{n-1} 的系数 $a_{n-1}=\dfrac{1}{2}\times\dfrac{1}{2n-1}\times C(2n,n)=\dfrac{1}{n}\times C(2n-2,n-1)$，从而有 $a_n=\dfrac{1}{n+1}\times C(2n,n)$，恰好为 Catalan 数。

这说明，有 n 个节点的二叉树共计有 $\dfrac{1}{n+1}\times C(2n,n)$ 种，$n\geqslant 0$。

计算机科学中有一种被称为**栈**(stack)的数据结构，栈近似一个列表，但存储数据的方式和列表不同。在插入新的数据时，stack 仅支持从一端插入，这一端被称为**栈顶**，对应的操作称为**入栈**(push)；数据的读取也从栈顶开始，对应的操作称为 peek；删除数据也必须从栈顶开始，此操作称为**出栈**(pop)，也就是说栈遵从"后进先出"的原则。

餐厅叠放的盘子、服装店叠放的帽子以及计算机博弈某局面的后续走法列表都必须遵从"后进先出"的存储原则。

大部分编程语言都内置 stack 数据类型，Python 认为 stack 是一种特殊的 list，append() 函数可以取代 push() 函数，而且 list 的 pop() 函数返回列表最后一个元素并从列表中删除这个元素。我们编写一个继承自 list 的类 stack 来描述这种数据结构：

```python
class stack(list):
    def __init__(self):
        self.items = []
    #末尾插入
    def push(self,item):
        self.items.append(item)
    #提取末尾元素
    def peek(self):
        return self.items[-1]
    #提取末尾元素并删除该元素
    def pop(self):
        return self.items.pop()
    #列表长度
    def size(self):
        return len(self.items)
```

使用这个类：

```
s1 = stack()
s1.push(100)
s1.push(50)
s1.size(),s1.peek(),s1.pop(),s1.size()
```

输出结果为：

```
(2,50,50,1)
```

如果栈中没有元素，则不允许进行出栈操作。现在将排好序的 n 个整数 $1,2,3,\cdots,n$ 依次入栈，如果当前栈的长度不为 0，在压入新的元素之前，我们对栈随机执行一个出栈或不出栈的操作，如果所有元素都已入栈，我们只能对当前栈选择出栈操作。问出栈元素可能有多少种排列方式？

如仅有两个元素 1 和 2 的情况，有如下两种入栈出栈方式：1 进、1 出、2 进、2 出；1 进、2 进、2 出、1 出。出栈顺序为：12 与 21。

有 1,2,3 三个元素的出栈方式有 123,213,231,321,132，但不能得到顺序 312。

事实上，可以将入栈操作看成左括号"("，将出栈操作看成右括号")"，括号的合法排列方式和这里的情况是一一对应的，因为任何时候，")"出现的次数不能超过"("出现的次数，从而出栈顺序数 a_n 为 Catalan 数 $\frac{1}{n+1}\times C(2n,n), n \geqslant 0$。

可以用序列的卷积方法作和二叉树相似的分析。

下面用程序模拟，求出栈顺序数：

```
import numpy as np
def PermPopStack(n):
    if n == 0:return 1
    result = set()
    for _ in range(n * 2000):                          #设置足够大的模拟次数
        L = list(range(n,0,-1))
        S = stack()
        popList = []
        #每一次操作只能是入栈或出栈,直到不能再操作为止
        while True:
            push = np.random.randint(2)
            if push == 1:
                if len(L)> 0:S.push(L.pop())           #入栈
                else:
                    if S.size()> 0:
                        popList.append(S.pop())        #出栈
                    else:
                        if len(L)> 0:S.push(L.pop())   #入栈
                        else:
                            result.add(tuple(popList)) #L与S均为空,操作不能再进行,统计
                                                       #出栈结果
                            break
    return len(result)
```

测试函数：

```
np.random.seed(0)
[PermPopStack(i) for i in range(8)]
```

输出结果为：

```
[1,1,2,5,14,42,132,429]
```

分别对应 $a_0, a_1, \cdots, a_7$ 的值。

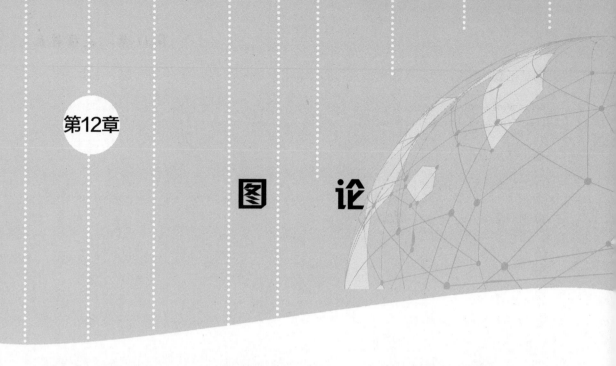

第12章

图 论

在第 8 章中,我们已经初步接触到用图来表示关系。实际上图模型的应用领域非常广泛。本章除了从数学的角度介绍图论的基本知识外,还将系统学习 networkx 库。

 12.1 图和图模型

一个图(Graph)$G=(V,E)$ 由**顶点**(Vertex)的非空集 V 和**边**(Edge)的集合 E 构成,每条边由一个或两个顶点相连。由一个顶点连接的边又称为**环**(Loop)。根据顶点的数量,图分为**无限图**和**有限图**,我们仅讨论有限图。

如果模型中不关心边的方向,称此图为**无向图**。例如中国的高速公路均为双向的,我们表达高速公路网时没有必要标出方向。在图论中,无向图的应用场景非常广泛。

例 12.1 现列出北京(BJ)、哈尔滨(HE)、沈阳(SY)、上海(SH)、深圳(SZ)、广州(GZ)、武汉(WH)、西安(XA)、郑州(ZZ)和拉萨(LS)10 个城市,画出它们的高铁交通图。

代码如下:

```
import networkx as nx
# 建立一个空的无向图
G = nx.Graph()
# 添加一个顶点
G.add_node('LS')
# 添加多个顶点
G.add_nodes_from(['BJ','HE','SY','SH','SZ','GZ','WH','XA','ZZ'])
# 添加一条边
G.add_edge('BJ','SY')
# 添加多条边
G.add_edges_from([('SY','HE'),('BJ','SH'),('BJ','ZZ'),('ZZ','XA'),('ZZ','WH'),('WH','GZ'),\
        ('GZ','SZ'),('SZ','SH'),('SH','WH'),('SH','ZZ'),('SH','BJ'),('SH','SY')])
# 输出顶点集与边集
print(G.nodes)
print(G.edges)
```

输出结果为:

```
['LS', 'BJ', 'HE', 'SY', 'SH', 'SZ', 'GZ', 'WH', 'XA', 'ZZ']
[('BJ', 'SY'), ('BJ', 'SH'), ('BJ', 'ZZ'), ('HE', 'SY'), ('SY', 'SH'), ('SH', 'SZ'), ('SH', 'WH'), ('SH','ZZ'),
('SZ', 'GZ'), ('GZ', 'WH'), ('WH', 'ZZ'), ('XA', 'ZZ')]
```

绘制图：

```
nx.draw(G,with_labels = True)
```

输出结果如图 12.1 所示。

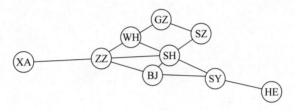

图 12.1

我们看到没有通往拉萨的高铁，称顶点 LS 为**孤立点**，它与图中其他顶点不连通。

注意，每次运行代码所在的单元格，得到的图的形状可能不太一样，它仅仅改变了各个顶点在图中的位置，不改变各顶点之间的连接情况。

我们删除顶点 LS，重新绘图：

```
G.remove_node('LS')
nx.draw(G,with_labels = True)
```

输出结果如图 12.2 所示。

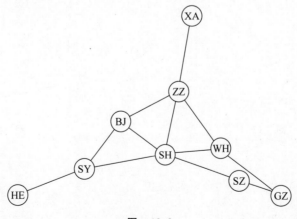

图 12.2

draw_shell()函数可将顶点排列成多边形：

```
nx.draw_shell(G,with_labels = True,font_weight = 'bold')
```

输出结果如图 12.3 所示。

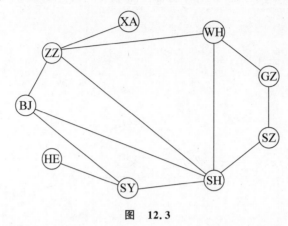

图 12.3

现在为 ZZ、BJ 和 SH 三个较为繁忙的城市添加环，以供机车临时检修：

```
G.add_edge('ZZ','ZZ')
G.add_edge('BJ','BJ')
G.add_edge('SH','SH')
nx.draw_shell(G,with_labels = True,font_weight = 'bold')
```

输出结果如图 12.4 所示。

如果两个顶点之间的边不止一条，这样的图称为**多重图**。如国内的公路网。若不考虑边的方向，则称为**多重无向图**。

例 12.2 用代码表达图 12.5 所示的多重无向图。

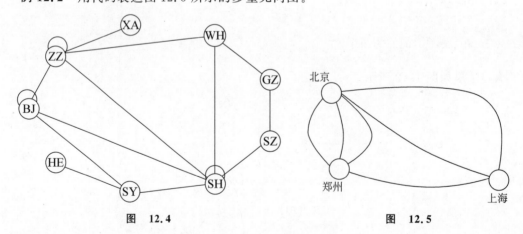

图 12.4　　　　　　　　　图 12.5

代码如下：

```
MG = nx.MultiGraph()  #建立一个空的多重无向图
MG.add_nodes_from(['BJ','SH','ZZ'])
MG.add_edges_from([('BJ','SH'),('SH','BJ'),('BJ','ZZ'),('ZZ','BJ'),('ZZ','BJ'),('ZZ','SH')])
print(MG.nodes)
print(MG.edges)
```

输出结果为:

```
['BJ', 'SH', 'ZZ']
[('BJ', 'SH', 0), ('BJ', 'SH', 1), ('BJ', 'ZZ', 0), ('BJ', 'ZZ', 1), ('BJ', 'ZZ', 2), ('SH', 'ZZ', 0)]
```

由于 networkx 画图是仅绘制直线,因此无法从图形上表示多重的特性。但它在数据底层来表达图的多重性,比如北京至郑州的三条边分别用索引 0,1,2 表示。

当需要考虑边的方向时,我们把"边带方向"的图称为**有向图**。

例 12.3 用 a,b,c 表示经济发达但旅游资源不丰富的城市,1,2,3 表示经济不发达但旅游资源丰富的城市,A,B 表示经济发达而且旅游资源丰富的城市,用有向图表示旅游旺季时人员的流动情况。

代码如下:

```
DG = nx.DiGraph()  #建立一个空的有向图
DG.add_nodes_from(['a','b','c','1','2','3','A','B'])
#添加有向边,体现人员流动情况
edges = []
for f in ['a','b','c','A','B']:
    for t in ['1','2','3']:
        edges.append((f,t))
for f in ['a','b','c']:
    for t in ['A','B']:
        edges.append((f,t))
edges.append(('A','B'))
edges.append(('B','A'))
DG.add_edges_from(edges)
nx.draw(DG,pos = nx.circular_layout(DG),with_labels = True,node_size = 500,node_color = 'pink')
```

输出结果如图 12.6 所示。

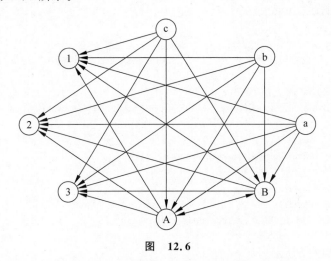

图 12.6

其中代码 nx.circular_layout(DG) 将 DG 中的顶点排列成圆形。

类似多重无向图,也有**多重有向图**,其创建方式为 nx.MultiDiGraph()。

例 12.4 A,B,C,D,E 五个中心城市,其中特级中心城市 A,B 建有三个大数据处理中心,其余三个城市每个城市建有两个大数据中心,不同城市的不同数据中心之间可以实现数据互相通信。用多重有向图表达这个模型并计算图中边的数目。

代码如下：

```
nodes = ['A','B','C','D','E']
database_nums = [3,3,2,2,2]
MDG = nx.MultiDiGraph()
#不同城市间添加多重有向边，其重数与终点城市的大数据处理中心个数相同
edges = []
for index,node in enumerate(nodes):
    for i,n in enumerate(nodes):
        if index!= i:
            for _ in range(database_nums[i]):
                edges.append((nodes[index],nodes[i]))
MDG.add_edges_from(edges)
len(MDG.edges)
```

输出结果为：

```
48
```

另外，如果一个图既没有环也没有多重边，这样的图称为**简单图**。

我们根据前面介绍的基本知识对以下几个问题建模，并用合理的图模型表达。

例12.5 从一个较大的单位随机抽出50个员工，以这50个员工为顶点，如果某两个员工之间互相认识，我们为这两个员工所对应的顶点之间添加一条无向边。绘制此无向图，并显示员工在单位中的活跃程度。

代码如下：

```
import numpy as np
nodes = list(range(1,51))
#生成50个介于[0,0.2)的随机数，作为员工的活跃度
np.random.seed(0)
active = np.random.rand(50)
active = active * 0.2
edges = []
#任取两个顶点，根据它们的活跃度确定是否添加边(活跃度之和越大，添加边的可能性越大)
for i in range(49):
    for j in range(i+1,50):
        knows = np.random.choice([1,0],p = [active[i] + active[j],1 - active[i] - active[j]])
        if knows:
            edges.append((nodes[i],nodes[j]))
G = nx.Graph()
G.add_nodes_from(nodes)
G.add_edges_from(edges)
nx.draw_circular(G,with_labels = True,node_color = list([0.8,1 - i * 5,1 - i * 5] for i in active))
```

输出结果如图12.7所示。

这里，我们设置了顶点的颜色，用不同颜色来体现顶点的活跃程度，活跃程度越高，顶点的绿色与蓝色强度值越大。

例12.6 我们随机生成20个1至50的整数用以评价20个人的学识、品格及社会活跃度的综合分值。若A的分值为a，B的分值为b，当$b-a>30$时，B对A有影响(假设人性都是向善的)，影响程度为$b-a-30$，用有向图的相关理论表达这个模型。

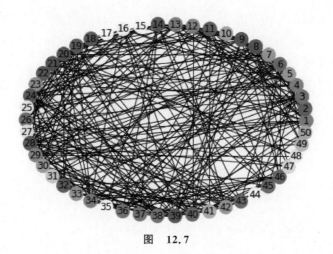

图 12.7

代码如下：

```
DG = nx.DiGraph()
np.random.seed(0)
nodesIndex = list(range(20))
score = np.random.randint(1,51,size = 20)
#添加顶点,并确定顶点的颜色 b
for index in nodesIndex:
    DG.add_node(index,color = (0.5,1 - score[index]/50,1 - score[index]/50))
#所有顶点的颜色构成的列表
colors = [DG.nodes.data()[i]['color'] for i in range(20)]
#任取两个顶点,若它们之间有影响,添加有向边,同时用边的宽度体现影响的大小(影响越大边越宽)
for node in range(19):
    for n in range(node + 1,20):
        affect = score[node] - score[n]
        if affect > 30:
            DG.add_edge(node,n,width = (affect/10 - 3) * 3)
        if affect < - 30:
            DG.add_edge(n,node,width = ( - affect/10 - 3) * 3)
#所有边的宽度构成的列表
width = [w for (u,v,w) in DG.edges.data('width')]
nx.draw(DG,pos = nx.circular_layout(DG),with_labels = True,node_color = colors,width = width)
```

输出结果如图 12.8 所示。

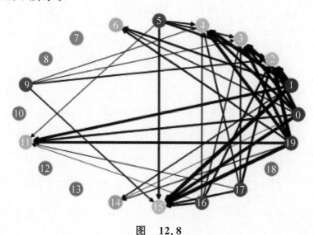

图 12.8

例 12.7 我们观察一个圈子里 30 个人在某天 24 小时内的通电话情况。在此期间,如果 a 打电话给 b 一次,我们就由顶点 a 向顶点 b 画一条有向边,并且记录通电话的时间(称为边的一个属性)。这是一个多重有向图模型。

如果由 a 至 b 和由 b 至 a 的边数较多,我们认为二者关系较密切。在这些边中,如果通电话的时间这个属性大多集中在白天,我们认为二者可能是商业关系;如果大多集中在晚上,我们认为他们有可能是家人关系。

首先定义函数 Generate_Time(),用于随机生成时间,代码如下:

```python
import datetime
def Generate_Time(start,end,n=1,frmt='%Y-%m-%d %H:%M:%S',bOnlyDisplayTime=False):
    #转换时间格式
    start_time = datetime.datetime.strptime(start,frmt)
    end_time = datetime.datetime.strptime(end,frmt)
    #随机生成n个时间
    time_datetime = [np.random.random() * (end_time - start_time) + start_time for _ in range(n)]
    #转换时间格式
    time_str = [time.strptime(frmt) for time in time_datetime]
    #显示时刻信息
    if bOnlyDisplayTime:
        time_str = [t.split(' ')[1] for t in time_str]
    return time_str
#随机生成2021年1月1日的5个时间,并显示时刻信息
np.random.seed(0)
times = Generate_Time('2021-1-1 00:00:00','2021-1-1 23:59:59',n=5,bOnlyDisplayTime=True)
times
```

输出结果为:

```
['13:10:16', '17:09:51', '14:27:58', '13:04:37', '10:10:03']
```

然后,随机产生 50 对家庭组与 50 对商业组:

```python
np.random.seed(0)
family_couples = []
business_couples = []
#随机产生50对家庭组
couples_count = 0
while couples_count < 50:
    [u,v] = np.random.randint(1,51,size=2)
    if u == v:continue
    if [u,v] in family_couples or [v,u] in family_couples:continue
    family_couples.append([u,v])
    couples_count += 1
#随机产生50对商业组
couples_count = 0
while couples_count < 50:
    [u,v] = np.random.randint(1,51,size=2)
    if u == v:continue
    if [u,v] in family_couples or [v,u] in family_couples:continue
    if [u,v] in business_couples or [v,u] in business_couples:continue
    business_couples.append([u,v])
    couples_count += 1
```

接下来,随机产生一天内的通话记录,并记录通话时刻属性 time:

```python
MDG = nx.MultiDiGraph()
nodes = list(range(1,51))
familyTime = ['17:00:00','23:00:00']
businessTime = ['09:00:00','18:00:00']
MDG.add_nodes_from(nodes)
np.random.seed(0)
for u in range(49):
    for v in range(u + 1,50):
        # 当两个顶点位于家庭组时,随机产生"家庭时间"的通话,添加有向边并记录通话时刻
        if [nodes[u],nodes[v]] in family_couples or [nodes[v],nodes[u]] in family_couples:
            for _ in range(6):
                bCall = np.random.randint(2)
                if bCall:
                    callTime = Generate_Time('1900 - 1 - 1 ' + familyTime[0],'1900 - 1 - 1 ' + familyTime[1],
                                             bOnlyDisplayTime = True)
                    MDG.add_edge(nodes[u],nodes[v],time = callTime[0])
                bCall = np.random.randint(2)
                if bCall:
                    callTime = Generate_Time('1900 - 1 - 1 ' + familyTime[0],'1900 - 1 - 1 ' + familyTime[1],
                                             bOnlyDisplayTime = True)
                    MDG.add_edge(nodes[v],nodes[u],time = callTime[0])
        # 当两个顶点位于商业组时,随机产生"工作时间"的通话,添加有向边并记录通话时刻
        elif [nodes[u],nodes[v]] in business_couples or [nodes[v],nodes[u]] in business_couples:
            for _ in range(6):
                bCall = np.random.randint(2)
                if bCall:
                    callTime = Generate_Time('1900 - 1 - 1 ' + businessTime[0],'1900 - 1 - 1 ' + businessTime[1],
                                             bOnlyDisplayTime = True)
                    MDG.add_edge(nodes[u],nodes[v],time = callTime[0])
                bCall = np.random.randint(2)
                if bCall:
                    callTime = Generate_Time('1900 - 1 - 1 ' + businessTime[0],'1900 - 1 - 1 ' + businessTime[1],
                                             bOnlyDisplayTime = True)
                    MDG.add_edge(nodes[v],nodes[u],time = callTime[0])
        # 当两个顶点既不在家庭组也不在商业组时,随机产生一天内的通话,添加有向边并记录通话
        # 时刻(产生通话的可能性要比在家庭组或商业组的小)
        else:
            bCall = np.random.randint(3)
            if bCall == 0:
                callTime = Generate_Time('1900 - 1 - 1 00:00:00','1900 - 1 - 1 23:59:59',
                                         bOnlyDisplayTime = True)
                MDG.add_edge(nodes[u],nodes[v],time = callTime[0])
            bCall = np.random.randint(3)
            if bCall == 0:
                callTime = Generate_Time('1900 - 1 - 1 00:00:00','1900 - 1 - 1 23:59:59',
                                         bOnlyDisplayTime = True)
                MDG.add_edge(nodes[v],nodes[u],time = callTime[0])
```

最后，我们可以按照 time 属性，统计一天内不同时间段通话的数量：

```
from collections import defaultdict
from operator import itemgetter
family = defaultdict(int)
business = defaultdict(int)
for (u,v,t) in MDG.edges.data('time'):
    #统计顶点 u 与 v 之间属于"家庭时间"的通话数量(这里没有区分谁打给谁)
    if t >= familyTime[0] and t < familyTime[1]:
        if u < v:family[(u,v)] += 1
        else:family[(v,u)] += 1
    #统计顶点 u 与 v 之间属于"工作时间"的通话数量(这里没有区分谁打给谁)
    if t >= businessTime[0] and t < businessTime[1]:
        if u < v:business[(u,v)] += 1
        else:business[(v,u)] += 1
#按通话数量由多到少排序
family = sorted(family.items(),key = itemgetter(1),reverse = True)
business = sorted(business.items(),key = itemgetter(1),reverse = True)
#输出前 10 个
family[:10],business[:10]
```

输出结果为：

```
([((2, 33), 10), ((1, 19), 9), ((9, 14), 9), ((10, 20), 9), ((24, 47), 9),
  ((5, 16), 8), ((12, 21), 8), ((26, 38), 8), ((1, 36), 7), ((1, 37), 7)],
 [((3, 24), 9), ((22, 40), 9), ((30, 48), 9), ((37, 50), 9), ((3, 25), 8),
  ((4, 46), 8), ((14, 46), 8), ((14, 49), 8), ((17, 26), 8), ((17, 33), 8)])
```

这里只显示了结果的一部分，可以看出 1,19,36,37 可能是家庭关系，而 3,24,25 可能是商业关系。

例 12.8 在例 12.7 中，多重有向图可能包含更多的信息，比如具有商业关系的供应方 a 与采购方 b，如果 a 到 b 的边的数量远远多于 b 到 a 的边的数量，我们大致可以判定当前为买方市场，反之为卖方市场。但如果并不关心这些细节，我们仅需知道二者是否为家庭关系或商业关系，用多重无向图表示这个模型更合适。

代码如下：

```
#多重有向图转换为多重无向图
MG = nx.MultiGraph(MDG)
info = list(MG.edges.data('time'))
for (u,v,t) in info:
    if u == 2 and v == 33:
        print(u,v,t)
```

输出结果为：

```
2 33 20:42:26
2 33 17:53:19
2 33 19:59:03
2 33 17:49:17
```

> **注意**：代码 MG＝nx.MultiGraph(MDG)将多重有向图转换为多重无向图时没有合并有向边，而是只保留了多重有向图两顶点间一个方向上的重边(上方代码中'u==2 and v==33'替换为'u==33 and v==2'，输出结果为空，也就是 33 指向 2 的 6 条边在转换为无向图时消失了)。

例 12.9 以城市道路的十字(或丁字)路口为顶点，如果两个路口之间有道路，则这两个顶点之间连一条无向边；如果为单行线，则连接一条有向边。这是一个**多重混合图模型**。

这里我们不考虑有向和多重的情况，为此问题建模并绘图，代码如下：

```
G = nx.Graph()
edges = [('a','b'),('b','c'),('c','d'),('a','e'),('b','f'),('c','g'),('d','g'),\
    ('e','f'),('f','g'),('e','h'),('f','i'),('g','j'),('h','i'),('i','j')]
G.add_edges_from(edges)
nx.draw_networkx(G,node_color = 'pink')
```

输出结果如图 12.9 所示。

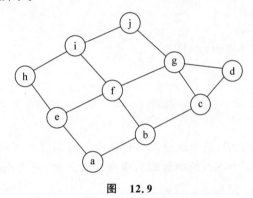

图 12.9

这种网格图也是一种常见的图，常应用在路面导航系统及社会网格管理等平面系统中。

12.2 图的基本术语和几种特殊的图

在无向图 G 中，若 u 和 v 是边 e 的两个端点，则称顶点 u 和 v 在 G 中**邻接**。和顶点 u 邻接的所有顶点称为 u 的**邻居**，记为 $N(u)$。并称 $|N(u)|$ 为顶点 u 的**度**，记为 $\deg(u)$。

例 12.10 求例 12.9 中顶点 a,b,f 的邻居以及度。

代码如下：

```
G = nx.Graph()
edges = [('a','b'),('b','c'),('c','d'),('a','e'),('b','f'),('c','g'),('d','g'),\
    ('e','f'),('f','g'),('e','h'),('f','i'),('g','j'),('h','i'),('i','j')]
G.add_edges_from(edges)
#邻居的不同获取方式
list(G['a']),list(G.adj['b']),list(G.edges(['f']))
```

输出结果为：

```
(['b', 'e'], ['a', 'c', 'f'], [('f', 'b'), ('f', 'e'), ('f', 'g'), ('f', 'i')])
```

求度的代码为:

```
list(G.degree(['a','b','f']))
```

输出结果为:

```
[('a', 2), ('b', 3), ('f', 4)]
```

设 $G=(V,E)$ 是有 n 条边(可以包含环)的无向图,则 $2n=\sum_{v\in V}\deg(v)$。这是因为在计算各顶点的度时,每条边恰好被计算两次。易知,无向图中度为奇数的顶点个数一定为偶数个。

例 12.11 求图 12.10 中所有顶点的度之和。

代码如下:

```
MG = nx.MultiGraph()
edges = [['BJ','ZZ'] * 3,['BJ','SH'] * 2,['SH','ZZ'],['SH','SH']]
edges = np.array(sum(edges,[])).reshape(7,2)  #7 条边
MG.add_edges_from(edges)
#所有顶点的度求和
sum([p_d[1] for p_d in MG.degree()])
```

输出结果为:

```
14
```

恰为边(包括环)数的 2 倍,其中顶点北京和顶点上海的度数均为 5。

在有向图中,以顶点 u 为终点的边数称为顶点 u 的**入度**,记为 $\deg^-(u)$;以顶点 u 为起点的边数称为顶点 u 的**出度**,记为 $\deg^+(u)$。

例 12.12 求图 12.11 中顶点 1 的入度和出度。

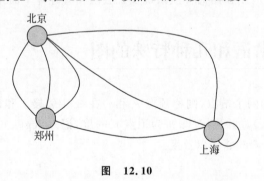

图 12.10 　　　　　图 12.11

代码如下:

```
DG = nx.DiGraph()
DG.add_edges_from([(1,2),(1,3),(2,1),(2,4),(2,5),(3,1),(3,5),(4,1),(5,1)])
Pre = list(DG.predecessors(1))    #顶点 1 的前置顶点
Succ = list(DG.successors(1))     #顶点 1 的后置顶点
print(Pre,len(Pre))
print(Succ,len(Succ))
print(list(DG[1]))                #顶点 1 的邻居
```

输出结果为:

```
[2, 3, 4, 5] 4
[2, 3] 2
[2, 3]
```

可以看到有向图中顶点 u 的邻居指的是以 u 为起点的边所对应的终点。

一个有向图 $G=(V,E)$ 中,显然有 $\sum_{v \in V} \deg^-(v) = \sum_{v \in V} \deg^+(v) = |E|$。

有 n 个顶点的无向简单图中,如果任意两个顶点之间恰有一条边,我们称此图为 n 个顶点的**无向完全图**,记为 K_n。有 n 个顶点的有向简单图中,如果任意两个顶点之间都恰有一对方向相反的边,我们称此图为 n 个顶点的**有向完全图**。

例 12.13 绘制无向完全图 K_5。

代码如下:

```
G = nx.complete_graph([1,2,3,4,5])
nx.draw_circular(G,with_labels = True)
```

输出结果如图 12.12 所示。

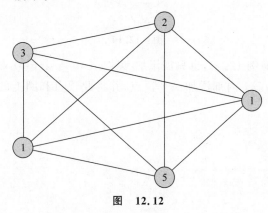

图 12.12

例 12.14 绘制有 6 个顶点的有向完全图。

代码如下:

```
G = nx.complete_graph(6,create_using = nx.DiGraph())
nx.draw_circular(G)
```

输出结果如图 12.13 所示。

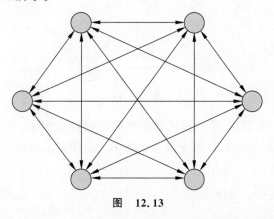

图 12.13

圈图 C_n 由 n 个顶点 $v_1, v_2, \cdots, v_n$ 及边 $v_1v_2, v_2v_3, \cdots, v_nv_1$ 组成,依据边是否带方向,也分为无向圈图与有向圈图。

例 12.15 绘制无向圈图 C_5。

代码如下：

```
G = nx.cycle_graph(5)
nx.draw(G, with_labels = True)
```

输出结果如图 12.14 所示。

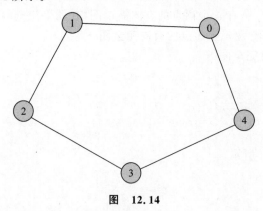

图 12.14

有向圈图的绘制类似例 12.14,也只需添加参数 create_using=nx.DiGraph()。

给无向圈图 $C_{n-1}, n \geqslant 4$ 内部添加一个顶点,并将此顶点和圈上的每一个顶点相连,得到的图称为**轮图** W_n。

例 12.16 绘制 W_7。

代码如下：

```
G = nx.wheel_graph(7)
nx.draw(G)
```

输出结果如图 12.15 所示。

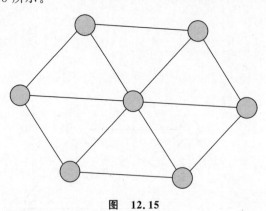

图 12.15

超立方图 Q_n 有 2^n 个顶点,顶点用长度为 n 的二进制数表示,如果顶点 a 与顶点 b 仅有一位数字不同,则 a 与 b 之间有一条无向边。如 Q_3 的顶点 000 和 010 之间有边,而 000 和 110 之间没有边。

例 12.17 绘制 Q_2, Q_3, Q_4, Q_5。

代码如下:

```
import matplotlib.pyplot as plt
ns = [2,3,4,5]
subs = [221,222,223,224]
#绘制4个子图
for n,sub in zip(ns,subs):
    plt.subplot(sub)
    nx.draw(nx.hypercube_graph(n),with_labels = True if n <= 3 else False)
plt.show()
```

输出结果如图 12.16 所示。

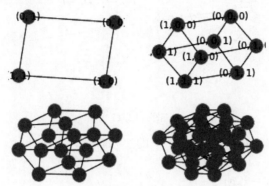

图 12.16

容易知道:超立方图 Q_n 每个顶点的度为 n,边的总数量为 $n\times 2^{n-1}$。Q_{n+1} 可以由 Q_n 按照如下方式构造:首先建立 Q_n 的两个副本,在第一个副本的每个顶点标记前添加 0,在第二个副本的每个顶点标记前添加 1,然后连接两个副本中后 n 位完全相同的顶点。

如果无向图 $G=(V,E)$ 的顶点可以分为两部分 V_1,V_2,满足 $V=V_1\cup V_2,V_1\cap V_2=\varnothing$,$\forall e\in E, e$ 的两个端点分别属于 V_1 和 V_2,称这样的图为**二分图**。

无向圈图 C_3,C_5 不是二分图,但 C_2,C_4,C_6 是二分图;$n\geqslant 3$ 时,无向完全图 K_n 不是二分图;当 $n\geqslant 2$ 时,超立方图 Q_n 是二分图(将以 00 和 11 开头的顶点添加至集合 V_1,将以 01 和 10 开头的顶点添加至集合 V_2)。

G 是一个二分图,当且仅当能够对图 G 中的每个顶点赋予两种不同的颜色,使得没有两个相邻的顶点被赋予相同的颜色。

如果在图中发现一个长度为 3 的圈,则 G 一定不是二分图。

networkx 没有构造一般二分图的函数,但可以通过调用函数 nx.is_bipartite(G) 判断图 G 是否为二分图。

例 12.18 观察以下代码:

```
G = nx.Graph()
G.add_edges_from([('a','c'),('a','e'),('a','f'),('a','g'),('b','c'),('b','e'),('b','f'),('c','d'),\
    ('d','e'),('d','f'),('d','g')])
nx.draw_shell(G,with_labels = True)
print(nx.is_bipartite(G))
G.add_edge('a','b')
nx.is_bipartite(G)
```

输出结果为:

```
True
False
```

没有添加边 ab 之前的图如图 12.17 所示。没有添加边 ab 之前的图是二分图,添加后则不是。

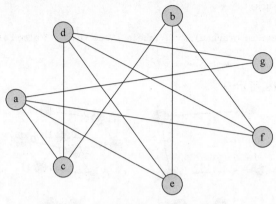

图 12.17

如果 $\forall u \in V_1, v \in V_2$,$uv$ 为二分图 G 中的边,如果 $|V_1|=m$,$|V_2|=n$,则称 G 为**完全二分图**,记为 $K_{m,n}$。

例 12.19 绘制完全二分图 $K_{3,4}$。

代码如下:

```
G = nx.complete_bipartite_graph(3,4)
nx.draw(G)
```

输出结果如图 12.18 所示。

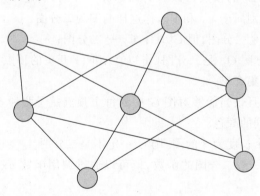

图 12.18

在图 12.18 中,顶点度数为 4 的顶点集合为 V_1,顶点度数为 3 的顶点集合为 V_2。

二分图可以为许多问题建模,较为常见的有任务匹配。

一般定义顶点集 V_1 为员工集,顶点集 V_2 为任务集,如果员工 e 能够完成任务 t,则顶点 e 和 t 之间连一条边,并称顶点 e 和 t 被**匹配**。

尽管可以通过代码判定一个图是否为二分图,也可以直接构造完全二分图,但不能较容易地从图中看到我们关心的信息,现自定义函数 create_bipartite_graph() 实现二分图的绘制:

```
def create_bipartite_graph(V1,V2,edges,colors = ('pink','green'),with_labels = True):
    G = nx.Graph()
    G.add_nodes_from(sum([V1,V2],[]))
    node_color = sum([[colors[0]] * len(V1),[colors[1]] * len(V2)],[])  #V1 的顶点用粉色,V2 的顶
                                                                        #点用绿色
    G.add_edges_from(edges)
    matching = nx.bipartite.maximum_matching(G)  #最大匹配
    maxV1,maxV2 = set(),set()
    for k,v in matching.items():
        if k in V1:
            maxV2.add((k,v))
        else:
            maxV1.add((k,v))
    print('Maximal matching to V1 is {}, maximal matching to V2 is {}.'.format(maxV1,maxV2))
    nx.draw(G,node_color = node_color,with_labels = with_labels)
```

测试函数:

```
edges = [('a','A'),('a','B'),('b','C'),('d','C'),('d','A'),('c','C')]
create_bipartite_graph(list('abcd'),list('ABC'),edges)
```

输出结果如图 12.19 所示。

```
Maximal matching to V1 is {('A', 'd'), ('C', 'c'), ('B', 'a')},
maximal matching to V2 is {('d', 'A'), ('c', 'C'), ('a', 'B')}.
```

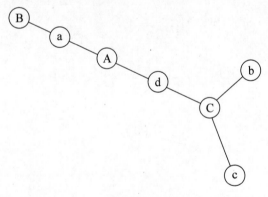

图 12.19

从输出结果可以看出,最大匹配('d', 'A'), ('c', 'C'), ('a', 'B')中包含了 A,B,C 三个任务,称此匹配为对任务的**完全匹配**。由于任务的数量少于员工的数量,所以对员工不可能有完全匹配。匹配('A', 'd'), ('C', 'c'), ('B', 'a')仅匹配了 d,c,a 三个员工。

本节最后来介绍子图和补图的概念。给定一个图 $G=(V,E)$,称 $G_1=(V_1,E_1)$ 为 G 的**子图**,其中 $V_1 \subseteq V, E_1 \subseteq E$。G.subgraph(nodes)函数可求图 G 的子图,用法如下:

```
G = nx.complete_graph(7)
subG = G.subgraph([0,1,2,3,4])  #包含顶点 0,1,2,3,4 的子图
subs = [121,122]
GS = [G,subG]
for sub,g in zip(subs,GS):
    plt.subplot(sub)
```

```
nx.draw(g,with_labels = True)
plt.show()
```

输出结果如图 12.20 所示。

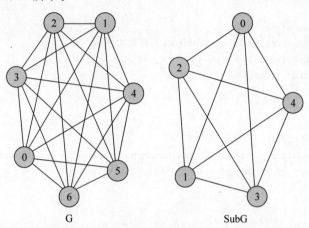

图 12.20

可见，子图中保留了原图中顶点之间的边。称图 12.20 中的 subG 为 G 的由顶点集{0,1, 2,3,4}导出的**导出子图**。

设 $|V|=n$，称 $\bar{G}=(V,\bar{E})$ 为 G 的**补图**，如果 $E\cap\bar{E}=\varnothing$ 且 $(E\cup\bar{E})=\{\text{edge}|\text{edge}\in K_n\}$。

函数 networkx.union(G,H) 可以实现图 G 和图 H 的合并，用法如下：

```
G,H = nx.Graph(),nx.Graph()
G.add_edges_from([('a','b'),('b','c'),('c','a')])
H.add_edges_from([('A','B'),('C','A')])
GH = nx.union(G,H)
nx.draw(GH,with_labels = True)
```

输出结果如图 12.21 所示。

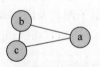

图 12.21

注意 union() 函数在合并两个图 G 和 H 时，二者不能有相同的顶点。如果有相同的顶点，可以将图 H 的边添加至图 G 中，也可以实现两幅图的合并，代码如下：

```
G,H = nx.Graph(),nx.Graph()
G.add_edges_from([('a','b'),('b','c'),('c','a')])
H.add_edges_from([('A','B'),('C','A'),('C','a')])
G.add_edges_from(H.edges)  #图 H 的边添加至图 G 中
nx.draw(G,with_labels = True)
```

输出结果如图 12.22 所示。

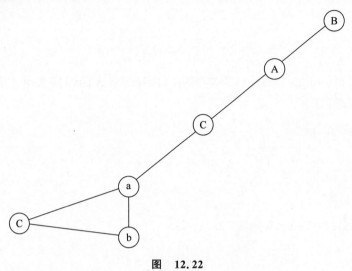

图 12.22

12.3 图的表示和图的同构

图 G 的表示有三种形式,分别为**邻接表**、**邻接矩阵**和**关联矩阵**。

列出一个不带多重边的图 G 中所有顶点的相邻顶点,称此表为邻接表。

例 12.20 用邻接表表示图 12.23 所示的无向图。

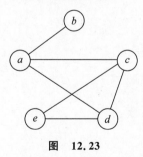

图 12.23

代码如下:

```
import networkx as nx
G = nx.Graph()
edges = [('a','b'),('a','c'),('a','d'),('c','d'),('c','e'),('d','e')]
G.add_edges_from(edges)
dictionary = nx.to_dict_of_dicts(G)
adjacency_sheet = []
#提取"嵌套的字典"中的信息得到邻接表示列表
```

```
        for key,value in dictionary.items():
            item = str(key) + ':{'
            for k,v in value.items():
                item += str(k) + ';'
            item += '}'
            adjacency_sheet.append(item)
        adjacency_sheet
```

输出结果为：

```
['a:{b;c;d;}', 'b:{a;}', 'c:{a;d;e;}', 'd:{a;c;e;}', 'e:{c;d;}']
```

注意，nx.to_dict_of_dicts()返回的是"字典的字典"形式的邻接表示。这里 nx.to_dict_of_dicts(G)的返回信息为：

```
{'a': {'b': {}, 'c': {}, 'd': {}},
 'b': {'a': {}},
 'c': {'a': {}, 'd': {}, 'e': {}},
 'd': {'a': {}, 'c': {}, 'e': {}},
 'e': {'c': {}, 'd': {}}}
```

例 12.21 用邻接表表示有向图 12.24。

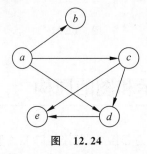

图 12.24

代码如下：

```
DG = nx.DiGraph()
edges = [('a','b'),('a','c'),('a','d'),('c','d'),('c','e'),('d','e')]
DG.add_edges_from(edges)
dictionary = nx.to_dict_of_dicts(DG)
adjacency_sheet = []
for key,value in dictionary.items():
    item = str(key) + ':{'
    for k,v in value.items():
        item += str(k) + ';'
    item += '}'
    adjacency_sheet.append(item)
adjacency_sheet
```

输出结果为：

```
['a:{b;c;d;}', 'b:{}', 'c:{d;e;}', 'd:{e;}', 'e:{}']
```

这里 'a:{b;c;d;}' 表示以 a 为起点的终点有三个，分别为 b,c,d，对应图 12.24 中的三条有向边 ab,ac 和 ad。

对于不带多重边的无向图 $G(V,E)$，$|V|=n$，我们构造一个矩阵 $A_{n\times n}$，如果 v_i 和 v_j 之

间有边,则 $A_{ij}=1$,否则 $A_{ij}=0$。若有向图 $G(V,E)$ 从 v_i 到 v_j 有边,则 $A_{ij}=1$,否则 $A_{ij}=0$。称矩阵 A 为图 G 的邻接矩阵。

例 12.22 分别求例 12.20 和例 12.21 的邻接矩阵。

代码如下:

```
print(nx.to_numpy_array(G))
print(nx.to_numpy_array(DG))
```

输出结果为:

```
[[0. 1. 1. 1. 0.]
 [1. 0. 0. 0. 0.]
 [1. 0. 0. 1. 1.]
 [1. 0. 1. 0. 1.]
 [0. 0. 1. 1. 0.]]
[[0. 1. 1. 1. 0.]
 [0. 0. 0. 0. 0.]
 [0. 0. 0. 1. 1.]
 [0. 0. 0. 0. 1.]
 [0. 0. 0. 0. 0.]]
```

邻接矩阵也可以用来表示多重图。多重图除了要表示两个顶点之间是否有边,还要表示边的重数。参看下面的代码:

```
MDG = nx.MultiDiGraph(DG)  #例 12.21 中的图转换为多重有向图
MDG.add_edges_from([('a','b'),('a','b'),('c','d')])
nx.to_numpy_array(MDG)
```

输出结果为:

```
matrix([[0., 3., 1., 1., 0.],
        [0., 0., 0., 0., 0.],
        [0., 0., 0., 2., 1.],
        [0., 0., 0., 0., 1.],
        [0., 0., 0., 0., 0.]])
```

我们看到第一个顶点 a 和第二个顶点 b 之间有 3 条有向边。

有时会用顶点和边的关联矩阵 $M_{n\times m}$ 表示图。设 $G(V,E)$ 为无向图。顶点集 $V=\{v_1, v_2,\cdots,v_n\}$,边集 $E=\{e_1,e_2,\cdots,e_m\}$,当边 e_j 关联 V_i 时,$m_{ij}=1$,否则 $m_{ij}=0$。

例 12.23 求由邻接矩阵 $A=\begin{bmatrix} 0 & 3 & 0 & 2 \\ 3 & 0 & 1 & 1 \\ 0 & 1 & 1 & 2 \\ 2 & 1 & 2 & 0 \end{bmatrix}$ 所确定的多重无向图 G 的关联矩阵 M。

代码如下:

```
import numpy as np
def Incid_From_Adj(A):
    #提取邻接矩阵的信息,绘制多重无向图
    edges = []
```

```
        for i in range(len(A)):
            for j in range(i,len(A)):
                m = A[i][j]
                if m > 0:
                    edges.append([i,j] * m)
        edges = np.array(sum(edges,[]))
        edges = edges.reshape(int(len(edges)/2),2)
        G = nx.MultiGraph()
        G.add_edges_from(edges)
        #获取关联矩阵
        M = nx.incidence_matrix(G)
        #返回所有边及关联矩阵(密集矩阵形式)
        return list(G.edges),np.array(M.todense())
```

调用函数:

```
A = np.array([[0,3,0,2],
              [3,0,1,1],
              [0,1,1,2],
              [2,1,2,0]])
Incid_From_Adj(A)
```

输出结果为:

```
([(0, 1, 0), (0, 1, 1), (0, 1, 2), (0, 3, 0), (0, 3, 1),
  (1, 2, 0), (1, 3, 0), (3, 2, 0), (3, 2, 1), (2, 2, 0)],
 array([[1., 1., 1., 1., 1., 0., 0., 0., 0., 0.],
        [1., 1., 1., 0., 0., 1., 1., 0., 0., 0.],
        [0., 0., 0., 1., 1., 0., 1., 1., 1., 0.],
        [0., 0., 0., 0., 0., 1., 0., 1., 1., 0.]]))
```

注意在提取邻接矩阵信息时,因为无向图的邻接矩阵一定是对称阵,所以提取信息时我们只考虑了主对角线及其以上元素。

接下来我们讨论图的同构。设简单图 $G_1=(V_1,E_1), G_2=(V_2,E_2)$,如果存在一一对应函数 f,使得 $\forall u_1,v_1 \in V_1, u_2 = f(u_1) \in V_2, v_2 = f(v_1) \in V_2$,若 u_1,v_1 在 G_1 中相邻,则 u_2, v_2 在 G_2 中相邻,称 G_1 和 G_2 是**同构**的。函数 nx.could_be_isomorphic() 可用于判断两个图是否同构。

例 12.24 图 12.25 中两个图是同构的。

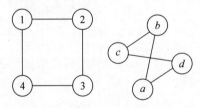

图 12.25

验证代码如下:

```
G1,G2 = nx.Graph(),nx.Graph()
edges = [[[1,2],[2,3],[3,4],[4,1]],[['a','b'],['b','c'],['c','d'],['d','a']]]
```

```
G1.add_edges_from(edges[0])
G2.add_edges_from(edges[1])
nx.could_be_isomorphic(G1,G2)
```

输出结果为：

```
True
```

表明两个图同构。

例 12.25 判定图 12.26 中的两个图 G 和 H 是否同构。

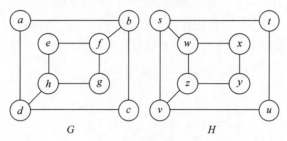

图 12.26

如果图 G 和 H 是同构的，由于 G 中的顶点 b 的度为 3，则 $f(b)$ 可能为 s,v,w,z 中的一个，b 的邻居的度数分别为 $2,2,3$，但 s,v,w,z 中的任一个其邻居的度数都为 $2,3,3$，不是 $2,2,3$，所以图 G 和 H 不同构。

```
G1,G2 = nx.Graph(),nx.Graph()
edges_1 = [['a','b'],['b','c'],['c','d'],['d','a'],['e','f'],['f','g'],['g','h'],['h','e'],['b','f'],
['d','h']]
edges_2 = [['s','t'],['t','u'],['u','v'],['v','s'],['w','x'],['x','y'],['y','z'],['z','w'],['s','w'],
['v','z']]
G1.add_edges_from(edges_1)
G2.add_edges_from(edges_2)
nx.could_be_isomorphic(G1,G2)
```

输出结果为：

```
True
```

这说明 networkx 在判定两个图是否同构时结果并不可靠，正如函数的不太自信的名称 could_be_isomorphic(G1,G2) 所暗示的那样：也许是同构的。

事实上，当前还没有一个有效的算法可判定两个图是否同构。

当两个图明显不同构时，如顶点或边的数量不同、一个图中有 m 个度为 d 的顶点而另一个图中度为 d 的顶点个数为 n 个 $(m \neq n)$，nx.could_be_isomorphic(G1,G2) 往往能作出正确的判断。

例 12.26 删除例 12.25 中图 H 的边 wz，G 和 H 同构吗？

代码如下：

```
G2.remove_edge('s','w')
nx.could_be_isomorphic(G1,G2)
```

输出结果为：

```
False
```

当函数输出结果为 False 时,是可信的。

12.4 连通性

G 是无向简单图,n 是非负整数,如果 G 中存在从顶点 v_0 至 v_n 的长度为 n 的 n 条边 e_1, $e_2,\cdots,e_n$,其中边 e_i 由顶点 v_{i-1} 和 v_i 连接,此时可用顶点序列 $v_0,v_1,\cdots,v_n$ 表示从 v_0 至 v_n 的一个**通路**,如果 $v_0=v_n$,称此通路为**回路**。称没有重复边的通路或回路为**简单的**。

例 12.27 求图 12.27 中从顶点 a 至 f 的所有简单通路。

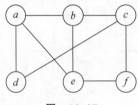

图 12.27

nx.all_simple_paths()函数返回两个顶点间的所有简单通路,代码如下:

```
G = nx.Graph()
edges = [('a','b'),('a','d'),('a','e'),('b','c'),('b','e'),('c','d'),('c','f'),('e','f')]
G.add_edges_from(edges)
list(nx.all_simple_paths(G,'a','f'))
```

输出结果为:

```
[['a', 'b', 'c', 'f'],
 ['a', 'b', 'e', 'f'],
 ['a', 'd', 'c', 'b', 'e', 'f'],
 ['a', 'd', 'c', 'f'],
 ['a', 'e', 'b', 'c', 'f'],
 ['a', 'e', 'f']]
```

注意,all_simple_paths()函数返回的通路其实是没有重复顶点的通路,也称为**初级通路**,并且我们可以验证,初级的一定是简单的。

例 12.28 求例 12.27 中以顶点 a 为起点和终点的回路(圈)。

代码如下:

```
nx.find_cycle(G,'a')
```

输出结果为:

```
[('a', 'b'), ('b', 'c'), ('c', 'd'), ('d', 'a')]
```

注意,函数 nx.find_cycle(G,'a')仅返回一个回路。我们可以通过删除与顶点 a 关联的边的方法获得以顶点 a 为起点和终点的所有回路,比如删除顶点 a 与顶点 b 之间的边,寻找所有

从 a 至 b 的简单通路,在通路最后再添加顶点 a,便得到相应的简单回路。代码如下:

```
Na = list(G.adj['a'])                               ♯顶点 a 的邻居
cycles = []
for node in Na:
    G.remove_edge('a',node)                         ♯删除与 a 关联的边
    pathes = list(nx.all_simple_paths(G,'a',node))  ♯获取简单通路
    for path in pathes:
        path.append('a')                            ♯通路最后添加顶点 a
        cycles.append(path)                         ♯获得回路
    G.add_edge('a',node)                            ♯恢复原图,进入下次循环
cycles
```

输出结果为:

```
[['a', 'd', 'c', 'b', 'a'],
 ['a', 'd', 'c', 'f', 'e', 'b', 'a'],
 ['a', 'e', 'b', 'a'],
 ['a', 'e', 'f', 'c', 'b', 'a'],
 ['a', 'e', 'b', 'c', 'd', 'a'],
 ['a', 'e', 'f', 'c', 'd', 'a'],
 ['a', 'b', 'c', 'd', 'a'],
 ['a', 'b', 'e', 'f', 'c', 'd', 'a'],
 ['a', 'b', 'c', 'f', 'e', 'a'],
 ['a', 'b', 'e', 'a'],
 ['a', 'd', 'c', 'b', 'e', 'a'],
 ['a', 'd', 'c', 'f', 'e', 'a']]
```

对于有向图,获得通路的相关函数的使用方法和无向图一样。

例 12.29　求图 12.28 所示的有向图 G 中顶点 a 到顶点 e 的通路。

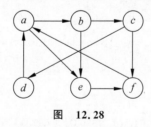

图 12.28

代码如下:

```
DG = nx.DiGraph()
edges = [('a','b'),('a','e'),('b','c'),('b','e'),('c','d'),('c','f'),('d','a'),('e','f'),('f','a')]
DG.add_edges_from(edges)
list(nx.all_simple_paths(DG,'a','e'))
```

输出结果为:

```
[['a', 'b', 'e'], ['a', 'e']]
```

例 12.30　在相识关系图 G 中,如果两个人能彼此认识,则这两人之间有一条无向边,

图中不包含一个人和自身认识的环。在一个有 500 个人的机构中，由于部门较多而且较为分散，一个人平均只认识 5 个人。现在随机构造这样一个图，如果两个人之间有一个通路，我们需要求出最短的通路。最短通路是有意义的，我们可以通过最少的中间人介绍以便于通路的起点和终点进行沟通。统计 $C(500,2)=500\times 499/2=124\,750$ 个组中最短通路的分布情况。

代码如下：

```python
import numpy as np
from collections import defaultdict
from operator import itemgetter
np.random.seed(0)
familiarNums = list(range(2,9))  # 可能认识的人的个数,平均值为 5
edges = set()
total_nums = 500
# 对每一个成员,随机生成若干认识的人,并在他们之间形成一条边
for member in range(total_nums):
    familiar = np.random.randint(total_nums, size = familiarNums[np.random.randint(len(familiarNums))])
    for x in familiar:
        if x != member:
            edges.add((member,x))
edges = list(edges)
G = nx.Graph()
G.add_nodes_from(list(range(total_nums)))
G.add_edges_from(edges)
if nx.is_connected(G):
    myDict = defaultdict(int)
    # 对任意两个人,求出他们之间最短路径的长度,并统计不同长度出现的次数
    for x in range(total_nums - 1):
        for y in range(x + 1, total_nums):
            shortest = nx.shortest_path_length(G, x, y)
            myDict[shortest] += 1
# 按照最短路径的长度进行排序
sortDict = sorted(myDict.items(), key = itemgetter(0), reverse = False)
sortDict
```

输出结果为：

```
[(1, 2502), (2, 22054), (3, 81218), (4, 18963), (5, 13)]
```

nx.is_connected() 返回一个图是否为连通图，下面马上就会介绍连通图的概念。nx.shortest_path_length() 函数返回图中某两个顶点的最短路径的长度，我们在后续的内容中也会介绍。

上述代码的输出结果和社会学家提出的可能可以用只包含 6 个或更少的人来连接世界上的每一个人的猜测大体是一致的。图论中有很多猜测是建立在统计学的基础上的，无法进行严格的数学证明，若地球上真的存在一个"世外桃源"，则这个猜测是不成立的。

下面讨论无向图的连通性。若无向图 G 中的每一对顶点之间都有通路，则称图 G 为**连通的**。

若 H 为 G 的连通子图，且 H 不是另一个连通子图的真子集，则称 H 为 G 的**连通分支**。

例 12.31 求图 12.29 的连通分支。

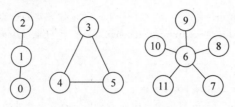

图 12.29

代码如下:

```
G = nx.path_graph(3)                    #线性连接节点的通路图
nx.add_cycle(G,[3,4,5])                 #添加圈图
nx.add_star(G,[6,7,8,9,10,11])          #添加星状图,第一个顶点位于中心
print(nx.is_connected(G))
list(nx.connected_components(G))        #所有连通分支
```

输出结果为:

```
False
[{0, 1, 2}, {3, 4, 5}, {6,7, 8, 9, 10, 11}]
```

如果删除图 G 中的一个顶点 v 及与 v 关联的边,会产生比 G 更多的连通分支,则称顶点 v 为**割点**。如果删除一条边 e,会产生比 G 更多的连通分支,则称边 e 为**割边**或**桥**。

图 12.29 中通路图中的顶点 1 为割点,两条边均为割边;圈图中的每一个顶点都不是割点,每条边都不是割边;星状图中的顶点 6 为割点,任一条边都是割边。

在无向完全图 $K_n(n \geqslant 3)$ 中,删除任一顶点及其关联的边,得到的 K_{n-1} 仍为连通图,称这样的图为**不可分割图**。不可分割图比通路图、圈图($n \geqslant 4$)及星型图有着更好的连通性。

对图 $G=(V,E)$,若 $G-V'$ 是不连通的,且 $G-V''$,$V'' \subset V'$ 连通,则称 V' 为 G 的**点割集**。

称图 G 是 k 连通的,如果删除连通图 G 中某 k 个顶点及其关联的边,图变为不连通的或仅剩一个顶点,但删除任意 $k-1$ 个顶点及其关联边后仍然连通。其中 k 称为图 G 的点连通度,记为 $\kappa(G)=k$。比如,无向完全图 $K_n(n \geqslant 3)$ 的点连通度 $\kappa(K_n)=n-1$,当 $n=1,2$ 时也记 $\kappa(K_1)=0$,$\kappa(K_2)=1$。

若图 G 含有 n 个顶点,则 $0 \leqslant \kappa(G) \leqslant n-1$,$\kappa(G)=0$ 当且仅当 G 是不连通的或者 $G=K_1$,$\kappa(G)=n-1$ 当且仅当 G 是完全图。

若 $\kappa(G)=m$,则 $\forall i, 0 \leqslant i \leqslant m$,$G$ 是一个 i 连通图。读者可自行验证。

下面我们编写函数求图的点连通度,如果需要,显示割点或点割集信息。在编写函数之前,需要知道 networkx 认为仅有一个顶点的图是连通的。

```
from itertools import combinations
def K(G,bDisplayCutNodes = False):
    nodes = list(G.nodes)                         #所有顶点,其个数记为 n
    #当 n = 1 时,图为 K1,其连通度为 0
    if len(nodes) == 1:
        if bDisplayCutNodes:return 0,'K1'
        else:return 0
    #当图不是连通图时,其连通度为 0
    if not nx.is_connected(G):
        if bDisplayCutNodes:return 0,'Not A Connect Graph!'
```

```
            else:return 0
        for r in range(1,len(nodes)):                    #r代表要删去的顶点的个数,从1到n-1循环
            listDelNodes = list(combinations(nodes,r))    #任取r个顶点的所有组合形式
            delEdges = [ ]
            cutNodes  = [ ]
            for delNodes in listDelNodes:
                #针对每一个组合,删去组合中的所有顶点及其关联的边
                for delNodes in delNodes:
                    for edge in G.edges:
                        if delNodes in edge:
                            delEdges.append(edge)
                            G.remove_edge( * edge)
                    G.remove_node(delNodes)
                #如果r = n-1,说明原图是个完全图
                if r == len(nodes) - 1:
                    if bDisplayCutNodes:return r,'K' + str(r + 1)
                    else:return r
                #删去r个顶点及其关联的边后,如果图不再连通,说明这r个顶点的集合是点割集,将
                #其加入 cutNodes 列表
                if not nx.is_connected(G):
                    cutNodes.append(delNodes)
                G.add_edges_from(delEdges)                #恢复原图,进入下次循环
            #若cutNodes 列表非空,依需要,返回点连通度及点割集信息,结束循环
            if len(cutNodes)> 0:
                if bDisplayCutNodes:return r,cutNodes
                else:return r
```

例 12.32 求仅有一个顶点的图的点连通度,并显示点割集信息。

代码如下:

```
G = nx.Graph()
G.add_node(1)
K(G,bDisplayCutNodes = True)
```

输出结果为:

```
(0, 'K1')
```

例 12.33 求 $\kappa(K_5)$,并显示点割集信息。

代码如下:

```
G = nx.complete_graph(5)
K(G,bDisplayCutNodes = True)
```

输出结果为:

```
(4, 'K5')
```

以上两个例子说明我们在测试代码时一般要从特殊情况开始。

例 12.34 求图 12.30 所示的图的点连通度,并显示点割集信息。

代码如下:

```
G = nx.Graph()
G.add_edges_from([('a','b'),('b','c'),('b','d'),('c','d'),('c','e'),('e','f'),('e','g'),('e','h'),
('f','g'),('g','h')])
K(G,bDisplayCutNodes = True)
```

输出结果为:

```
(1, [('b',), ('c',), ('e',)])
```

说明图为 1 连通图,割点可以是 b,c,e 中的任一个。

若将顶点视为网络中的路由器,边视为连接路由器的线缆,本例中为了保证信息的传递,割点代表的路由器不能出故障。

例 12.35 求图 12.31 所示的图的点连通度,并显示点割集信息。

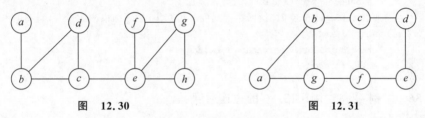

图 12.30   图 12.31

代码如下:

```
G = nx.Graph()
G.add_edges_from([('a','b'),('a','g'),('b','c'),('b','g'),('c','d'),('c','f'),('d','e'),('e','f'),
('f','g')])
K(G,bDisplayCutNodes = True)
```

输出结果为:

```
(2, [('b', 'g'), ('b', 'f'), ('g', 'c'), ('c', 'f'), ('c', 'e'), ('d', 'f')])
```

说明图 12.31 的图为 2 连通图,('b', 'g')为它的一个点割集。

如果图 G 是连通的,删除最少的边数 k 使其变为不连通的,称 k 为图 G 的**边连通度**,记为 $\lambda(G)=k$。相应的 k 条边所构成的集合称为**边割集**。

不连通图的边连通度记为 0;无向完全图的边连通度 $\lambda(K_n)=n-1$;若 G 是含有 n 个顶点的图,$\lambda(G)=n-1$,则 G 一定是 K_n;删除图 12.30 所示的图 G 中的顶点 c 和顶点 e 之间的边使得图 G 不连通,从而 $\lambda(G)=1$。

计算边连通度的方法如下:

```
def L(G,bDisplayCutEdges = False):
    nodes = list(G.nodes)
    edges = list(G.edges)
    N = len(edges)
    #当只有 1 个顶点时,图为 K1,边连通度为 0
    if len(nodes) == 1:
        if bDisplayCutEdges:return 0,'K1'
        else:return 0
    #不连通图的边连通度为 0
```

```
            if not nx.is_connected(G):
                if bDisplayCutEdges:return 0,'Not A Connect Graph!'
                else:return 0
            for r in range(1,N):                    #r代表要删去的边的条数,从1到N-1循环
                #当删去的边数等于总顶点数减1时,说明图是完全图
                if r == len(nodes) - 1:
                    if bDisplayCutEdges:return r,'K' + str(r + 1)
                    else:return r
                listDelEdges = list(np.array(list(combinations(edges,r))))  #任选r条边的所有组合形式
                cutEdges = []
                for Edges in listDelEdges:
                    #对每一种组合,删去组合中所有的边
                    G.remove_edges_from(Edges)
                    #如果图不再连通,说明该组合是个边割集,将其加入列表cutEdges
                    if not nx.is_connected(G):
                        cutEdges.append(Edges)
                    G.add_edges_from(Edges)             #恢复原图
                #当列表cutEdges非空时,返回边连通度及边割集,循环结束
                if len(cutEdges) > 0:
                    if bDisplayCutEdges:return r,cutEdges
                    else: return r
```

例 12.36 求例 12.34 中图 12.30 的边连通度。

代码如下：

```
G = nx.Graph()
G.add_edges_from([('a','b'),('b','c'),('b','d'),('c','d'),('c','e'),('e','f'),('e','g'),('e','h'),
    ('f','g'),('g','h')])
L(G,bDisplayCutEdges = True)
```

输出结果为：

```
(1, [array([['a', 'b']], dtype = '<U1'), array([['c', 'e']], dtype = '<U1')])。
```

这说明图 12.30 的边连通度为 1,割边为 ab 和 ce。

例 12.37 求例 12.35 中图 12.31 的边连通度。

代码如下：

```
G = nx.Graph()
G.add_edges_from([('a','b'),('a','g'),('b','c'),('b','g'),('c','d'),('c','f'),('d','e'),('e','f'),
    ('f','g')])
edgesDegree,cutEdges = L(G,bDisplayCutEdges = True)
edgesDegree,cutEdges
```

输出结果为：

```
(2,
 [[array(['a', 'b'], dtype = '<U1'), array(['a', 'g'], dtype = '<U1')],
  [array(['b', 'c'], dtype = '<U1'), array(['g', 'f'], dtype = '<U1')],
  [array(['c', 'd'], dtype = '<U1'), array(['d', 'e'], dtype = '<U1')],
  [array(['c', 'd'], dtype = '<U1'), array(['f', 'e'], dtype = '<U1')],
  [array(['d', 'e'], dtype = '<U1'), array(['f', 'e'], dtype = '<U1')]])
```

这说明图 12.31 的边连通度为 2,输出结果说明,至少删除两条边才能使图变成不连通的,但两条边的选择方式有 5 种。

对于点连通度与边连通度,我们不加证明地给出如下结论:对于任意的连通图 G,不等式 $\kappa(G) \leqslant \lambda(G) \leqslant \min_{v \in V} \deg(v)$ 成立。

本节最后讨论有向图的连通性。若 $G=(V,E)$ 是有向图,如果对 $u,v \in V$,存在从 u 到 v 的有向通路,则称 u 可达 v;如果 $\forall u,v \in V$,u 可达 v 或者 v 可达 u 时,则称 G 是**单连通**的。如果 $\forall u,v \in V$,u 可达 v 并且 v 可达 u,则称 G 是**强连通**的。

忽略有向图 G 中每条边的方向,得到的图称为 G 的**相伴无向图**。若 G 的相伴无向图是连通图,则称 G 为**弱连通的**。

例 12.38 任取 n 个正整数 $N_1, N_2, \cdots, N_n$ 作为图 G 的顶点,$\forall N_i, 1 \leqslant i \leqslant n$,如果 N_i 为偶数,添加有向边 $\left(N_i, \dfrac{N_i}{2}\right)$;如果 N_i 为奇数,添加有向边 $\left(N_i, \dfrac{3 \times N_i + 1}{2}\right)$,如果有向边的终点为 1,则停止此有向通路的标注。

代码如下:

```
np.random.seed(0)
NODES = list(np.random.randint(100,300,size = 10))  #随机生成 10 个顶点,介于[100,300]
DG = nx.DiGraph()
DG.add_nodes_from(NODES)
old_edges_num,new_edges_num = -1,0
#对图中每一个大于 1 的顶点按要求添加有向边,当无新的边可以添加时,跳出循环
while new_edges_num > old_edges_num:
    old_edges_num = len(list(DG.edges))
    for node in list(DG.nodes):
        if node > 1:
            if node % 2 == 0:
                DG.add_edge(node,int(node/2))
            else:
                DG.add_edge(node,int((3 * node + 1)/2))
    new_edges_num = len(list(DG.edges))
#奇数的顶点用粉色表示,偶数的顶点用绿色表示
colors = ['pink' if node % 2 == 1 else 'green' for node in list(DG.nodes)]
nx.draw(DG,with_labels = True,node_color = colors)
```

输出结果如图 12.32 所示。

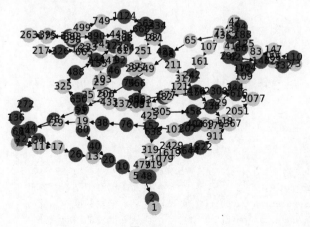

图 12.32

事实上,此有向图中的任一顶点和顶点 1 是连通的。并且显然是单连通的。
我们验证这个事实:

```
nodes_num = len(list(DG.nodes))
edges_num = len(list(DG.edges))
print('Total nodes num in DG is {} and total edges num is {}.'.format(nodes_num,edges_num))
check_nodes_haspath_to_1 = list(DG.nodes)
haspath = True
♯在循环过程中,haspath 的值始终为 True 时,最终返回 True
for node in check_nodes_haspath_to_1:
    haspath = haspath and nx.has_path(DG,node,1)
haspath
```

输出结果为:

```
Total nodes num in DG is 144 and total edges num is 143.
True
```

12.5 欧拉回路与欧拉通路

从图 G 的一个顶点 v 出发沿着边前进,如果能够恰好经过图中的每条边一次并返回顶点 v,称此回路为**欧拉回路**;如果从顶点 u 出发,遍历所有的边一次并到达顶点 v,称此通路为**欧拉通路**。

图 12.33 由 5 个相交或相切的圆圈组成。我们从圆弧上的任一点出发,都能**一笔画**将图描出而不走重复的弧。如果取所有的交点及切点作为顶点,取圆弧作为连接顶点的边或者环,形成一个无向图,则在这个图中便存在欧拉回路。

例 12.39 判断图 12.34 所示的无向图中是否有欧拉回路?如果有,找出一个从顶点 a 出发的欧拉回路。

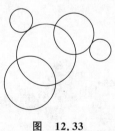

图 12.33

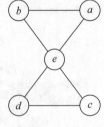

图 12.34

代码如下:

```
import networkx as nx
G = nx.Graph()
G.add_edges_from([('a','b'),('a','e'),('b','e'),('c','d'),('c','e'),('d','e')])
if nx.has_eulerian_path(G):              ♯判断图 G 中是否存在欧拉通路
    print(list(nx.eulerian_circuit(G,'a')))   ♯从 a 出发的欧拉回路
    print(list(nx.eulerian_path(G,'a')))      ♯从 a 出发的欧拉通路
```

输出结果为:

```
[('a', 'e'), ('e', 'd'), ('d', 'c'), ('c', 'e'), ('e', 'b'), ('b', 'a')]
[('a', 'b'), ('b', 'e'), ('e', 'c'), ('c', 'd'), ('d', 'e'), ('e', 'a')]
```

networkx 认为欧拉回路是欧拉通路的特殊情况。如果确认求的是欧拉回路,调用 nx.eulerian_circuit()函数即可。

例 12.40 判断图 12.35 所示的无向图中当以每个顶点为起点时,是否有欧拉回路和欧拉通路? 如果有,输出结果。

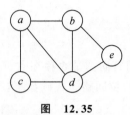

图 12.35

代码如下:

```
G = nx.Graph()
G.add_edges_from([('a','b'),('a','c'),('a','d'),('b','d'),('b','e'),('c','d'),('d','e')])
nodes = list(G.nodes)
for node in nodes:
    try:
        print(list(nx.eulerian_path(G,node)))
        print('Is an eulerian path from {}.'.format(node))
    except:
        print('Not exist an eulerian path from {}.'.format(node))
    try:
        print(list(nx.eulerian_circuit(G,node)))
    except:
        print('Not exist an eulerian circuit from {}.'.format(node))
    print('\n')
```

输出结果为:

```
[('a', 'b'), ('b', 'd'), ('d', 'a'), ('a', 'c'), ('c', 'd'), ('d', 'e'), ('e', 'b')]
Is an eulerian path from a.
Not exist an eulerian circuit from a.

[('b', 'a'), ('a', 'c'), ('c', 'd'), ('d', 'b'), ('b', 'e'), ('e', 'd'), ('d', 'a')]
Is an eulerian path from b.
Not exist an eulerian circuit from b.

Not exist an eulerian path from c.
Not exist an eulerian circuit from c.

Not exist an eulerian path from d.
Not exist an eulerian circuit from d.

Not exist an eulerian path from e.
Not exist an eulerian circuit from e.
```

这说明存在以 a 和 b 为起点的欧拉通路,但没有欧拉回路。

例 12.41 判断图 12.36 所示的多重无向图中是否有欧拉通路或欧拉回路。

代码如下:

```
MG = nx.MultiGraph()
edges = [('A','B'),('A','B'),('B','C'),('B','C'),('A','D'),('B','D'),('C','D')]
MG.add_edges_from(edges)
nx.has_eulerian_path(MG)
```

输出结果为:

```
False
```

例 12.42 判断图 12.37 所示的有向图是否存在欧拉回路。

显然,从每个顶点出发,均存在欧拉回路。代码如下:

```
DG = nx.DiGraph()
edges = [('a','b'),('b','c'),('c','a'),('c','d'),('d','e'),('e','c')]
DG.add_edges_from(edges)
nx.has_eulerian_path(DG)
```

输出结果为:

```
True
```

例 12.43 判断图 12.38 所示的有向图中是否存在欧拉回路或欧拉通路。

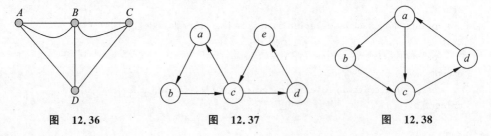

图 12.36   图 12.37   图 12.38

代码如下:

```
DG = nx.DiGraph()
edges = [('a','b'),('b','c'),('c','d'),('d','a'),('a','c')]
DG.add_edges_from(edges)
if nx.has_eulerian_path(DG):
    print(list(nx.eulerian_path(DG)))
```

输出结果为:

```
[('a', 'b'), ('b', 'c'), ('c', 'd'), ('d', 'a'), ('a', 'c')].
```

可见,图中有欧拉通路,但没有欧拉回路。

对于无向连通图 $G(V,E)$,G 中有欧拉回路 $\Leftrightarrow \forall v \in V, \deg(v)$ 为偶数。

证明: $\Rightarrow$)$\forall v \in V$,回路每经过顶点 v 一次,必然为一进一出,这样就为此顶点的度贡献 2,从而顶点 v 的度必为偶数。

$\Leftarrow$)任取一个顶点 v,找出以 v 为起点的圈 C_1,由于 G 是连通的且 $\deg(v)$ 为不小于 2 的偶数,所以必然存在。去掉 C_1 中的边,如果存在孤点,则将孤点也去掉,剩余的图记为 $G_1(V_1,E_1)$;G_1 为连通的且每个顶点的度数仍为不小于 2 的偶数,由于图 G 是连通的,所以 V_1 中必然含有圈 C_1 中的某个顶点 v_1,以 v_1 为起点找出 G_1 中的圈 C_2。如此继续,由于图 G 中的边是有限的,必然存在最后一个圈,包含了剩余子图的所有边。

充分性的证明说明,无向连通图中的欧拉回路是由若干圈组成的。

例 12.44 无向完全图 K_{2n+1} 存在欧拉回路($n \geqslant 1$),以 K_7 为例,说明欧拉回路是由若干圈组成的。

代码如下:

```python
import numpy as np
np.random.seed(0)
G = nx.complete_graph(7)                              #7 阶无向完全图
myFavoriteColors = ['peru','dodgerblue','brown','green','orangered','darkorchid','purple','pink',
'slategray','yellow','darkcyan','wheat']
dict_edge_color = dict()
edges = []
color_index = 0
while len(list(G.edges))> 0:
    nodes = list(G.nodes)                             # 所有顶点
    selected = nodes[np.random.randint(len(nodes))]   # 任选一个顶点
    C = nx.find_cycle(G,selected)                     # 寻找图中从选定顶点出发的圈
    print('Remove a cycle from G:{}'.format(C))
    # 选定一种颜色(当循环次数不超过 myFavoriteColor 列表的长度时,每次循环都会选定不同的
    # 颜色,最后绘图时给圈 C 中的每一条边都设定为这种颜色)
    color = myFavoriteColors[color_index % len(myFavoriteColors)]
    color_index += 1
    # 对圈中每一条边指定颜色参数,并将其加入列表 edges
    for edge in C:
        dict_edge_color[(edge[0],edge[1])] = color
        dict_edge_color[(edge[1],edge[0])] = color
        edges.append(edge)
    G.remove_edges_from(C)                            # 删除圈 C
    # 删除 C 后的图中如果有孤立顶点,将其一并删去,进入下次循环
    for node in list(G.nodes):
        if len(list(G[node])) == 0:
            G.remove_node(node)
# 还原 7 阶无向完全图,不同的圈用不同的颜色表示
G1 = nx.Graph()
G1.add_edges_from(edges)
colors = []
for edge in list(G1.edges):
    colors.append(dict_edge_color[edge])
nx.draw_shell(G1,with_labels = True,edge_color = colors,width = 3)
```

逐个删除的子回路为:

```
Remove a cycle from G:[(0, 1), (1, 2), (2, 0)]
Remove a cycle from G:[(0, 3), (3, 1), (1, 4), (4, 0)]
Remove a cycle from G:[(0, 5), (5, 1), (1, 6), (6, 0)]
Remove a cycle from G:[(2, 3), (3, 4), (4, 2)]
```

```
Remove a cycle from G:[(5, 2), (2, 6), (6, 3), (3, 5)]
Remove a cycle from G:[(5, 4), (4, 6), (6, 5)]
```

输出图形如图 12.39 所示。

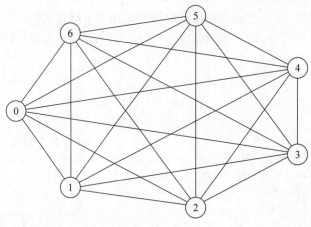

图 12.39

可以看到，相同颜色的边形成一个圈，共有 6 个圈。

本节最后，我们不加证明地给出如下结论，读者可自行验证：

无向连通图 G 中有欧拉通路但无欧拉回路 $\Leftrightarrow G$ 中恰有两个度为奇数的顶点。

有向连通图 $G=(V,E)$ 中有欧拉回路 $\Leftrightarrow \forall v \in V, \deg^-(v) = \deg^+(v)$。

有向连通图 $G=(V,E)$ 中有欧拉通路但无欧拉回路
$$\Leftrightarrow \exists v_1, v_2 \in V, \deg^-(v_1) - \deg^+(v_1) = 1, \deg^-(v_2) - \deg^+(v_2) = -1$$
且剩余顶点 $v \in V$ 满足 $\deg^-(v) = \deg^+(v)$。

对于多重连通图，上述结论仍然成立。

12.6　哈密顿回路与哈密顿通路

$G=(V,E)$ 为连通图并且 $|V|=n$，如果 G 中存在一条形如 $v_1 \rightarrow v_2 \rightarrow v_3 \rightarrow \cdots \rightarrow v_n \rightarrow v_1$ 的回路，在此回路中除了顶点 v_1，其余 $n-1$ 个顶点恰好出现且仅出现一次，称此回路为**哈密顿回路**。称 $v_1 \rightarrow v_2 \rightarrow v_3 \rightarrow \cdots \rightarrow v_n$ 为**哈密顿通路**。

哈密顿回(通)路和欧拉回(通)路是毫无联系的两类问题，后一类问题有完备的充分及必要条件，而哈密顿回路及哈密顿通路问题有一些必要条件**或者**充分条件的定理，但目前为止，还没有充要条件用以判定图中是否存在哈密顿回路或哈密顿通路。用计算机程序寻找小规模连通图 G 中的哈密顿回路或哈密顿通路是一个不错的选择。下面我们着重讨论无向图的情况。

定义函数 find_hamilton_cycle(G)，随机选择一个顶点为起点，如果存在一个包含此顶点及其某个邻居的长为 n 的初级通路(所有顶点不重复)，则 G 中存在哈密顿回路。注意：这与起点的选择无关。

```
import networkx as nx
import numpy as np
```

```
def find_hamilton_cycle(G):
    nodes = list(G.nodes)            #顶点集
    n = len(nodes)                   #顶点个数
    #随机选择一个顶点,并找出它的邻居
    selectedNode = nodes[np.random.randint(n)]
    Neighbors = list(G[selectedNode])
    #如果顶点与它的某个邻居之间存在长为n的初级通路,我们在通路最后再加上该顶点,便得到
    #一条哈密顿回路,此时返回True及哈密顿回路,否则返回False及空列表
    for ngb in Neighbors:
        paths = list(nx.all_simple_paths(G,selectedNode,ngb))
        for path in paths:
            if len(path) == n:
                path.append(selectedNode)
                return True,path
    return False,[]
```

注意,12.4节曾经提过,all_simple_paths()返回的是"初级通路",虽然它的名字叫作"简单通路"。

例 12.45 无向完全图 K_5 中是否存在哈密顿回路,如果存在,求出一个这样的回路。

代码如下:

```
G = nx.complete_graph(5)
find_hamilton_cycle(G)
```

程序运行结果为:

```
(True, [3, 1, 2, 4, 0, 3])
```

事实上,$\forall K_n, n \geq 3$ 都存在哈密顿回路。

例 12.46 分别求完全二分图 $K_{3,3}$、$K_{3,4}$ 中是否存在哈密顿回路。

代码如下:

```
G1,G2 = nx.complete_bipartite_graph(3,3),nx.complete_bipartite_graph(3,4)
find_hamilton_cycle(G1),find_hamilton_cycle(G2)
```

输出结果为:

```
((True, [1, 4, 0, 5, 2, 3, 1]), (False, []))
```

事实上,如果 G 中存在哈密顿回路,则一定存在哈密顿通路,但反之不成立。实际上 $K_{3,4}$ 中从含 4 个顶点的一侧开始,很容易找到一条哈密顿通路。

定义函数 find_hamilton_path(G),首先测试一下图中是否有哈密顿回路,如果有去掉这条回路中的最后一个顶点,得到一条哈密顿通路。如果没有回路,则需要在任意两个顶点之间寻找哈密顿通路。

```
def find_hamilton_path(G):
    b,path = find_hamilton_cycle(G)
    #当有哈密顿回路时,去掉回路的最后一个顶点,得到哈密顿通路,返回True及通路
    if b:
        path.pop()
        return b,path
```

```
#没有哈密顿回路时,任取两个顶点,寻找它们之间的初级通路,当通路长度与顶点数相同时该
#通路便是一条哈密顿通路,此时返回 True 及通路,否则返回 False 及空列表
nodes = list(G.nodes)
n = len(nodes)
for node in nodes:
    for nextNode in nodes:
        paths = list(nx.all_simple_paths(G,node,nextNode))
        for path in paths:
            if len(path) == n:
                return True,path
return False,[]
```

例 12.47 求完全二分图 $K_{3,4}$ 中的一条哈密顿通路。

代码如下:

```
G = nx.complete_bipartite_graph(3,4)
find_hamilton_path(G)
```

输出结果为:

```
(True, [3, 0, 5, 1, 6, 2, 4])
```

例 12.48 验证超立方图 $Q_n(n \geqslant 2)$ 中均存在哈密顿回路。

代码如下:

```
all_exist_hamilton_cycle = True
for n in range(2,5):
    G = nx.hypercube_graph(n)
    b,_ = find_hamilton_cycle(G)
    all_exist_hamilton_cycle = all_exist_hamilton_cycle and b
all_exist_hamilton_cycle
```

输出结果为:

```
True
```

本例中如果取 $n=5$,Q_5 共有 $2^5=32$ 个顶点,其中每个顶点的度为 4,函数 find_hamilton_cycle(G) 运行的时长让人难以接受。实际上,哈密顿回路或哈密顿通路问题是指数级时间复杂度的,所以即便是边较为稀疏的图,顶点数也不能太多。

例 12.49 爱尔兰数学家哈密顿在一个十二面体的 20 个顶点上标注了世界上不同的 20 个城市,要求从一个城市开始,沿着十二面体的边访问其他 19 个城市,每个城市恰好访问一次,最后回到第一个城市。问这样的回路是否存在,如果存在,用图表示出来。

代码如下:

```
G = nx.Graph()
#绘制十二面体
nx.add_cycle(G,list(range(1,6)))
nx.add_cycle(G,list(range(6,16)))
nx.add_cycle(G,list(range(16,21)))
edges = [(1,6),(2,8),(3,10),(4,12),(5,14),(7,16),(9,17),(11,18),(13,19),(15,20)]
```

```
G.add_edges_from(edges)
#寻找哈密顿回路
b,path = find_hamilton_cycle(G)
#当存在哈密顿回路时,由于回路是以顶点链的形式返回的,我们将顶点之间的边标记为红色
if b:
    #哈密顿回路中的边
    edge_on_path = [ ]
    for i in range(len(path) - 1):
        edge_on_path.append((path[i],path[i + 1]))
        edge_on_path.append((path[i + 1],path[i]))
    #回路中的边设为红色,不在回路中的边设为灰色
    colors = [ ]
    for edge in list(G.edges):
        if edge in edge_on_path:
            colors.append('red')
        else:
            colors.append('gray')
    #绘图
    nx.draw(G,with_labels = True,edge_color = colors,width = 2)
```

输出结果如图 12.40 所示。

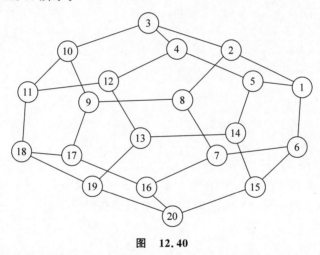

图 12.40

关于无向简单连通图 G,还有如下结论:

(1) 如果图 $G=(V,E)$ 中存在哈密顿回路,那么 $\forall v \in V, \deg(v) \geqslant 2$。

(2) 如果图 $G=(V,E)$ 中存在哈密顿回路,$v \in V$ 且 $\deg(v)=2$,那么关联 v 的两条边一定出现在哈密顿回路中。

(3) 对于二分图 $G=(V,E)$,其中 V_1 和 V_2 是 V 的一个划分,且 $|V_1|=m$,$|V_2|=n$,若 $|m-n| \geqslant 2$,则 G 中一定不存在哈密顿回路,也不存在哈密顿通路;若 $|m-n|=1$,则 G 中可能存在哈密顿通路,但不存在哈密顿回路;若 $m=n$,则 G 中可能存在哈密顿回路。

(4) $|V|=n \geqslant 2$,$\forall u,v \in V, u \neq v$,若 $\deg(u)+\deg(v) \geqslant n-1$,则 G 中有哈密顿通路;进而 $\forall v \in V$,如果 $\deg(v) \geqslant \left\lceil \dfrac{n-1}{2} \right\rceil$,那么 G 中有哈密顿通路。

(5) $|V|=n \geqslant 3$,$\forall u,v \in V, u$ 与 v 不邻接,若 $\deg(u)+\deg(v) \geqslant n$,则 G 中有哈密顿回路;进而,如果 $|E| \geqslant C(n-1,2)+2$,那么 G 中有哈密顿回路。

由结论(4)和(5)可知,图中边的数量越多,有哈密顿回路或哈密顿通路的可能性就越大。这些结论的证明这里不再给出,由读者自行验证。

例 12.50 中国象棋中的将(帅)在九宫中只能沿 9 个顶点做左右和上下移动,而且每次只能移动一个长度单位。现在将(帅)从这 9 个顶点的某个顶点开始访问下一个合法顶点,问它能不重复地遍历所有位置并返回初始位置吗?

我们不妨将初始顶点涂成黑色,下一个合法顶点涂成白色,合法顶点的合法顶点涂成黑色,依次进行。容易知道黑色顶点不能直接移动到黑色顶点,从而这是一个二分图,其中$|V_1|=5,|V_2|=4$,所以不存在哈密顿回路,但显然存在哈密顿通路。

我们将 9 个顶点按照矩阵 $\begin{bmatrix} 19 & 20 & 21 \\ 10 & 11 & 12 \\ 1 & 2 & 3 \end{bmatrix}$ 标号,验证如下:

```
nodes = [1,2,3,10,11,12,19,20,21]
edges = []
for i in range(len(nodes) - 1):
    for j in range(i + 1,len(nodes)):
        #相差为1代表"左右移动",相差为9代表"上下移动",均为合法走法,在对应顶点之间添加边
        if nodes[j] - nodes[i] == 1 or nodes[j] - nodes[i] == 9:
            edges.append((nodes[i],nodes[j]))
G = nx.Graph()
G.add_edges_from(edges)
find_hamilton_cycle(G),find_hamilton_path(G)
```

输出结果为:

```
((False, []), (True, [1, 2, 11, 10, 19, 20, 21, 12, 3]))
```

不存在哈密顿回路,但有哈密顿通路。

例 12.51 国际象棋中的王从所在方格可以上下、左右及斜着移动一格,在 4×4 的棋盘(8×8 的国际象棋棋盘的一部分)上,王的移动存在哈密顿回路吗?

我们不妨将 4×4 的棋盘方格按照矩阵 $\begin{bmatrix} 25 & 26 & 27 & 28 \\ 17 & 18 & 19 & 20 \\ 9 & 10 & 11 & 12 \\ 1 & 2 & 3 & 4 \end{bmatrix}$ 进行标号,代码如下:

```
nodes = [1,2,3,4,9,10,11,12,17,18,19,20,25,26,27,28]
edges = []
for i in range(len(nodes) - 1):
    for j in range(i + 1,len(nodes)):
        #相差为1代表"左右"移动,7代表"左上 - 右下"移动,8代表"上下"移动,9代表"右上 - 左
        #下"移动,在对应顶点之间添加边
        if nodes[j] - nodes[i] == 1 or nodes[j] - nodes[i] in [7,8,9]:
            edges.append((nodes[i],nodes[j]))
G = nx.Graph()
G.add_edges_from(edges)
find_hamilton_cycle(G),find_hamilton_path(G)
```

输出结果为：

```
((True, [18, 10, 1, 2, 3, 4, 11, 12, 19, 20, 28, 27, 26, 25, 17, 9, 18]),
 (True, [28, 20, 11, 2, 1, 9, 17, 25, 26, 27, 18, 10, 3, 4, 12, 19]))
```

表明存在哈密顿回路，也存在哈密顿通路。

例 12.52 证明中国象棋的马在顶点上的移动为二分图。

我们将中国象棋棋盘的 90 个顶点按照矩阵 $\begin{bmatrix} 1 & 2 & 3 & \cdots & 9 \\ 17 & 18 & 19 & \cdots & 25 \\ 33 & 34 & 35 & \cdots & 41 \\ \vdots & \vdots & \vdots & & \vdots \\ 145 & 146 & 147 & \cdots & 153 \end{bmatrix}$ 标号，验证如下：

```
# 90 个顶点按要求编号
A = np.array(list(range(1,10)))
nodes = []
for row in range(10):
    nodes.append(list(A + 16 * row))
nodes = sum(nodes,[])
# 顶点编号相差为 14,18,31,33 时对应"马"的合法走法，在相应顶点之间添加边
edges = []
for i in range(len(nodes) - 1):
    for j in range(i + 1,len(nodes)):
        if nodes[j] - nodes[i] in [14,18,31,33]:
            edges.append((nodes[i],nodes[j]))
G = nx.Graph()
G.add_edges_from(edges)
# 判断是否为二分图，当是二分图时输出顶点集的划分 V1 和 V2
if nx.is_bipartite(G):
    V1,V2 = nx.bipartite.sets(G)
    print(sorted(list(V1)))
    print(sorted(list(V2)))
```

输出结果为：

```
[1, 3, 5, 7, 9, 18, 20, 22, 24, 33, 35, 37, 39, 41, 50, 52, 54, 56, 65, 67, 69, 71, 73, 82, 84, 86,
88, 97, 99, 101, 103, 105, 114, 116, 118, 120, 129, 131, 133, 135, 137, 146, 148, 150, 152]
[2, 4, 6, 8, 17, 19, 21, 23, 25, 34, 36, 38, 40, 49, 51, 53, 55, 57, 66, 68, 70, 72, 81, 83, 85, 87,
89, 98, 100, 102, 104, 113, 115, 117, 119, 121, 130, 132, 134, 136, 145, 147, 149, 151, 153]
```

由于中国象棋与国际象棋的顶点或方格数分别为 90 和 64 个，二分图的两个部分的顶点数相等，马在这两种棋盘上都可能存在哈密顿回路。

例 12.53 验证中国象棋的马可以不重复地遍历 5×5 的棋盘。

对 5×5 的棋盘顶点按照矩阵 $\begin{bmatrix} 1 & 2 & 3 & 4 & 5 \\ 17 & 18 & 19 & 20 & 21 \\ 33 & 34 & 35 & 36 & 37 \\ 49 & 50 & 51 & 52 & 53 \\ 65 & 66 & 67 & 68 & 69 \end{bmatrix}$ 标号，代码如下：

```python
#对顶点按要求编号
A = list(range(1,6))
nodes = []
for row in range(5):
    nodes.append(list(np.array(A) + row * 16))
nodes = sum(nodes,[])
#顶点编号相差为14,18,31,33时对应"马"的合法走法,在相应顶点之间添加边
edges = []
for i in range(len(nodes) - 1):
    for j in range(i + 1,len(nodes)):
        if nodes[j] - nodes[i] in [14,18,31,33]:
            edges.append((nodes[i],nodes[j]))
G = nx.Graph()
G.add_edges_from(edges)
#判断是否存在哈密顿通路,存在时输出通路,并将通路中对应的边设为红色
bExist,path = find_hamilton_path(G)
if bExist:
    print(path)
    color_dict = dict()
    #先将所有的边设为灰色
    for edge in list(G.edges):
        color_dict[edge] = 'gray'
    #通路中对应的边修改为红色
    for i in range(len(path) - 1):
        color_dict[(path[i],path[i + 1])] = 'red'
        color_dict[(path[i + 1],path[i])] = 'red'
    colors = [color_dict[edge] for edge in list(G.edges)]
    nx.draw_circular(G,with_labels = True,edge_color = colors)
```

输出的路径为:

[1, 19, 5, 36, 69, 51, 65, 34, 3, 17, 50, 68, 37, 4, 18, 49, 67, 53, 35, 21, 52, 66, 33, 2, 20]

输出图如图 12.41 所示。

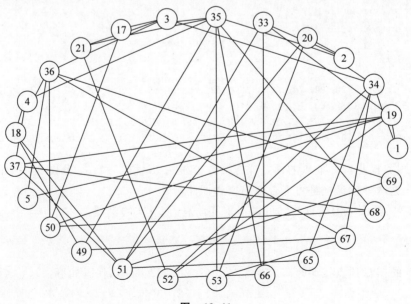

图 12.41

12.7 最短路径问题

给每条边赋上一个正实数的图称为**加权图**,图 12.42 就是一个加权图。

每条边的权值在实际问题中可以代表城市之间的地面距离、航班运行的时长或者票价等。

在图 12.42 中,从 a 到 f 的通路不止一条,如 $abcf$,$abcef$,$abef$,$adef$,$adecf$,$adebcf$ 都是 a 到 f 的通路。如果我们将边的权值理解为两个顶点之间的距离,则通路 $abcf$ 的总距离为 $4+3+2=9$,通路 $adebcf$ 的总距离为 $2+3+3+3+2=13$,称这些通路中距离最短的通路为**最短路径**,称此距离为最短路径的长度。

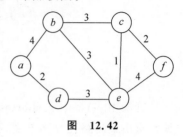

图 12.42

例 12.54 求图 12.42 中顶点 a 到 f 的最短路径及最短路径的长度。

代码如下:

```
import networkx as nx
G = nx.Graph()
weighted_edges = [('a','b',4),('a','d',2),('b','c',3),('b','e',3),('c','e',1),('c','f',2),('d','e',3),('e','f',4)]  #带权边
G.add_weighted_edges_from(weighted_edges)  #添加带权边
#输出 a 到 f 的最短路径及最短路径的长度
nx.shortest_path(G,'a','f',weight = 'weight'),nx.shortest_path_length(G,'a','f',weight = 'weight')
```

输出结果为:

```
(['a', 'd', 'e', 'c', 'f'], 8)
```

也可以使用 Dijkstra 算法获得最短路径及长度(稍后介绍该方法的具体原理),调用如下:

```
nx.dijkstra_path(G,'a','f'),nx.dijkstra_path_length(G,'a','f')
```

输出结果为:

```
(['a', 'd', 'e', 'c', 'f'], 8)
```

networkx 输出带权图的方法如下:

```
import matplotlib.pyplot as plt
pos = nx.spring_layout(G)  #力引导布局算法,返回字典形式的顶点位置信息
#绘制边的标签,其中 nx.get_edge_attributes(G,'weight')获取边的权重属性
nx.draw_networkx_edge_labels(G,pos = pos,edge_labels = nx.get_edge_attributes(G,'weight'),label_pos = 0.5)
#使用 Matplotlib 绘制图形
nx.draw_networkx(G,pos = pos,with_labels = True)
plt.show()
```

输出结果如图 12.43 所示。

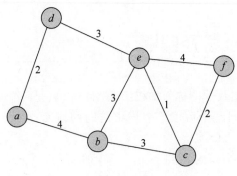

图 12.43

尽管调用 networkx.shortest_path() 及 networkx.shortest_path_length() 函数可以非常方便地求出最短路径及其长度,我们仍有必要学习图论中最为经典的一个算法:**Dijkstra 算法**。该算法源于荷兰数学家 Edsger Dijkstra,他在 1959 年为解决加权无向图的最短路径时发现了这一方法。

以图 12.42 为例,我们用 Dijkstra 算法寻找从 a 到 f 的最短路径。

首先创建一个字典 D,用以记录我们已经发现的一些信息。从顶点 a 开始,顶点 a 与顶点 a 的距离为 0,为字典添加键值对:$D[a]=('a,a',0)$,即顶点 a 到 a 的最短路径为 a,a,此路径的长度为 0。

令集合 $S=\text{set}(D.\text{keys}())$,现在 $S=\{a\}$,称集合 S 为已标注顶点集。

与顶点 a 关联的边有 ab 与 ad,长度分别为 4,2,我们断定,a 到 d 的最短路径为 a,d,且长度为 2;但我们还不能断定 a 到 b 的最短路径就是 a,b,考虑到如果 b 到 d 有一条长为 1 的边。现在为字典 D 添加条目 $D[d]=('a,d',2)$,此时集合 S 变为 $S=\{a,d\}$。

与已标注顶点集 S 中的顶点 a,d 相邻的顶点有 b,e,并且有 $4=ab<ade=2+3=5$,该不等式说明从 a 到 b 的最短路径不可能是一条经过 d,e 的其他路径,只能为 a,b。从而 $D[b]=('a,b',4),S=\{a,b,d\}$。

与已标注集 $S=\{a,b,d\}$ 中顶点相邻的未标注顶点有 c,e,关联边有 bc,be,de,通过类似的分析可以确定 $D[e]=('a,d,e',5),S=\{a,b,d,e\}$。

重复上述过程,依次为字典添加键值:

$D[c]=('a,d,e,c',6),S=\{a,b,c,d,e\}$

$D[f]=('a,d,e,c,f',8),S=\{a,b,c,d,e,f\}$

此时 $f\in S$,结束计算与标注工作。

上述过程的实现代码如下:

```python
import numpy as np
def Dijkstra(G,source,target):
    if not nx.has_path(G,source,target):
        return ('From {} to {} is not connect!'.format(source,target),)
    D = dict()
    D[source] = (source,0)              #初始键值对
    S = set(D.keys())                   #初始已标注点集合
    while target not in S:              #当目标点未被标注时进行循环
        fromNodes = []
        nextNodes = []
        distances = []
```

```
            #对每一个已标注顶点 s,寻找它的邻居 nbrs,对每一个还未被标注的邻居 nbr,计算从初始顶
            #点先到 s(初始顶点到 s 的最短路径)再到 nbr 的路径长度,加入列表 distances,同时记录相
            #应的顶点 s 与 nbr 的信息
            for s in S:
                nbrs = list(G[s])
                for nbr in nbrs:
                    if nbr not in S:
                        fromNodes.append(s)
                        nextNodes.append(nbr)
                        distances.append(D[s][1] + G[s][nbr]['weight'])
            #最短长度的索引(最短长度决定下一个要标注的顶点)
            minDistanceIndex = np.argmin(distances)
            #最短长度所对应的路径及长度值
            aheadPath = D[fromNodes[minDistanceIndex]][0]
            nextNode = nextNodes[minDistanceIndex]
            minDistance = distances[minDistanceIndex]
            #添加新的键值对,更新已标注顶点集合
            D[nextNode] = (','.join([aheadPath,nextNode]),minDistance)
            S.add(nextNode)
        #返回初始顶点到目标顶点的最短路径及其长度
        return D[target]
```

测试函数:

```
for node in list(G.nodes):
    print(Dijkstra(G,'a',node))
```

输出结果为:

```
('a', 0)
('a,b', 4)
('a,d', 2)
('a,d,e,c', 6)
('a,d,e', 5)
('a,d,e,c,f', 8)
```

旅行商问题(Travelling Salesman Problem,TSP)是与加权图相关的一个重要问题:一个旅行商想要访问 n 个城市中的每个城市一次且恰好一次,并返回到出发地。如果任意两个城市之间都有直达的路线,旅行商问题就是寻找无向完全图 K_n 上的一条距离最短的哈密顿回路;如果某两个城市之间没有直达的路线,为了使其成为 K_n 上的问题,可以将这两个城市之间边的权重设置得足够大,或者理论上的 $+\infty$。

假设出发地已经确定,旅行商可以选择剩余 $n-1$ 个城市中的任一个城市作为第一个到达的城市,依次第二个可到达的城市有 $n-2$ 个选择,所以可以选择的回路有 $(n-1)!$ 个,由于不考虑方向,即认为顺序 $1,2,3,\cdots,n,1$ 和 $1,n,n-1,\cdots,3,2,1$ 等价,旅行商可以选择的回路方式有 $\frac{(n-1)!}{2}$ 个。当 n 较大时,如 $n=30$ 时,$\frac{29!}{2} \approx 4.42 \times 10^{30}$,这对于计算机来讲是一个天文数字:假设计算机在 1 秒内能遍历 1 亿条哈密顿回路,遍历完所有的回路需要一千四百万亿年。

当 n 较大时,还没有一个好的算法,使得旅行商问题的时间复杂度为 $O(n^m)$,其中 m 为

整数且 $m \ll n$。

考虑到直接对 n 个边值相加的效率要比按照某种既定的、需要进行很多次数值比较的优化程序的效率要高得多。自定义函数如下：

```python
import numpy as np
import time
import sys
def find_a_shorter_HAMILTON_CYCLE_by_RANDOM(G,source,threshold = 60):
    nodes = list(G.nodes)
    n = len(nodes)
    start = time.time()
    #用贪心算法找一个哈密顿回路
    traveledNode = [source]                    #到达过的城市列表,最初只有出发地
    while len(traveledNode)< n:
        #根据当前到达地确定下一个可到达的城市(不止一个,用列表体现)
        nextNodes = list(G[traveledNode[ -1]])
        canTralvel = [node for node in nextNodes if node not in traveledNode]
        #当前到达地与下一个可到达城市之间的距离(列表)
        distances = [G[traveledNode[ -1]][node]['weight'] for node in canTralvel]
        index = np.argmin(distances)           #最短距离的索引
        #依最短距离确定下一个到达城市,将其加入到达过的城市列表,进入下次循环
        traveledNode.append(canTralvel[index])
    #加入出发地,形成哈密顿回路,确定哈密顿回路的长度,并输出
    traveledNode.append(source)
    distance = sum([G[traveledNode[i]][traveledNode[i + 1]]['weight'] for i in range(n)])
    print(traveledNode,distance)
    np.random.seed(0)
    randomCount = 0
    while time.time() - start <= threshold:                  #在设定时间 threshold 用完前进行循环
        #随机生成哈密顿回路,并确定回路的长度
        nodes = list(G.nodes)
        nodes.remove(source)
        np.random.shuffle(nodes)
        nodes.insert(0,source)
        nodes.append(source)
        now_distance = sum([G[nodes[i]][nodes[i + 1]]['weight'] for i in range(n)])
        #如果随机生成的回路长度比贪心算法获得的回路长度短,输出随机产生的回路及长度,并更新
        #distance 的值
        if now_distance < distance:
            sys.stdout.write(str(nodes) + ' ' + str(now_distance) + '\n')
            sys.stdout.flush()
            distance = now_distance
        randomCount += 1                       #统计循环的次数
    print(randomCount)
```

函数 find_a_shorter_HAMILTON_CYCLE_by_RANDOM()首先按照贪心算法找到一个哈密顿圈,他(旅行商)在任何时候总是从可选的边中挑距离最短的。贪心算法可以很快确定一条还不错的哈密顿回路。然后程序随机选择回路,如果这条随机的回路总距离小于由贪心算法得到的回路的总距离,输出随机产生的结果,并改变变量 distance 的值,直到程序设置的时间 threshold 用完为止。

例 12.55 求图 12.44 中从城市 a 出发的最短的哈密顿回路。

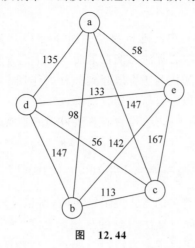

图 12.44

代码如下：

```
weighted_edges = [('a','b',98),('a','c',147),('a','d',135),('a','e',58),('b','c',113),\
                  ('b','d',137),('b','e',142),('c','d',56),('c','e',167),('d','e',133)]
G = nx.Graph()
G.add_weighted_edges_from(weighted_edges)
find_a_shorter_HAMILTON_CYCLE_by_RANDOM(G,'a',threshold = 5)
```

输出结果为：

```
['a', 'e', 'd', 'c', 'b', 'a'] 458
811774
```

函数用贪心算法找到了一条哈密顿回路，并且在 5 秒内遍历了 811 774 条哈密顿回路（有重复的）后，没有发现其他更短的回路。

例 12.56 生成一个无向完全图 K_{50}，随机为 K_{50} 的边赋予介于 100~199 的权重，找出一条最短的哈密顿回路。

代码如下：

```
G = nx.complete_graph(50,nx.Graph())
np.random.seed(0)
for edge in list(G.edges):
    G.edges[edge]['weight'] = np.random.randint(100,200) #随机赋予权重
find_a_shorter_HAMILTON_CYCLE_by_RANDOM(G,0)
```

程序输出结果为：

```
[0, 6, 13, 3, 8, 1, 7, 20, 27, 11, 26, 2, 14, 19, 23, 35, 34, 10, 29, 4, 36, 38, 47, 5, 25, 12, 37,
15, 39, 18, 16, 43, 33, 40, 22, 21, 31, 46, 30, 42, 24, 44, 17, 49, 9, 45, 48, 28, 41, 32, 0]
5302
1500810
```

这条回路是用贪心算法得到的，并且在 1 分钟内遍历了 1 500 810（可能有重复的，而且和 $\dfrac{49!}{2}$ 相比微不足道）条哈密顿回路，没有发现更短的回路。注意最短路径的长度为 5302，比

$50 \times 100 = 5000$ 仅多出了 302。如果边的权重跨度更大的话,如 $100 \sim 1000$,贪心算法的效果会更好。

在贪心算法后添加一定时间内的随机哈密顿回路是基于这样的考虑:如果图不是完全图,而是一个边相对稀疏的图,贪心算法可能在最后不得不选择长度为 $+\infty$(根本就不存在)的边,这不是我们希望看到的,而随机遍历可以起到弥补的作用。当图较为简单时,比如顶点的个数在 10 个以内,随机遍历可以很容易得到较优解。

最后,我们测试从不同的顶点开始,用贪心算法得到的哈密顿回路的最短路径:

```
for node in list(G.nodes):
    find_a_shorter_HAMILTON_CYCLE_by_RANDOM(G,node,threshold = 0)
```

由于函数在设计时是以字符串的方式展示结果的,所以这段代码输出了 50 个结果,通过对比发现,当以 44 为起点时,贪心算法得到的最短哈密顿回路的长度为 5252,这个结果比 5302 要好,路径[44,0,6,13,3,8,1,7,20,27,11,26,2,14,19,23,35,34,10,29,4,36,38,47,5,25,12,37,15,39,18,16,43,33,40,22,21,31,46,30,42,24,32,41,28,48,45,9,49,17,44] 和 [0,6,13,3,8,1,7,20,27,11,26,2,14,19,23,35,34,10,29,4,36,38,47,5,25,12,37,15,39,18,16,43,33,40,22,21,31,46,30,42,24,32,41,28,48,45,9,49,17,44,0]等价,从而得到了一个较优解 5252。

12.8 网络最大流

设 $N = (V, E)$ 为一个无环的加权有向图,称 N 为一个**网络**或运输网络,如果:

(1) 存在唯一的顶点 $s \in V, \deg^-(s) = 0$,并称 S 为**源点**;

(2) 存在唯一的顶点 $t \in V, \deg^+(t) = 0$,并称 t 为**汇点**;

(3) 称边 e 的权值为边的**容量**,记为 $c(e)$。

图 12.45 就是一个网络。

在图 12.45 所示的网络中,源点 s 可以发出的物资数为 $c(s,a) + c(s,b) = 10 + 10 = 20$,而在汇点 t 能接收的物资数为 $c(c,t) + c(d,t) = 7 + 8 = 15$,所以,该网络的承载能力至多为 15。为了确定从 s 运输到 t 的最大物资数,我们需要考虑每一条边的容量。

现在将图 12.45 的每条边 e 的属性修改为一对有序实数 (c, f),其中 c 为边 e 的容量,f 为边 e 上实际承载的运输流量,记为 $f(e)$,如图 12.46 所示。

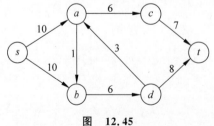
图 12.45

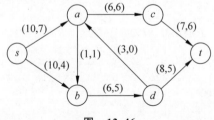
图 12.46

我们把 $f(e)$ 称为**流**,如果它满足以下两点:

(1) $\forall e \in E, f(e) \leqslant c(e)$;

(2) 对于网络中既不是源点 s 也不是汇点 t 的任意一个顶点 v,流入 v 的流量等于流出 v

的流量。对于顶点 a,$7+0=f(s,a)+f(d,a)=f(a,b)+f(a,c)=1+6$。

将图 12.46 中的流记为 f。

对于边 e,如果有 $f(e)=c(e)$,则说边 e 是**饱和**的,图 12.46 中,边 (a,b) 与边 (a,c) 是饱和的,其他边都不是饱和的。

我们称流出源点 s 的流量为流的值,记为 $\text{val}(f)$,此时有 $\text{val}(f)=11$。

我们的目标是找到一个流 f,使得 $\text{val}(f)$ 达到最大,并称这个最大值为**网络最大流**。

现在将网络中每条边 e 的流量设置为 0,如图 12.47 所示。

随意选择一条从 s 到 t 的路径 P,比如 s,a,c,t,对于 P 中的每一条边 e,求出 $\Delta_P = \min_{e \in P}[c(e)-f(e)]$,此时有 $\Delta_P=\min\{10-0,6-0,7-0\}=6$,如果 $\Delta_P>0$,说明可以为路径 P 增加 Δ_P 个单位的流量,并称路径 P 为**增广路径**。现在将路径 P 上的每条边增加 6 个单位的流量,得到图 12.48。

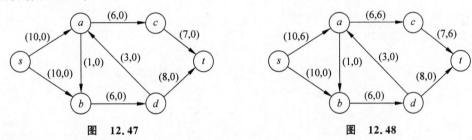

图 12.47　　　　　　　　图 12.48

继续寻找增广路径 P,比如 $P=(s,b,d,t)$,有 $\Delta_P=\min(10-0,6-0,8-0)=6$,为 P 中的每条边增加 6 个单位的流量,得到图 12.49。

尽管边 ab 与 da 还没有用过,现在图中已经没有新的增广路径了,从而网络最大流为 12。实际上,12 确实为此网络的最大承载能力。

现在看起来网络最大流问题非常简单。但是,让我们回到每条边的流量均为 0 的状态,并且假设我们找到的第一条增广路径 P 为 s,a,b,d,a,c,t,易知 $\Delta_P=\min(10-0,1-0,6-0,3-0,6-0,7-0)=1$,为每条边增加 1 个单位的流量,如图 12.50 所示。

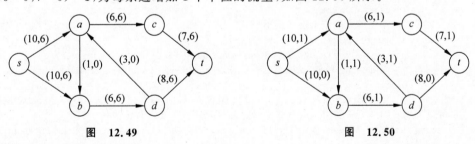

图 12.49　　　　　　　　图 12.50

假设依次找到增广路径 $P_1=(s,a,c,t)$,$P_2=(s,b,d,t)$,可以得到的网络图为图 12.51。

此时网络中已经没有新的增广路径了,但 $\text{val}(f)=11<12$。

我们可以观察到,网络中明显有一个圈 a,b,d,a,若将圈中的每条边减去 1 个单位的流量,如图 12.52 所示,此时圈中的顶点 a,b,d 的流入总量和流出总量依然相等,我们可以得到一条新的增广路径 s,b,d,t,可以为此路径中的边增加 1 个单位的流量,从而得到网络最大流 $\text{val}(f)=12$。

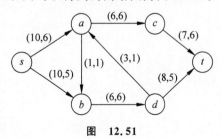

图 12.51

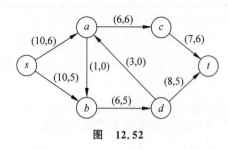

图 12.52

为此,我们重新定义增广路径如下:

设 P 为网络 $N=(V,E)$ 中由源点 S 到汇点 t 的一条不考虑边的方向的路径(如 s,b,a,d,t 就是符合定义的路径), $\forall e \in P$ 有

$$\Delta_e = \begin{cases} c(e) - f(e), e \in N \\ f(e), e \notin N \end{cases}$$

如果 $\Delta_P = \min_{e \in P} \Delta_e > 0$,则称 P 为网络 N 中的一条增广路径。

对增广路径的边 e 的流量做如下调整: $f(e) = \begin{cases} f(e) + \Delta_P, e \in N \\ f(e) - \Delta_P, e \notin N \end{cases}$

自定义函数 maxFlow() 提供了寻找网络最大流的方法:

```python
import networkx as nx
import numpy as np
def maxFlow(N,s,t):
    #对路径中的每一条边计算可增加流量,取它们的最小值,返回路径可增加的流量
    def deltaPath(path):
        delta = []
        for i in range(len(path) - 1):
            if (path[i],path[i+1]) in list(N.edges):
                delta.append(N[path[i]][path[i+1]]['c_f'][0] - N[path[i]][path[i+1]]['c_f'][1])
            else:delta.append(N[path[i+1]][path[i]]['c_f'][1])
        return min(delta)
    G = nx.Graph(N)                                          #图 N 转换为无向图
    pathes = list(nx.all_simple_edge_paths(G,s,t))           #s 到 t 的所有简单通路
    while True:
        #路径可增加流量的最大索引及最大值
        deltaPathes = [deltaPath(path) for path in pathes]
        maxIndex,maxDelta = np.argmax(deltaPathes),np.max(deltaPathes)
        #当无可增加流量时,退出循环
        if maxDelta == 0:break
        #对增广路径的边的流量进行调整
        for i in range(len(pathes[maxIndex]) - 1):
            if (pathes[maxIndex][i],pathes[maxIndex][i+1]) in list(N.edges):
                N[pathes[maxIndex][i]][pathes[maxIndex][i+1]]['c_f'][1] += maxDelta
            else:
                N[pathes[maxIndex][i+1]][pathes[maxIndex][i]]['c_f'][1] -= maxDelta
    #返回所有与 s 关联的边上的承载流量之和(即最大流)及所有边的 c-f 权重
    return sum([N[s][s_next]['c_f'][1] for s_next in N[s]]),nx.get_edge_attributes(N,'c_f')
```

例 12.57 求网络图 12.53 中从顶点 s 到 t 的最大流。

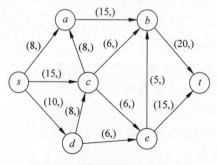

图 12.53

代码如下：

```
N = nx.DiGraph()
edges = [('s','a',{'c_f':[8,0]}),('s','c',{'c_f':[15,0]}),('s','d',{'c_f':[10,0]}),\
         ('a','b',{'c_f':[15,0]}),('c','a',{'c_f':[8,0]}),('c','b',{'c_f':[6,0]}),\
         ('d','c',{'c_f':[8,0]}),('d','e',{'c_f':[6,0]}),('c','e',{'c_f':[6,0]}),\
         ('e','b',{'c_f':[5,0]}),('e','t',{'c_f':[15,0]}),('b','t',{'c_f':[20,0]})]
N.add_edges_from(edges)
maxFlow(N,'s','t')
```

输出结果为：

```
(32,
{('s', 'a'): [8, 8], ('s', 'c'): [15, 14], ('s', 'd'): [10, 10], ('a', 'b'): [15, 15], ('c', 'a'): [8, 7],
 ('c', 'b'): [6, 5], ('c', 'e'): [6, 6], ('d', 'c'): [8, 4], ('d', 'e'): [6, 6], ('b', 't'): [20, 20],
 ('e', 'b'): [5, 0], ('e', 't'): [15, 12]})
```

寻找最大流也可以使用 networkx 库的 maximun_flow() 函数，使用方法如下：

```
N = nx.DiGraph()
edges = [('s','a',{'c':8}),('s','c',{'c':15}),('s','d',{'c':10}),('a','b',{'c':15}),\
         ('c','a',{'c':8}),('c','b',{'c':6}),('d','c',{'c':8}),('d','e',{'c':6}),\
         ('c','e',{'c':6}),('e','b',{'c':5}),('e','t',{'c':15}),('b','t',{'c':20})]
N.add_edges_from(edges)
nx.maximum_flow(N,'s','t',capacity = 'c')
```

输出结果为：

```
(32,
 {'s': {'a': 7, 'c': 15, 'd': 10},
  'a': {'b': 14},
  'c': {'a': 7, 'b': 6, 'e': 6},
  'd': {'c': 4, 'e': 6},
  'b': {'t': 20},
  'e': {'b': 0, 't': 12},
  't': {}}))
```

两种方法得到的最大流均为 32，但对每条边的流量分配不一样。

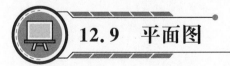

12.9 平面图

将图 G 画在一个平面上，如果能够使任意两个边不相交或仅在顶点相交，则称此图为**平面图**。

例 12.58 圈图 C_n、完全二分图 $K_{2,3}$、完全图 K_4 为平面图。

函数 nx.draw_planar() 用于绘制具有平面布局的平面图。代码如下：

```
import networkx as nx
import matplotlib.pyplot as plt
GS = [nx.cycle_graph(5),nx.complete_bipartite_graph(2,3),nx.complete_graph(4)]
```

```
subs = [131,132,133]
for G,sub in zip(GS,subs):
    plt.subplot(sub)
    nx.draw_planar(G,with_labels = True)
plt.show()
```

输出结果如图 12.54 所示。

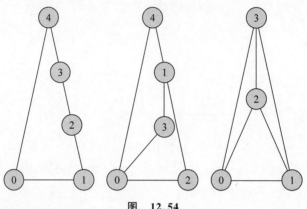

图 12.54

例 12.59 $n \leqslant 3$ 时,超立方图 Q_n 是平面图。

代码如下:

```
GS = [nx.hypercube_graph(n) for n in range(1,4)]
subs = [131,132,133]
for G,sub in zip(GS,subs):
    plt.subplot(sub)
    nx.draw_planar(G)
plt.show()
```

输出结果如图 12.55 所示。

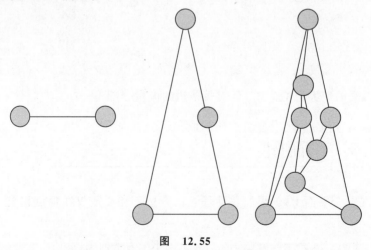

图 12.55

例 12.60 完全二分图 $K_{3,3}$ 不是平面图。

代码如下:

```
G = nx.complete_bipartite_graph(3,3)
try:
```

```
    nx.draw_planar(G)
except Exception as e:
    print(str(e))
```

输出结果为：

```
G is not planar.
```

例 12.61 完全图 K_5 不是平面图。

代码如下：

```
G = nx.complete_graph(5)
try:
    nx.draw_planar(G)
except Exception as e:
    print(str(e))
```

输出结果为：

```
G is not planar.
```

我们对上述一系列例子进行整理：

圈图 C_n 中有 n 个顶点和 n 条边；完全二分图 $K_{2,3}$ 中有 5 个顶点和 6 条边；完全图 K_4 中有 4 个顶点和 6 条边；立方图 Q_3 有 8 个顶点和 12 条边，它们都是平面图。

完全二分图 $K_{3,3}$ 比 $K_{2,3}$ 仅多了 1 个顶点，但多了 3 条边；完全图 K_5 比 K_4 仅多了一个顶点，但却多了 4 条边；超立方图 Q_4 比 Q_3 多了 8 个顶点，但多了 20 条边，它们都不是平面图。

可见，一个图是否为平面图，可能和顶点数量与边的数量有关。

另一个对于平面图来说比较重要的概念就是**面**。一个平面图可以将图分成若干有公共边的面。如图 12.56 所示，平面图 G 将整个平面划分为 $R1,R2,R3,R4,R5$ 五个平面，其中 $R1,R2,R3,R4$ 由 G 中的边围成，$R5$ 为无解平面。

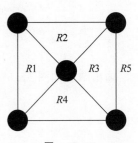

图 12.56

欧拉给出了平面图与其顶点数、边数及面数之间的关系：

欧拉定理 设 $G=(V,E)$ 为平面图，$|V|=v,|E|=e$，并设 r 为由平面图 G 所确定的平面的个数，则 $v-e+r=2$。

我们不证明欧拉定理。

推论 由于无环非多重连通图中的每条边关联两个平面，每个平面至少关联 3 条边，所以有 $3r \leqslant 2e$，所以有 $v-e+\dfrac{2}{3}e \geqslant 2 \Rightarrow e \leqslant 3v-6$。

推论 $e \leqslant 3v-6$ 给出平面图 $G=(V,E)$ 中当顶点个数确定时边数的上界。$e \leqslant 3v-6$ 是图 G 为平面图的必要条件，但不充分。

例如完全二分图 $K_{3,3}$ 满足 $9 \leqslant 3 \times 6-6=12$，但 $K_{3,3}$ 不是平面图；完全图 K_5 不满足 $10=C(5,2) \leqslant 3 \times 5-6=9$，所以 K_5 不是平面图。

12.10 图着色

看守所关押着待审讯的犯人,为了不使同案犯或者有可能认识的犯人之间串供,我们将每个犯人视为一个顶点,如果某两个犯人有可能串供,则这两个顶点之间添加一条边,等所有的边添加结束后,我们为各顶点着色,使相邻顶点的颜色不同。问至少需要多少种颜色?如果我们已经得到了这个最小的颜色数,则可以将颜色相同的顶点所代表的犯人关到一个监室。

图的**着色**是指为每个顶点指定一种颜色,使得相邻顶点颜色不同;图的**着色数**是指这个图至少需要的颜色数,记为 $\chi(G)$。

例 12.62 验证 $n \geqslant 1$ 时有 $\chi(C_{2n+1})=3, \chi(C_{2n+2})=2$。

nx.coloring.greedy_color()函数借用着色问题贪心算法的各种技巧给图着色,默认技巧为'largest_first'。代码如下:

```
import networkx as nx
import matplotlib.pyplot as plt
nS = [3,4,5,6]
nG = [nx.cycle_graph(n) for n in nS]
subs = [221,222,223,224]
for G,sub in zip(nG,subs):
    plt.subplot(sub)
    dict_node_color = nx.coloring.greedy_color(G)  #返回由"顶点-颜色"键值对构成的列表
    colors = []
    nodes = list(G.nodes)
    for node in nodes:
        colors.append(dict_node_color[node])
    nx.draw(G,node_color = colors)
plt.show()
```

输出结果如图 12.57 所示。

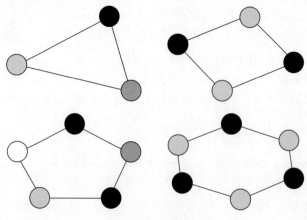

图 12.57

可以看到 C_3, C_5 是 3 可着色的, C_4, C_6 是 2 可着色的。

例 12.63 验证 $\chi(K_{m,n})=2$。

代码如下:

```
G = nx.complete_bipartite_graph(3,4)
dict_result = nx.coloring.greedy_color(G)
print(dict_result)
print(max(dict_result.values()) + 1)    #颜色的个数
```

输出结果为:

```
{0: 0, 1: 0, 2: 0, 3: 1, 4: 1, 5: 1, 6: 1}
2
```

例 12.64 验证 $\chi(K_n)=n$。

代码如下:

```
G = nx.complete_graph(5)
print(max(nx.coloring.greedy_color(G).values()) + 1)
```

输出结果为:

```
5
```

即 $\chi(K_5)=5$。

例 12.65 以河南省的市级行政地图为例,为了使相邻的市之间的颜色不同,问至少需要多少种颜色?

我们把不同的市作为顶点,相邻的市所对应的顶点之间连边,该问题便是典型的图着色问题。代码如下:

```
nodes = ['AY','PY','HB','XX','JZ','SMX','LY','ZZ','KF','SQ','PDS','XC','ZK','LH','NY','ZMD','XY']
edges = [('AY','PY'),('AY','HB'),('AY','XX'),('PY','XX'),('HB','XX'),('XX','JZ'),('XX','ZZ'),\
         ('XX','KF'),('JZ','LY'),('JZ','ZZ'),('ZZ','LY'),('ZZ','KF'),('ZZ','PDS'),('ZZ','XC'),\
         ('SMX','LY'),('SMX','NY'),('LY','NY'),('LY','PDS'),('KF','ZK'),('KF','SQ'),('KF','XC'),\
         ('XC','LH'),('XC','PDS'),('XC','ZK'),('LH','ZK'),('ZK','SQ'),('NY','PDS'),('NY','ZMD'),\
         ('NY','XY'),('XY','ZMD'),('ZMD','PDS'),('ZMD','LH'),('ZMD','ZK'),('PDS','LH')]
G = nx.Graph()
G.add_edges_from(edges)
dict_node_color = nx.coloring.greedy_color(G)
print(dict_node_color)
colors = []
nodes = list(G.nodes)
for node in nodes:
    colors.append(dict_node_color[node])
nx.draw_shell(G,node_color = colors,with_labels = True)
```

输出的颜色字典为:

```
{'XX': 0, 'ZZ': 1, 'PDS': 0, 'KF': 2, 'LY': 2, 'XC': 3, 'NY': 1, 'ZK': 0, 'ZMD': 2, 'LH': 1, 'AY': 1,
'JZ': 3, 'PY': 2, 'HB': 2, 'SMX': 0, 'SQ': 1, 'XY': 0}
```

颜色的最大编号为 3,所以至少需要 4 种颜色。

输出的图形结果如图 12.58 所示。

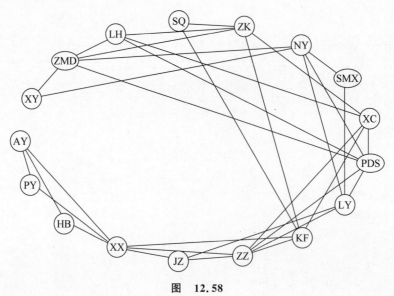

图 12.58

第13章

树

树是一种重要的数据结构,在面向对象编程时是一种重要的类。熟悉界面类应用开发的读者可能会接触到 TreeNode 类及 TreeView 控件,其中 TreeNode 相当于树的节点而 TreeView 为表现树的可视化控件(容器)。

有些问题的模型需要构建在树上加以解决,典型的应用有二分搜索树、决策树和博弈树。我们简要讨论树在这三类问题上的应用。

 13.1 概述

如果把树视为一个图 $T(V,E)$,则树是不存在回路的无向连通图。

例 13.1 判断图 13.1 所示的三张图是否为树。

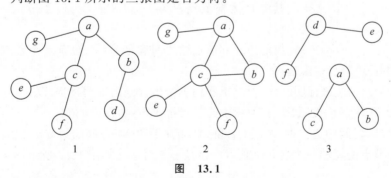

图 13.1

nx.is_tree()函数可用于判断图是否为树,代码如下:

```
import networkx as nx
import numpy as np
edgesS = [[('a','b'),('a','c'),('a','g'),('b','d'),('c','e'),('c','f')],\
          [('a','b'),('a','c'),('a','g'),('b','c'),('c','e'),('c','f')],\
          [('a','b'),('a','c'),('d','e'),('d','f')]]
#三张图构成的列表
GS = []
```

```
for edges in edgesS:
    G = nx.Graph()
    G.add_edges_from(edges)
    GS.append(G)
#逐个判断是否为树
for G in GS:
    print(nx.is_tree(G))
```

输出结果为：

```
True
False
False
```

其中图 2 中有回路而图 3 为非连通图。

图 $T(V,E)$ 为树当且仅当它的每对顶点之间存在唯一通路。如果 T 是树,若存在顶点 a 和顶点 b 之间有不同的通路 P_1 和 P_2,则 P_1 和 P_2 构成回路;若每对顶点之间存在唯一通路,则说明图 T 是连通的且不存在回路,从而为树。

可以指定树的某个顶点为**根**。一旦指定了根,由于根到每个顶点有唯一的通路,我们可以为树中的每条边指定方向(离开根的方向),从而得到一个有向图,称为**有根树**。

在讨论树时,我们一般称图论中的顶点为树的**节点**(Node)。有根树中的根称为**根节点**(Root Node)。如果树中有一条从 u 到 v 的有向边,称 v 为 u 的**子**(Child)**节点**,u 为 v 的**父**(Parent)**节点**,有共同父节点的节点称为**兄弟**(Brother)**节点**。没有子节点的节点称为**叶子**(Leaf)**节点**。除了叶子节点,其余的节点称为树的**内点**。

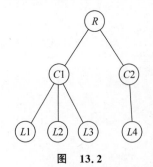

图 13.2

在表达有根树时,和自然界中的树恰好相反,我们一般将树的根节点置于图的最上方,一个节点的子节点总是在这个节点的下边,叶子节点在树的最下方。此时边的方向的箭头可以省略,如图 13.2 所示。

其中 R 为根节点,$L1,L2,L3,L4$ 为叶子节点,而 $R,C1,C2$ 为内点。

树的边数和节点数之间满足关系:**含有 n 个节点的树有 $n-1$ 条边**。

可以用数学归纳法来证明结论,但这里我们不给出详细的证明过程,仅介绍一种直观的理解。以图 13.2 为例,我们按照"辈分"对树中的节点排序,不妨设 $R>C1>C2>L1>L2>L3>L4$,现将 R 和 $C2$ 之间的边去掉,调至 $C1$ 和 $C2$,将 $C1$ 和 $L1$ 之间的边调至 $C2$ 和 $L1$,……从而一棵有 n 个节点的树和一个含 n 个顶点的路径一一对应。如图 13.3 所示,n 个顶点之间有 $n-1$ 条边。

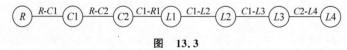

图 13.3

例 13.2 随机生成一棵有 100 个节点的树 T,统计 T 中的边数。

代码如下:

```
T = nx.random_tree(100)
print(len(list(T.edges)))
```

输出结果为：

99

如果有根树的每个内点的子节点均不超过 m 个，则称它为 m 叉树。如果该树的每个内点恰有 m 个子节点，则称其为**满 m 叉树**。$m=2$ 时的 m 叉树称为**二叉树**。

有 k 个内点的满 m 叉树共含有 $n=mk+1$ 个节点。每个内点都有 m 个子节点，所以除了根节点，共有 mk 个节点，加上根节点共有 $n=mk+1$ 个节点。

有 n 个节点的满 m 叉树共有 $l=\dfrac{(m-1)n+1}{m}$ 个叶子节点。显然有：

$$l=n-k=n-\dfrac{n-1}{m}=\dfrac{(m-1)n+1}{m}$$

有 l 个叶子节点的满 m 叉树共有 $n=\dfrac{ml-1}{m-1}$ 个节点及 $k=n-l=\dfrac{l-1}{m-1}$ 个内点。

例 13.3 某人在微信给他的 10 个好友 $f_i,1\leqslant i\leqslant 10$ 转发了一篇文章，并要求收到这篇文章的每个好友 f_i 继续向他们各自的 10 个好友转发，在转发过程中，我们假定任何一个人仅收到一次转发邀请，且仅有按要求转发 10 个好友和一个也不转发这两类人。编写程序模拟这个过程，并验证 n,k 和 m 之间的关系。其中 n 为接到转发邀请的人数，同时也是树的节点数量；l 为叶子节点的数量，即不转发信息的人数；$m=10$。

代码如下：

```
np.random.seed(0)
m = 10
probablity = 1.0
probablity_decrease_step = 0.01
maxNodeIndex = 1                    #记录当前子节点的编号
node = [1,0,False]                  #[节点编号,子节点数量,是否按choice()已生成子节点]
nodes = [node]
while True:
    #对每一个节点,若它还没有生成过子节点,依概率决定是否生成子节点,当generate=1时对它
    #生成m个子节点,加入nodes列表
    for nd in nodes:
        if not nd[2]:
            nd[2] = True
            generate = np.random.choice([1,0],p = [probablity,1 - probablity])
            if generate == 1:
                nd[1] = m
                for i in range(1,m + 1):
                    maxNodeIndex += 1
                    nodes.append([maxNodeIndex,0,False])
    probablity -= probablity_decrease_step
    if probablity <= 0:break         #概率<=0时结束for循环
    if probablity <= 0:break         #概率<=0时结束while循环
#统计内点数量
interiorPoint = 0
for n in nodes:
    if n[1]:interiorPoint += 1
#输出节点数,内点数,并判断两者之间的关系式是否成立
maxNodeIndex, interiorPoint,maxNodeIndex == m * interiorPoint + 1
```

输出结果为:

```
(551,55,True)
```

在有根树 $T=(N,E)$ 中,从根节点 r 到节点 n 的边的数量称为节点 n 的**层数**(layer),记为 $l(n)$,显然有 $l(r)=0$ 称 $h=\max\{l(n)\}, \forall n \in N$ 为树的**高度**。在家族谱的树中,层数相同的节点在家族中的辈分是一样的。

对于高度为 h 的 m 叉树,如果每一个叶子节点的层数为 h 或 $h-1$,称此树为**平衡的**。

高度为 h 的 m 叉树中至多有 m^h 个叶子节点。从而如果 m 叉树 T 中有 l 个叶子节点,那么 T 的高度 $h \geqslant \lceil \log_m l \rceil$。

例 13.4 在例 13.3 中我们没有记录树中子节点和父节点的信息。修改代码,记录节点的父节点编号,求出树的高度并判断它是否为平衡的。

代码如下:

```
np.random.seed(0)
m = 10
probablity = 1.0
probablity_decrease_step = 0.01
maxNodeIndex = 1
node = [1,0,False,0]    #[节点编号,子节点数量,是否按choice()已生成子节点,父节点编号]
nodes = [node]
while True:
    for nd in nodes:
        if not nd[2]:
            nd[2] = True
            generate = np.random.choice([1,0],p = [probablity,1 - probablity])
            if generate == 1:
                nd[1] = m
                for i in range(1,m + 1):
                    maxNodeIndex += 1
                    nodes.append([maxNodeIndex,0,False,nd[0]])        #增加父节点编号
        probablity -= probablity_decrease_step
        if probablity <= 0:break
    if probablity <= 0:break
maxLayer,minLayer = 0,10000
#对每个叶子节点统计其层数
for node in nodes:
    if node[1] == 0:
        layer_n = 0
        while True:
            if node[3] == 0:break    #表明该节点为根节点,结束while循环,层数不变
            for n in nodes:
                #寻找node的父节点n,层数加1,node更新为n,结束for循环,进入下
                #次while循环,相当于寻找父节点的父节点……
                if n[0] == node[3]:
                    layer_n += 1
                    node = n
                    break
        if layer_n > maxLayer:maxLayer = layer_n
        if layer_n < minLayer:minLayer = layer_n
#输出最大层数与最小层数
maxLayer,minLayer
```

输出结果为:

```
(3,1)
```

这说明树的高度为 3,存在层数为 1 的叶子节点,所以不是平衡的。

关于树有以下几个简单的结论:

去掉树 T 的任意一条边 e,得到两个连通分支,每个连通分支仍然为树,不妨记为 T_1,T_2。如果树 T 的根节点 $r\in T_1$,称 T_1 为树 T 的真子树。T 是自身的子树。

将一棵树 T 视为无向连通图 G,可以将 G 中的任一顶点 v 视为根 r,得到的都是有根树。树的着色数 $\chi(T)=2$。

13.2 树的创建

13.2.1 自定义类

用 Python 的 idle 新建一个 TreeForPython.py 文件,保存至本章代码所在的文件夹中。在 TreeForPython.py 文件中新建两个类,代码如下:

```python
class TreeNode:
    def __init__(self,ID,ParentID):
        self.ID = ID
        self.ParentID = ParentID
    def Name(self):
        return self.Name
    def Name(self,name):
        self.Name = name
class Tree:
    def __init__(self,Nodes = None):
        if Nodes is None:
            self.Nodes = []
    def Add(self,Node):
            self.Nodes.append(Node)
    def RemoveByID(self,id):
        delNodesID = [id]     #待删除的节点编号列表
        while len(delNodesID)> 0:
            delNodeID = delNodesID.pop()
            #删除指定编号的节点
            for node in self.Nodes:
                if node.ID == delNodeID:
                    self.Nodes.remove(node)
                    break
            #将指定编号节点的子节点插入待删除列表
            for node in self.Nodes:
                if node.ParentID == delNodeID:
                    delNodesID.insert(0,node.ID)
    def Clear(self):
        self.Nodes.clear()
```

TreeNode 类有 ID，ParentID 和 Name 三个属性。ID 和 ParentID 属性分别是一个节点的唯一编号和其父节点的编号，是一个节点必须具备的两个属性，而其他属性可以在创建后再赋值，如这里的 Name 属性。

Tree 类的 Nodes 属性指包含一棵树的所有节点的列表。

函数 Add()、RemoveByID() 和 Clear() 分别执行对列表 Tree.Nodes 添加节点、删除指定编号的节点、清除所有节点的操作。

注意，当删除一个节点时，实质上是删除以此节点为根的子树。

例 13.5 创建一棵如图 13.4 所示的树，测试类 Tree 中定义的相关函数。

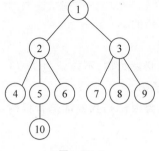

图 13.4

测试代码如下：

```
from TreeForPython import TreeNode, Tree
#创建节点并设置节点属性
node = TreeNode(1,0)
node.Name = 'a'
#创建树并添加节点 node
tree = Tree()
tree.Clear()
tree.Add(node)
#添加新的节点
nodes = [(2,1,'b'),(3,1,'c'),(4,2,'d'),(5,2,'e'),(6,2,'f'),(7,3,'g'),(8,3,'h'),(9,3,'i'),(10,5,'j')]
for node in nodes:
    newNode = TreeNode(node[0],node[1])
    newNode.Name = node[2]
    tree.Add(newNode)
#输出当前所有节点
print('Now,this tree has nodes:')
for node in tree.Nodes:
    print(node.ID,node.ParentID,node.Name,end = ';')
#删除编号为 2 的节点，然后输出树中剩余节点
tree.RemoveByID(2)
print('\n\nAfter remove node where ID = 2,this tree has nodes:')
for node in tree.Nodes:
    print(node.ID,node.ParentID,node.Name,end = ';')
```

输出结果为：

```
Now,this tree has nodes:
1 0 a;2 1 b;3 1 c;4 2 d;5 2 e;6 2 f;7 3 g;8 3 h;9 3 i;10 5 j;
After remove node where ID = 2,this tree has nodes:1 0 a;3 1 c;7 3 g;8 3 h;9 3 i;
```

可以看到删除编号为 2 的节点是连同它的所有子节点一并删除。自定义类的方法比较灵活，可以根据需要为类添加属性和函数。

13.2.2 继承其他类

如果使用树的场景是为了研究和图论相关的内容，可以将类 Tree 看作 networkx.DiGraph 的子类，方法如下：

```python
from networkx import DiGraph
import networkx as nx
class TreeFromDiGraph(DiGraph):
    def __init__(self, *args, **kwds):
        super(TreeFromDiGraph, self).__init__(*args, **kwds)
        self.__DiGraph__ = self
    #在保证是树的前提下,添加 u 到 v 的边
    def Add_Edge(self,u,v):
        self.add_edge(u,v)                          #添加 u 到 v 的边
        if not nx.is_tree(self):                    #添加后如果图不是树
            self.remove_edge(u,v)                   #删掉 u 到 v 的边
            if len(list(self.successors(u))) == 0 and len(list(self.predecessors(u))) == 0:
                                                    #如果 u 变为孤立点
                self.remove_node(u)                 #删掉节点 u
            if len(list(self.successors(v))) == 0 and len(list(self.predecessors(v))) == 0:
                                                    #如果 v 变为孤立点
                self.remove_node(v)                 #删掉节点 v
    #寻找父节点
    def Parent(self,u):
        return list(self.predecessors(u))[0]
    #寻找子节点
    def Children(self,u):
        return list(self.successors(u))
    #寻找根节点
    def Root(self):
        for node in self.nodes:
            if len(list(self.predecessors(node))) == 0:
                return node
    #计算节点的层数
    def Layer(self,node):
        r = self.Root()
        return nx.dijkstra_path_length(self,r,node)
    #计算树高
    def H(self):
        r = self.Root()
        return nx.dag_longest_path_length(self,r)
```

首先测试 Add_Edge() 函数:

```
t = TreeFromDiGraph()
t.Add_Edge('a','b')
t.Add_Edge('a','c')
t.Add_Edge('b','c')
list(t.edges)
```

输出结果为:

```
[('a', 'b'), ('a', 'c')]
```

因为边 bc 添加后将不再是树。

测试其他几个函数:

```
T1 = TreeFromDiGraph()
edges = [(1,2),(1,3),(2,4),(2,5),(2,6),(3,7),(3,8),(3,9),(5,10)]
```

```
    for edge in edges:
        T1.Add_Edge(edge[0],edge[1])
T1.Root(),T1.Parent(10),T1.Children(3),T1.Layer(2),T1.H()
```

输出结果为：

```
(1, 5, [7, 8, 9], 1, 3)
```

调用父类的绘图函数：

```
nx.draw_planar(T1,with_labels = True,node_color = 'pink')
```

输出结果如图 13.5 所示。

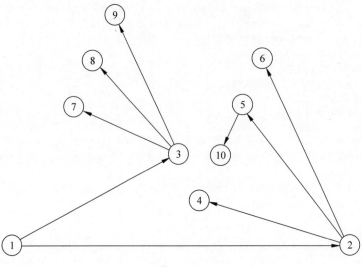

图 13.5

树 $T1$ 的根节点为 1，节点 10 的父节点为 5，节点 3 的子节点有 7、8、9，节点 2 的层数为 1，树高为 3。

13.3 二叉树

二叉树是树的一种特殊情况，若一个内点有 2 个子节点，则左边的子节点叫作**左子**，右边的子节点叫作**右子**，以一个节点的左子为根的树称为该节点的**左子树**，以一个节点的右子为根的树称为该节点的**右子树**。我们首先编写二叉树类：

```
class BinaryTree:
    def __init__(self,key = None):
        self.key = key
        self.leftChild = None
        self.rightChild = None
    #插入左节点
    def insertLeft(self,newNode):
        t = BinaryTree(newNode)
        if self.leftChild == None:
```

```
            self.leftChild = t
        else:
            t.leftChild = self.leftChild
            self.leftChild = t
    #插入右节点
    def insertRight(self,newNode):
        t = BinaryTree(newNode)
        if self.rightChild == None:
            self.rightChild = t
        else:
            t.rightChild = self.rightChild
            self.rightChild = t
    #获取左子树
    def getLeftChild(self):
        return self.leftChild
    #获取右子树
    def getRightChild(self):
        return self.rightChild
    #获取根值
    def getKey(self):
        return self.key
```

由于二叉树的主要应用是将某些值附加在节点上,并利用二叉树的特殊结构快速搜索某个值是否在树上,所以不需要为节点附加诸如节点编号、父节点编号等信息。类的 Key 属性实际是树或子树的根值,另外,任一节点还有 leftChild 和 rightChild 两个属性。

例 13.6 构建图 13.6 所示的二叉图。

代码如下:

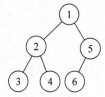

图 13.6

```
#创建 1 为根节点的二叉树,并插入左节点 2,右节点 5
T = BinaryTree(1)
T.insertLeft(2)
T.insertRight(5)
#对左子树插入左节点 3,右节点 4
t = T.getLeftChild()
t.insertLeft(3)
t.insertRight(4)
#对右子树插入左节点 6
t = T.getRightChild()
t.insertLeft(6)
#输出
T.leftChild.leftChild.getKey( ),T.rightChild.leftChild.getKey( ),T.rightChild.rightChild =
= None
```

输出结果为:

(3,6,True)

左子树的左子树的根为 3,右子树的左子树的根为 6,右子树的右子树为空。

例 13.7 用递归的方法以列表形式显示例 13.6 中二叉树的信息。

代码如下:

```
def getTreeInfoDisplayByList(T:BinaryTree):
    if T == None:return [ ]
```

```
        return [T.getKey(),getTreeInfoDisplayByList(T.getLeftChild()),
            getTreeInfoDisplayByList(T.getRightChild())]
getTreeInfoDisplayByList(T)
```

输出结果为:

```
[1, [2, [3, [], []], [4, [], []]], [5, [6, [], []], []]]
```

列表以[root,[leftChild],[rightChild]]形式表示树或子树,如[2,[3,[],[]],[4,[],[]]]表示以 2 为根节点的子树,并且为节点 1 的左子树。

下面我们定义 insert()函数,将一个元素 x 插入二叉树 T。从根节点开始,若 x 小于所比较的节点的值且被比较的节点有左子节点,则向左移动,比较 x 与它的左子节点的值;若 x 大于所比较的节点的值且被比较的节点有右子节点,则向右移动,比较 x 与它的右子节点的值;若 x 小于所比较的节点的值且被比较的节点没有左子节点,则插入 x 作为它的左子节点;若 x 大于所比较的节点的值且被比较的节点没有右子节点,则插入 x 作为它的右子节点,函数代码如下:

```
def insert(T:BinaryTree,x):
    r = T.getKey()                    #二叉树的根节点
    #当根节点不存在时,把 x 设为根节点
    if r == None:
        T.key = x
        return T
    tempT = T
    while r!= x:
        if x < r:
            #当左子树为空时,把 x 作为左节点插入
            if tempT.getLeftChild() == None:
                tempT.insertLeft(x)
                return T
            #当左子树非空时,取左子树的根节点作为 r,进入下次循环
            else:
                tempT = tempT.getLeftChild()
                r = tempT.getKey()
        else:
            #当右子树为空时,把 x 作为右节点插入
            if tempT.getRightChild() == None:
                tempT.insertRight(x)
                return T
            #当右子树非空时,取右子树的根节点作为 r,进入下次循环
            else:
                tempT = tempT.getRightChild()
                r = tempT.getKey()
```

例 13.8 随机产生一个 1~13 的整数序列,按序列顺序将这 13 个整数插入一个二叉树中。

代码如下:

```
import numpy as np
#随机生成 1~13 的整数序列
```

```
X = list(range(1,14))
np.random.seed(0)
np.random.shuffle(X)
print(X)
#创建二叉树,按序列顺序插入这 13 个整数
t = BinaryTree()
for x in X:
    insert(t,x)
#显示二叉树的信息
getTreeInfoDisplayByList(t)
```

输出结果为:

```
[7, 12, 5, 11, 3, 9, 2, 8, 10, 4, 1, 6, 13]
[7,
 [5, [3, [2, [1, [], []], []], [4, [], []]], [6, [], []]],
 [12, [11, [9, [8, [], []], [10, [], []]], []], [13, [], []]]]
```

此二叉树如图 13.7 所示,其特点为:对于任一节点 n,它的左子树中节点的值总是小于节点 n 的值,而它的右子树中每一个节点的值总是大于节点 n 的值。这样的二叉树叫作二叉搜索树。

如果在这个二叉搜索树中搜索数字 10,我们需要经过 7,12,11,9,10 这 5 个节点,即只需要做 5 次判断。当树的节点比较多时,可以体现二叉搜索树的效率。

现定义函数 query()实现搜索功能:

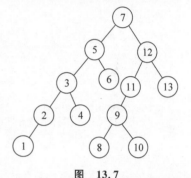

图 13.7

```
def query(T:BinaryTree,x):
    tempT = T
    r = tempT.getKey()                    #树根
    result = [r]                          #搜索列表
    while r!= x:
        if x < result[-1]:
            tempT = tempT.getLeftChild()  #获取左子树
            if tempT == None:             #左子树为空,说明 x 不在二叉树中,返回空列表
                return []
            else:   #左子树非空时,取左子树的根,加入搜索列表,进入下次循环
                r = tempT.getKey()
                result.append(r)
        else:
            tempT = tempT.getRightChild() #获取右子树
            if tempT == None:             #右子树为空,说明 x 不在二叉树中,返回空列表
                return []
            else:   #右子树非空时,取右子树的根,加入搜索列表,进入下次循环
                r = tempT.getKey()
                result.append(r)
    #返回搜索列表
    return result
```

例 13.9 搜索 10 在图 13.7 中的位置。

代码如下:

```
query(t,10)
```

输出结果为：

```
[7, 12, 11, 9, 10]
```

在这个过程中我们依次比较了 10 与 7,12,11,9,10 的大小关系,最终锁定了 10 在二叉树中的位置。

例 13.10 将 1～5000 这 5000 个整数随机打乱,构建二叉搜索树,并搜索 2500 的位置。

代码如下：

```
np.random.seed(0)
X = list(range(1,5001))
np.random.shuffle(X)
T = BinaryTree()
for x in X:
    insert(T,x)
query(T,2500)
```

输出结果为：

```
[399, 3834, 637, 2546, 1162, 2231, 2531, 2467, 2514, 2474, 2501, 2495, 2498, 2499, 2500]
```

经过 15 次比较,确定了整数 2500 的位置。

```
A = getTreeInfoDisplayByList(T)
A[2][1][2][1][2][2][1][2][1][2][1][2][2][2][0]
```

输出结果为：

```
2500
```

> **注意**：对于函数 getTreeInfoDisplayByList() 来说,索引 0,1,2 分别代表根、左子树与右子树。

例 13.11 测试整数 −1 和 10 000 是否在例 13.10 的二叉搜索树中。

代码如下：

```
query(T,-1),query(T,10000)
```

输出结果为：

```
([], [])
```

符合事实。

二叉树除了可用于搜索以外,它的另一方面的应用是编码。

假设我们想用仅含 0 和 1 的字符串传递字符信息,比如为字母 a 指定 0,为字母 b 指定 01,为字母 c 指定 10。当需要发送字符串 ac 时,我们对字符串的每个字母编码,得到 0-1 串 010,当对 010 串解码时,可以将其视为 0+10=ac,也可以将其视为 01+0=ba。但我们不愿意看到这种可能产生歧义的局面。

产生歧义的原因是 a 的编码 0 是 b 的编码 01 的**前缀**,同样 11 是 1101 的前缀,1101 是 11010 的前缀。如果 a 的编码为 0,b 的编码为 10,c 的编码为 110,d 的编码为 111,在集合{0,

$10, 110, 111$}中,任意一个编码都不是其他编码的前缀,称这样的编码为**前缀码**。

前缀码的生成可以借助二叉树。在二叉树上,从根节点开始到达某个叶子节点的路径是唯一的,如果路径上的边是由父节点指向左子节点时,为此边标记 0;如果是指向右子节点时,为此边标记 1。因此,前缀码{0, 10, 110, 111}可由如图 13.8 所示的二叉树生成。

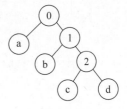

图 13.8

其中 0,1,2 为树的内点,**所有的前缀码都在叶子节点上**,由于**任一叶子节点都不是其他叶子节点的直系祖先**,从而保证不会存在前缀。

在为一段英文文字编码时,由于每个字母出现的频率不同,比如字母 e 出现的频率最高,而字母 z 出现的频率最低,图 13.9 是对英文版长篇小说《悲惨世界》中每个字母出现次数的统计结果。

```
字母 'E' 发生的频数为: 350204, 频率为: 0.13124
字母 'T' 发生的频数为: 247905, 频率为: 0.0929
字母 'A' 发生的频数为: 218220, 频率为: 0.08178
字母 'O' 发生的频数为: 194394, 频率为: 0.07285
字母 'H' 发生的频数为: 186855, 频率为: 0.07002
字母 'I' 发生的频数为: 184082, 频率为: 0.06898
字母 'N' 发生的频数为: 178921, 频率为: 0.06705
字母 'S' 发生的频数为: 171145, 频率为: 0.06414
字母 'R' 发生的频数为: 155953, 频率为: 0.05844
字母 'D' 发生的频数为: 114858, 频率为: 0.04304
字母 'L' 发生的频数为: 104824, 频率为: 0.03928
字母 'U' 发生的频数为: 71744, 频率为: 0.02689
字母 'C' 发生的频数为: 70324, 频率为: 0.02635
字母 'M' 发生的频数为: 65472, 频率为: 0.02454
字母 'W' 发生的频数为: 59832, 频率为: 0.02242
字母 'F' 发生的频数为: 59287, 频率为: 0.02222
字母 'G' 发生的频数为: 51034, 频率为: 0.01912
字母 'P' 发生的频数为: 45025, 频率为: 0.01687
字母 'Y' 发生的频数为: 41146, 频率为: 0.01542
字母 'B' 发生的频数为: 39687, 频率为: 0.01487
字母 'V' 发生的频数为: 27421, 频率为: 0.01028
字母 'K' 发生的频数为: 15324, 频率为: 0.00574
字母 'J' 发生的频数为: 6031, 频率为: 0.00226
字母 'X' 发生的频数为: 4144, 频率为: 0.00155
字母 'Q' 发生的频数为: 2656, 频率为: 0.001
字母 'Z' 发生的频数为: 2018, 频率为: 0.00076
```

图 13.9

我们希望出现频率越高的字母在二叉树上的路径越短,因为路径越短对应前缀码中的序列越短,这样可以保证译文的总长度最短。

我们称字母出现的频数(也可以是频率)为字母的**权**。如 350204, 247905, 218220, 194394 为字母 e, t, a, o 的权,记为 $w(\alpha)$,其中 $\alpha \in \{a, b, c, \cdots, x, y, z\}$,记 $l(\alpha)$ 为字母 α 的编码长度,即在树中从根节点到叶子节点 α 的路径长度。称这样的树为**带权树**。

现在我们构造一棵带权树使得 $W(T) = \sum_{\alpha \in \text{leaf}(T)} [w(\alpha) \cdot l(\alpha)]$ 最小,称使得 W 达到最小的树 T 为**最优树**。最优树生成的前缀码一定是**最佳前缀码**,可以实现译文的总长度最短。

现为字母 e:35, t:24, a:21, o:19, h:18, n:17, r:15, l:10, c:7 构造最优树。方法如下:

(1) 首先将各字母按字母的权进行升序排列,得到 7, 10, 15, 17, 18, 19, 21, 24, 35,将每个节点视为一棵树,当前有 9 棵树,如图 13.10 所示。

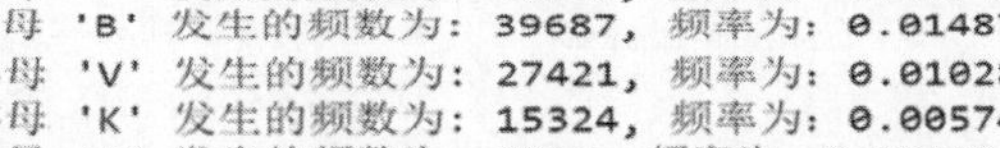

图 13.10

(2) 将前两棵树合并为一棵树,对应的权值相加,相加后对树的权值重新排序,如图 13.11 所示。

(3) 将前两棵树合并,权值相加并重新排序,如图 13.12 所示。

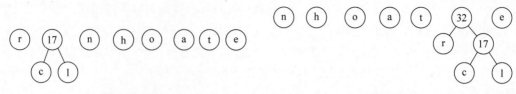

图 13.11 　　　　　　　　　图 13.12

（4）一直重复将前两棵树合并，权值相加后重新排序的过程，最后便得到最优树如图 13.13 所示。

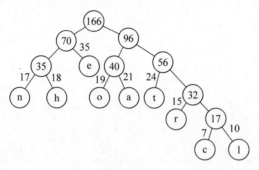

图 13.13

现在定义函数 genOptimalTree()，按上述过程生成最优树：

```
def genOptimalTree(nums:list):
    nums = sorted(nums, reverse = True)          #对权按降序排序
    trees = [BinaryTree(num) for num in nums]    #按顺序排列好的只有一个节点的二叉树列表
    while len(trees)>1:                          #列表中只有一棵树时停止循环
        #后两个树合并，权值相加，生成新树
        leftTree = trees.pop()
        rightTree = trees.pop()
        leftKey = leftTree.key
        rightKey = rightTree.key
        newKey = leftKey + rightKey
        T = BinaryTree(newKey)
        T.leftChild = leftTree
        T.rightChild = rightTree
        #新生成的树加入列表，对列表中的树按根节点的权值降序排序
        trees.append(T)
        trees = sorted(trees, key = lambda tree:tree.key, reverse = True)
    return getTreeInfoDisplayByList(T)
```

注意，这里我们在对树进行排序时，没有按根节点权值的升序排序，而是按降序排序，主要考虑到 pop() 函数删除及返回的是列表的末位元素。

例 13.12 生成节点权重为列表 [7,10,15,17,18,19,21,24,35] 的最优树。

代码如下：

```
genOptimalTree([7,10,15,17,18,19,21,24,35])
```

输出结果为：

```
[166,
    [70,
```

```
        [35,
            [17, [], []],
            [18, [], []]],
        [35, [], []]],
    [96,
        [40,
            [19, [], []],
            [21, [], []]],
        [56,
            [24, [], []],
            [32,
                [15, [], []],
                [17,
                    [7, [], []],
                    [10, [], []]]]]]]]
```

13.4 决策树

例13.13 现有9个乒乓球,分别标号1~9。其中有8个正品和1个次品,正品的重量是一样的,次品和正品的重量不同,可能比正品重,也可能比正品轻。如果用一个没有砝码的天平确定出次品的编号,并且还想确定出这个次品比正品轻还是重,试设计一个称重次数最少的方案。

最少称重三次可以确定次品编号及是轻球还是重球,方法如图13.14所示。

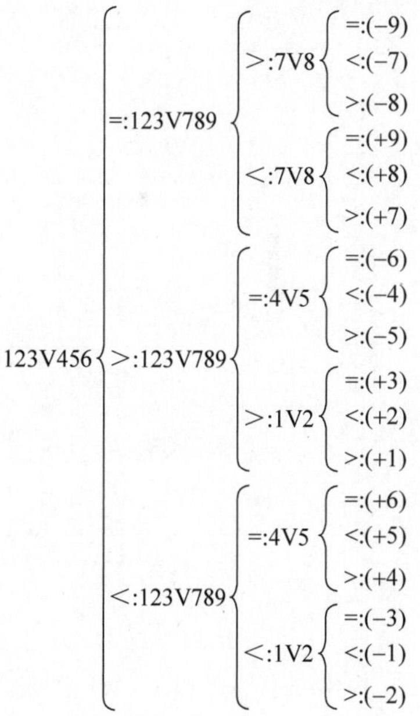

图13.14中每个花括号之前代表一种行动,花括号之后为此行动可能出现的结果,不同的结果可能会决定进一步的行动,或者做出决策。

我们习惯将这种情况、决策、情况、决策……构成的序列构建在一棵有根树上进行描述、分析并做出最优决策,称此树为**决策树**。

对数据进行监督学习时,也经常使用决策树。

例13.14 Iris 数据集记录了鸢尾花(iris)的3个子类山鸢尾(setosa)、变色鸢尾(versicolor)和维吉尼亚鸢尾(virginica)的样本信息,样本数量为150个,每个子类50个。每个样本包含5个变量,其中4个变量为特征值,一个变量为样本分类值(用0,1,2代表三个子类),4个特征变量分别为:花萼长度(sepal length(cm))、花萼宽度(sepal width(cm))、花瓣长度(petal length(cm))、花瓣宽度(petal width(cm))。

我们仅展示根据数据统计结果所创建的决策(分类)树。

代码如下:

图 13.14

```
from sklearn.datasets import load_iris
from sklearn import tree
import pandas as pd
import matplotlib.pyplot as plt
#加载数据,并显示数据特征信息
iris = load_iris()
sheet = pd.DataFrame(iris.data,columns = iris.feature_names)
sheet
```

输出结果为:

	sepal length (cm)	sepal width (cm)	petal length (cm)	petal width (cm)
0	5.1	3.5	1.4	0.2
1	4.9	3.0	1.4	0.2
2	4.7	3.2	1.3	0.2
3	4.6	3.1	1.5	0.2
4	5.0	3.6	1.4	0.2
...	...	...	...	...
145	6.7	3.0	5.2	2.3
146	6.3	2.5	5.0	1.9
147	6.5	3.0	5.2	2.0
148	6.2	3.4	5.4	2.3
149	5.9	3.0	5.1	1.8

150 rows × 4 columns

```
#类别及分类值
iris.target_names,iris.target
```

输出结果为:

```
(array(['setosa', 'versicolor', 'virginica'], dtype = '<U10'),
 array([0, 0, 0, 0, 0, 0, 0, 0, 0, 0, 0, 0, 0, 0, 0, 0, 0, 0, 0, 0, 0,
        0, 0, 0, 0, 0, 0, 0, 0, 0, 0, 0, 0, 0, 0, 0, 0, 0, 0, 0, 0, 0,
        0, 0, 0, 0, 0, 0, 0, 0, 1, 1, 1, 1, 1, 1, 1, 1, 1, 1, 1, 1, 1,
        1, 1, 1, 1, 1, 1, 1, 1, 1, 1, 1, 1, 1, 1, 1, 1, 1, 1, 1, 1, 1,
        1, 1, 1, 1, 1, 1, 1, 1, 1, 1, 1, 1, 1, 1, 2, 2, 2, 2, 2, 2, 2,
        2, 2, 2, 2, 2, 2, 2, 2, 2, 2, 2, 2, 2, 2, 2, 2, 2, 2, 2, 2, 2,
        2, 2, 2, 2, 2, 2, 2, 2, 2, 2, 2, 2, 2, 2, 2, 2, 2, 2, 2, 2]))
```

其中 0 代表'setosa',1 代表'versicolor',2 代表'virginica'。

```
X, y = iris.data, iris.target
clf = tree.DecisionTreeClassifier()                    #决策树分类器
clf = clf.fit(X, y)                                    #基于(X,y)拟合一个决策树分类器
tree.plot_tree(clf,class_names = list(iris.target_names))    #绘制决策树
plt.show()                                             #显示图形
```

输出结果如图 13.15 所示。

当给定新的数据时,分类器将根据此决策树为数据分类。

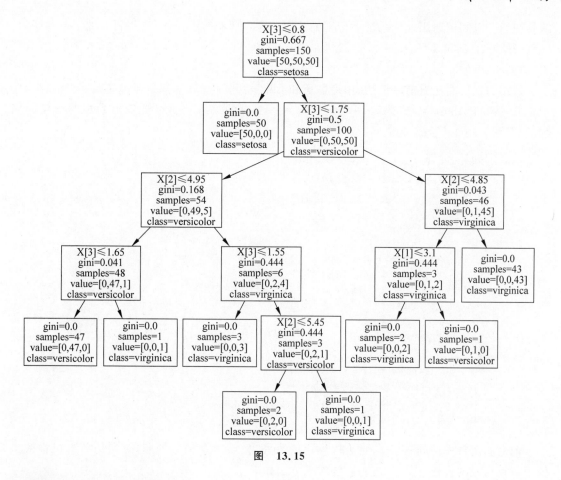

图 13.15

13.5 树的遍历

我们将信息保存在树（有序根数）的节点上。当需要知道所有节点的信息时，就需要按照某种方式到达树的每一个节点，这个过程称为**树的遍历**。

论资排辈是创建家族谱树的规则，一本书的目录安排和家族谱树是类似的。

如图 13.16 显示了书的目录中的章节号。

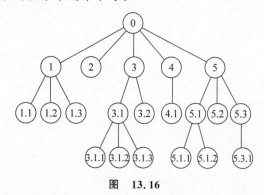

图 13.16

目录用整数 0 标记根，然后用 1,2,3,4,5 从左到右标记它的孩子；对在 i 层上带标记 X 的节点来说，用 $X.1, X.2, \cdots$ 从左到右标记它的孩子。这样的标记称为有根树的**通用地址系**

统。我们可以利用通用地址系统中标记的字典顺序对所有节点排序,这里目录的字典顺序为:$0<1<1.1<1.2<1.3<2<3<3.1<3.1.1<3.1.2<3.1.3<3.2<4<4.1<5<5.1<5.1.1<5.1.2<5.3<5.3.1$。

常用的遍历算法有**前序遍历**、**中序遍历**和**后序遍历**,这些算法都是通过递归实现的。

TreeForPython.py 的类 Tree 中没有传入一节点的编号获得以此节点为根的子树的函数,我们在类的外部实现这个函数。

```python
from TreeForPython import TreeNode,Tree
def getSubTree(T:Tree,rootID):
    subT = Tree()
    # 获取指定编号的节点
    for node in T.Nodes:
        if node.ID == rootID:
            subT.Nodes.append(node)
            break
    # 获取指定编号节点的所有后代节点
    listRoots = [rootID]
    while len(listRoots)> 0:
        last = listRoots.pop()
        for node in T.Nodes:
            if node.ParentID == last:
                subT.Nodes.append(node)
                listRoots.insert(0,node.ID)
    return subT
```

前序遍历首先访问树根 r,然后以前序的方式,按照从左到右的顺序,遍历所有以根节点的子节点为根的子树 $T_1, T_2, \cdots$,它的实现方法如下:

```python
def preorder(T,ID = 1):    # 参数 ID 指根节点的编号
    nodes = T.Nodes
    # 输出根节点的名称
    for node in nodes:
        if node.ID == ID:
            print(node.Name,end = ' ')
    # 对所有以根节点的子节点为根的子树,按从左到右的顺序,分别进行前序遍历
    children = [node.ID for node in nodes if node.ParentID == ID]
    for child in children:
        subT = getSubTree(T,child)
        preorder(subT,child)
```

例 13.15 创建一棵图 13.16 所示的树,调用 preorder()函数测试遍历结果。

代码如下:

```python
# 节点编号(根节点编号为 1)
ID = list(range(1,22))
# 父节点编号
ParentID = [0]+[1]*5+[2]*3+[4]*2+[5]+[6]*3+[10]*3+[13]*2+[15]
# 节点名称
Names = ['0','1','2','3','4','5','1.1','1.2','1.3','3.1','3.2','4.1','5.1',\
        '5.2','5.3','3.1.1','3.1.2','3.1.3','5.1.1','5.1.2','5.3.1']
# 构建树,并添加节点信息
```

```
zipInfo = zip(ID,ParentID,Names)
T = Tree()
T.Clear()
for ID,parentID,name in zipInfo:
    node = TreeNode(ID,parentID)
    node.Name = name
    T.Nodes.append(node)
#前序遍历
preorder(T)
```

输出结果为:

```
0 1 1.1 1.2 1.3 2 3 3.1 3.1.1 3.1.2 3.1.3 3.2 4 4.1 5 5.1 5.1.1 5.1.2 5.2 5.3 5.3.1
```

可见前序遍历是按照字典顺序遍历每个节点的。

为了更方便地显示遍历的顺序,以下的例子都基于图 13.17 所示的树。

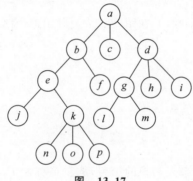

图 13.17

例 13.16   调用前序遍历函数,读者需按照遍历的顺序在图 13.17 上画出遍历路线。代码如下:

```
#创建图 13.17 所示的树
ID = list(range(1,17))
ParentID = [0] + [1,1,1] + [2,2] + [4,4,4] + [5,5] + [7,7] + [11,11,11]
Names = ['a','b','c','d','e','f','g','h','i','j','k','l','m','n','o','p']
zipInfo = zip(ID,ParentID,Names)
T = Tree()
T.Clear()
for Id,parent,name in zipInfo:
    node = TreeNode(Id,parent)
    node.Name = name
    T.Nodes.append(node)
#前序遍历
preorder(T)
```

输出结果为:

```
a b e j k n o p f c d g l m h i
```

设树根为 r,以根节点的子节点为根的子树,从左到右为 $T_1,T_2,\cdots$,中序遍历首先以中序的方式访问子树 T_1,然后访问树根 r,接着以中序的方式访问子树 $T_2,T_3,\cdots$,它的实现方法如下：

```
def inorder(T, ID = 1):
    childrenID = [node.ID for node in T.Nodes if node.ParentID == ID]    #根节点的子节点编号
    name = [node.Name for node in T.Nodes if node.ID == ID][0]           #根节点名称
    #以中序的方式访问左起第一棵子树
    if len(childrenID) > 0:
        leftT = getSubTree(T, childrenID[0])
        inorder(leftT, childrenID[0])
    #输出根节点的名称
    print(name, end = ' ')
    #以中序的方式依次访问左起第2个到最右侧的子树
    if len(childrenID) > 1:
        for i in range(1, len(childrenID)):
            child = childrenID[i]
            t = getSubTree(T, childrenID[i])
            inorder(t, childrenID[i])
```

例 13.17 调用中序遍历函数，并在图 13.17 上画出遍历路线。

调用代码：

```
inorder(T)
```

输出结果为：

```
j e n k o p b f a c l g m d h i
```

设树根为 r，以根节点的子节点为根的子树，从左到右为 $T_1, T_2, \cdots$，后序遍历首先以后序的方式访问子树 T_1，然后以后序的方式访问子树 $T_2, T_3, \cdots$，最后访问树根 r，它的实现方法如下：

```
def postorder(T, ID = 1):
    childrenID = [node.ID for node in T.Nodes if node.ParentID == ID]    #根节点的子节点编号
    name = [node.Name for node in T.Nodes if node.ID == ID][0]           #根节点名称
    trees = [getSubTree(T, Id) for Id in childrenID]                     #所有以根节点的子节点为根的子树
    #按从左到右的顺序,后序访问所有子树
    for t, i in zip(trees, childrenID):
        postorder(t, i)
    #输出根节点的名称
    print(name, end = ' ')
```

例 13.18 调用后序遍历函数，并在图 13.17 上画出遍历路线。

代码如下：

```
postorder(T)
```

输出结果为：

```
j n o p k e f b c l m g h i d a
```

print() 函数在三种遍历中的位置是不一样的。前序遍历中在递归之前输出节点信息，中序遍历在递归中间插入 print() 函数，而后序遍历是在递归之后输出节点信息。

13.6 博弈树

博弈树可以用来对某些游戏进行建模,本节讨论人们在参与一些如五子棋、中国象棋及国际象棋等双人游戏时是如何分析当前局面以及在力所能及的思考范围内做出行棋决策的。

图 13.18 为一个简单的中国象棋局面。假设现在轮到红方走棋,则说这个局面是属于红方的。将当前局面作为树的根,不妨为其编号为 0,红方合法的走法有 34 个,每一种走法之后都会产生一个新的局面,在树中添加 34 个新的节点,编号为 1~34,每个节点代表一个新的局面,为根节点和这 34 个节点之间添加 34 条边,每条边对应一个走法,局面 1~34 是属于黑方的。假设局面 1 是由红方"车四平二"得到的,局面 1 如图 13.19 所示;局面 2 为红方"炮七进七"得到的,局面 2 如图 13.20 所示,我们不一一说明 3~34 的局面。局面 1 对应的黑方合法走法共 27 个,不妨将其局面标记为 35~61,35 对应黑方"车 6 进 3"后的局面(黑方获胜);局面 2 对应的黑方合法走法只有 1 个(黑方"象 5 退 3"),将其局面记为 62,它是局面 2 的唯一子节点;局面 n 为局面 62 下红方"炮七进八"的获胜局面,但局面 n 不是局面 62 的唯一子节点,红方依然有权利走其他走法。以初始局面 0 为根,按上述过程可构建一棵博弈树,它的一部分如图 13.21 所示。

图 13.18

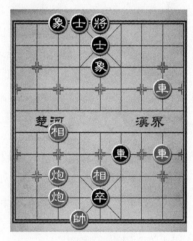

图 13.19

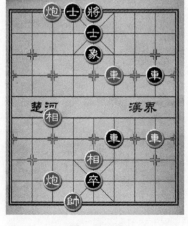

图 13.20

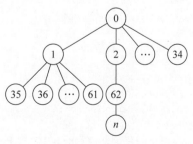

图 13.21

对博弈树做进一步的说明如下。

（1）仅对叶子局面进行分析与评估。内点代表的中间局面对局面 0 的拥有方来说是好还是坏需要根据其子节点得到的信息来判定。对局面的评估可以简单至仅计算双方子力的差值，也可以复杂至"棋谚"级别的棋形判定，这里不展开说明。

（2）叶子的规模和树的高度呈指数关系。假设内点的子节点平均为 20 个，树的高度为 6，则叶子节点的个数约为 $20^6 = 64\,000\,000$。

（3）如果思考的深度限制为 1，根局面的拥有方需要遍历子节点 1～34，从这 34 个局面中挑选对自己最有利的一个，然后走根局面和它之间的边所对应的走法。

（4）如果思考的深度限制为 2，则首先从局面 35, 36, ⋯, 61 开始，挑选对局面 1 的拥有方最有利的一个局面，将局面 62 是对局面 2 的拥有方最有利的局面（局面 2 的子节点仅有这一个），然后寻找对局面 3～34 最有利的局面。

（5）博弈树的遍历为后序遍历。

（6）以上分析为计算机程序分析局面的基本方法。事实上，我们无法给出人类是如何理解当前局面以及怎样做出行棋决策的。

关于如何寻找最有利局面，我们先从基本的**最大最小值**（MaxMin）方法开始。

图 13.22 为一棵简单的博弈树。

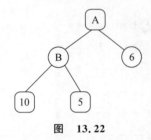

图 13.22

方框对应的局面在树的偶数层，属于根局面的拥有方，假设为红方；圆圈对应的局面在奇数层，属于黑方。有三个叶子节点，**叶子节点的值是游戏在该节点所对应的局面中止时，红方的得分**。在局面 A 下，红方有两种走法可以选择，它当然要选择获利最大（Max）的走法，但局面 B 的值现在还不知道。站在 B 的角度，黑方一定选择使得 A 获利最小（Min）的走法，从而局面 A 的估值为 max[value(B), 6] = max[min(10, 5), 6] = 6。一般情况下，偶数层内点的值取它所有子节点的最大值；奇数层内点的值取它所有子节点的最小值。

我们配合 MaxMin 算法的外围代码如下：

```
from TreeForPython import TreeNode,Tree
import numpy as np
class GameTreeNode(TreeNode):
    def __init__(self, ID, ParentID):
        super().__init__(ID, ParentID)
    #求节点的估值
    def Value(self):
        return  self.Value
    #给节点赋值
    def Value(self,value):
        self.Value = value
```

定义 MaxMin() 函数如下：

```
def MaxMin(T:Tree,root = 1,layer = 0):
    #根节点编号
    rootNode = [node for node in T.Nodes if node.ID == root][0]
    #根节点的所有子节点编号
    children = [node.ID for node in T.Nodes if node.ParentID == root]
    #当根节点无子节点时，返回根节点的值
```

```
        if len(children) == 0:
            return rootNode.Value
    #求根节点的所有子节点的估值
    childrenTrees = [MaxMin(T,child,layer + 1) for child in children]
    #层数为偶数时,返回最大值;层数为奇数时,返回最小值
    return max(childrenTrees) if layer % 2 == 0 else min(childrenTrees)
```

例 13.19 以图 13.22 为例,测试算法 MaxMin()。
代码如下:

```
#构建博弈树
t = Tree()
t.Clear()
idS = [1,2,3,4,5]
parentIdS = [0,1,1,2,2]
values = [None,None,6,10,5]
for Id,parentID,value in zip(idS,parentIdS,values):
    node = GameTreeNode(Id,parentID)
    node.Value = value
    t.Add(node)
#1 层节点 B 的估值,0 层节点 A 的估值
MaxMin(t,root = 2,layer = 1),MaxMin(t)
```

输出结果为:

```
(5,6)
```

这说明在局面 B 下,黑方选择使红方获利最小的走法,从而局面 B 的值对于红方来说为 5;在局面 A 下,红方选择右边能获利 6 的走法。

例 13.20 以图 13.23 为例,获得局面 A0 的估值(当节点较多时,用方框和圆圈的方法表达树比较麻烦,我们用含大写字母 A 的层为求最大值层,此时局面属于 A 方;含大写字母 B 的层为求最小值层,此时局面属于 B 方)。

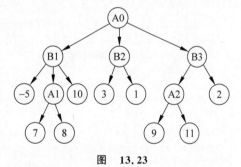

图 13.23

代码如下:

```
#构建博弈树
T = Tree()
T.Clear()
idS = list(range(1,16))
parentIdS = [0,1,1,1,2,2,2,3,3,4,4,6,6,10,10]
values = [None,None,None,None,-5,None,10,3,1,None,2,7,8,9,11]
for Id,parentID,value in zip(idS,parentIdS,values):
    node = GameTreeNode(Id,parentID)
    node.Value = value
    T.Add(node)
#A0 的估值
MaxMin(T)
```

输出结果为:

2

这说明在局面 A0 下,应选择通往局面 B3 的走法。

如果将叶子节点的值记为游戏在该节点所对应的局面结束时,**叶子节点的局面拥有方**的得分,如图 13.22 中值为 6 的叶子,从根节点的角度看这个局面的值为 6,但如果从叶子节点拥有方的角度看,该节点的值应该为 −6。当以这种形式记录局面的值时,有 value(Node)= max{−value(child)for every child of Node},这样代码中就不必关注节点所在的层。

称这种方法为**负最大值法**,代码如下:

```
def NegativeMax(T:Tree, root = 1):
    # 根节点编号
    rootNode = [node for node in T.Nodes if node.ID == root][0]
    # 根节点的所有子节点编号
    children = [node.ID for node in T.Nodes if node.ParentID == root]
    # 当根节点无子节点时,返回根节点的值
    if len(children) == 0:
        return rootNode.Value
    # 返回所有子节点负值的最大值
    return max([ - NegativeMax(T, child) for child in children])
```

例 13.21   以图 13.22 为例,测试负最大值算法。

代码如下:

```
t = Tree()
t.Clear()
idS = [1,2,3,4,5]
parentIdS = [0,1,1,2,2]
values = [None, None, -6,10,5]     # 奇数层的值取了相反数
for Id, parentID, value in zip(idS, parentIdS, values):
    node = GameTreeNode(Id, parentID)
    node.Value = value
    t.Add(node)
NegativeMax(t, root = 4), NegativeMax(t, root = 2), NegativeMax(t)
```

输出结果为:

(10, −5,6)

注意:图 13.22 是从最大最小值的角度给叶子节点设定的值,当采用负最大值法求估值时,需将奇数层的值设定为原来的相反数。

例 13.22   以图 13.23 为例,测试负最大值算法。

代码如下:

```
T = Tree()
T.Clear()
idS = list(range(1,16))
parentIdS = [0,1,1,1,2,2,2,3,3,4,4,6,6,10,10]
values = [None, None, None, None, -5, None, 10,3,1, None,2, -7, -8, -9, -11]  # 奇数层值取了相反数
for [Id, parentID], value in zip(zip(idS, parentIdS), values):
    node = GameTreeNode(Id, parentID)
    node.Value = value
```

```
    T.Add(node)
NegativeMax(T)
```

输出结果为：

```
2
```

与例 13.20 所得结果相同。

最大最小值算法和负最大值算法需要遍历树上的每一个叶子节点，实际上，有些情况下这是不必要的，如图 13.24 所示的博弈树，这里我们以根节点所在方的角度标注叶子节点的局面值。

对于最大值节点 A，因为 $\forall x,y, \max[3,\min(2,x,y)]\equiv 3$，所以当遍历了 B 的值为 2 的叶子节点后，$x,y$ 的值是多少已经无关紧要了，没有必要再去遍历节点 B 的剩余子节点。由 B 指向 x 和 y 的边就可以去掉了，从而就剪除了博弈树的两棵子树。这个过程称为树的**剪枝**。

再如，在图 13.25 中，我们关注最小值节点 $B1$，由于 $\min[2,\max(3,x,y,\cdots)]\equiv 2$，从而不必遍历局面 $A2$ 的除了值为 3 的节点外剩余的子节点。

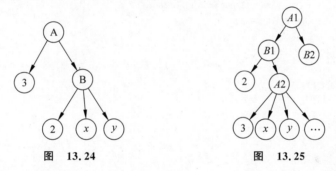

图 13.24　　　　　　　图 13.25

从上述两个例子可以得到：记 α 为 A 方某节点 A_x 的所有子节点中已观察到的最大值，β 为其相邻 B 方节点（A_x 的父节点或者子节点）的所有子节点中已观察到的最小值，同时也是 B 方能容忍的最坏值，如果 $\beta \leqslant \alpha$，则可以触发剪枝。

下面给出博弈程序中常见的 $\alpha-\beta$ 剪枝算法。

我们用负最大值的方法标注叶子节点的局面值。α 与 β 的初始值一般设为 $-\infty$ 和 $+\infty$。

```
def AlphaBeta(alpha, beta, T:Tree, root = 1):
    node = [node for node in T.Nodes if node.ID == root][0]        #根节点
    childrenID = [node.ID for node in T.Nodes if node.ParentID == root]   #根节点的所有子节点
    best = alpha − 1
    if len(childrenID) == 0:                                       #当不存在子节点时,返回根节点值
        value = node.Value
        return value
    for childID in childrenID:
        value = − AlphaBeta( − beta, − alpha, T, childID)          #子节点的局面估值
        if value > best: best = value                              #更新 best 值
        if best > alpha: alpha = best                              #更新 alpha 值
        if best >= beta:                                           #触发剪枝
            break
    return best
```

例 13.23 用剪枝算法求出图 13.26 中根节点 $A0$ 的局面估值。

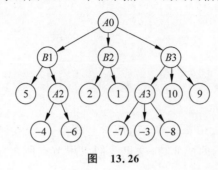

图 13.26

代码如下：

```
#构建树
T = Tree()
T.Clear()
idS = list(range(1,17))
parentIdS = [0,1,1,1,2,2,3,3,4,4,6,6,9,9,9]
valueS = [None,None,None,None,5,None,2,1,None,10,9,-4,-6,-7,-3,-8]
for Id,parentID,value in zip(idS,parentIdS,valueS):
    node = GameTreeNode(Id,parentID)
    node.Value = value
    T.Add(node)
#根节点估值
AlphaBeta(-100,100,T)
```

输出结果为：

```
8
```

例 13.24 测试剪枝算法都在哪些节点剪枝了。

适当修改剪枝算法：

```
def AlphaBeta_with_print(alpha,beta,T:Tree,root = 1):
    node = [node for node in T.Nodes if node.ID == root][0]
    childrenID = [node.ID for node in T.Nodes if node.ParentID == root]
    best = alpha - 1
    if len(childrenID) == 0:
        value = node.Value
        print(value,end = ' ')
        return value
    for childID in childrenID:
        value = -AlphaBeta_with_print(-beta,-alpha,T,childID)
        if value > best:best = value
        if best > alpha:alpha = best
        if best >= beta:
            #剪枝
            break
    return best
AlphaBeta_with_print(-100,100,T)
```

输出结果为:

```
5 −4 −6 2 −7 −3 −8 10 9
8
```

> **注意**:输出的是被访问的节点的值,因此在未被输出的值为1的叶子节点处发生了剪枝。

例 13.25 测试图 13.27 中剪枝算法都在哪些节点处剪枝。

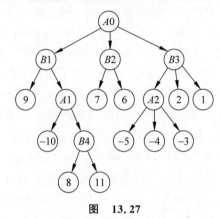

图 13.27

代码如下:

```
T = Tree()
T.Clear()
idS = list(range(1,19))
parentIdS = [0,1,1,1,2,2,3,3,4,4,4,6,6,9,9,9,13,13]
valueS = [None,None,None,None,9,None,7,6,None,2,1,−10,None,−5,−4,−3,8,11]
for Id,parentID,value in zip(idS,parentIdS,valueS):
    node = GameTreeNode(Id,parentID)
    node.Value = value
    T.Add(node)
AlphaBeta_with_print(−100,100,T)
```

输出结果为:

```
9 −10 7 −5 −4 −3
9
```

因此,算法在值为 1,2,6 的叶子节点及内点 $B4$ 处剪枝。

一般情况下,程序并不知道哪个走法最好(如果知道就不用搜索了)。为了提高搜索效率,一般将貌似较好的走法排在前边,而将貌似较差的走法排在后边,以期出现更多的剪枝。具体哪些走法貌似较好,哪些走法貌似较差,需根据不同的游戏及游戏所处的不同阶段而定。

 **13.7 生成树**

如果树 T 包含了简单连通图 G 的所有顶点,则称 T 为图 G 的**生成树**。

去掉图 13.28 所示的 G 的边 23 与 34,得到图 13.29 所示的树 T,T 中包含了 G 的所有顶点，T 为 G 的一个生成树，显然 G 的生成树不唯一。

图 13.28   图 13.29

我们可以通过删除图 G 中简单回路的边的方法，构造图 G 的生成树，具体做法如下：如果能观察到连通图 G 中的一个回路 C，删除 C 中的一条边；继续观察图中是否还有回路，如果有，删除一条边，直到图中不存在回路为止，得到的图即为 G 的生成树。

但用程序实现"找到一个回路"较为困难，我们一般采用以下两种方法构造图 G 的生成树：深度优先搜索（Depth First Search，DFS）算法和广度优先搜索（Breadth First Search，BFS）算法。

深度优先搜索算法，将形成一个有根树，而我们要的生成树是这个有根树的基本无向图。首先从图 G 中任取一顶点 r 作为树 T 的根；然后在图 G 中，从节点 r 开始，向前找一条通路 P，并将 P 上的边添加至树 T 中，此时通路 P 的最后一个顶点在 G 中的邻居都已在树 T 中；接着退回到 P 的上一个顶点 v，寻找从这个顶点开始，经过还未被访问过的顶点的通路，将通路上的边添加至树 T 中，重复上述操作，直到 G 中的顶点全部在 T 中为止。

实现方法如下：

```
import networkx as nx
def DFS(G,rootNode,T):
    nbrs = list(G[rootNode])                    #根节点的所有邻居
    #对每一个不在T中的邻居，添加根节点到该邻居的边，然后从该邻居开始继续搜索
    for nbr in nbrs:
        if nbr not in list(T.nodes):
            T.add_edge(rootNode,nbr)
            print((rootNode,nbr),end = ';') #为了显示T中边的添加次序
            DFS(G,nbr,T)
    return T
```

例 13.26 用深度优先搜索方法（策略）找出图 13.30 中以 a 为根的生成树。

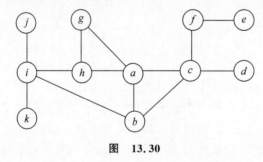

图 13.30

代码如下：

```
#创建无向图G
G = nx.Graph()
edges = [('a','c'),('a','b'),('b','c'),('a','g'),('a','h'),('c','d'),('c','f'),\
         ('f','e'),('b','i'),('g','h'),('h','i'),('i','j'),('i','k')]
G.add_edges_from(edges)
```

```
#输出以 a 为根的生成树
T = nx.DiGraph()
nx.draw_shell(DFS(G,'a',T),with_labels = True,node_color = 'pink')
```

输出结果为：

```
('a', 'c');('c', 'b');('b', 'i');('i', 'h');('h', 'g');('i', 'j');('i', 'k');('c', 'd');('c', 'f');
('f', 'e');
```

生成树如图 13.31 所示。注意，这里为了明显地体现以 a 为根，用有向图的方式绘制了生成树。

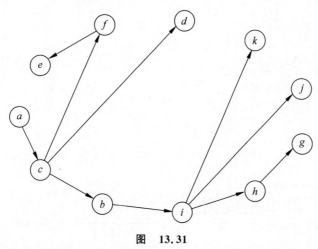

图 13.31

广度优先搜索方法为：先将包含 r 的边 $rv_1,rv_2,\cdots,rv_s$ 添加至树 T 中，找出 $v_i(1\leqslant i\leqslant s)$ 的所有不在 T 中的邻居 $n_1,n_2,\cdots n_t$，将 $v_in_1,v_in_2,\cdots,v_in_t$ 添加至树 T 中，重复这个过程，直到 T 中包含 G 中的所有顶点。

实现方法如下：

```
def BFS(G,rootNode,T):
    L = [rootNode]                          #尚未处理的顶点列表
    while len(L)> 0:
        #L中提取第一个顶点 v,并在列表中删除
        L.reverse()
        v = L.pop()
        L.reverse()
        #对 v 的每一个既不在 L 也不在 T 中的邻居 nbr,将它加入 L 的末尾,并在 T 中添加 v 到 nbr 的边
        for nbr in list(G[v]):
            if nbr not in L and nbr not in list(T.nodes):
                L.append(nbr)
                T.add_edge(v,nbr)
                print((v,nbr),end = ';')    #为了显示 T 中边的添加次序
    return T
```

例 13.27 使用广度优先搜索的方法找出图 13.30 中以顶点 a 为根的生成树。

代码如下：

```
T = nx.DiGraph()
nx.draw_shell(BFS(G,'a',T),with_labels = True,node_color = 'pink')
```

输出结果为：

('a', 'c');('a', 'b');('a', 'g');('a', 'h');('c', 'd');('c', 'f');('b', 'i');('f', 'e');('i', 'j');('i', 'k');

生成树如图 13.32 所示。

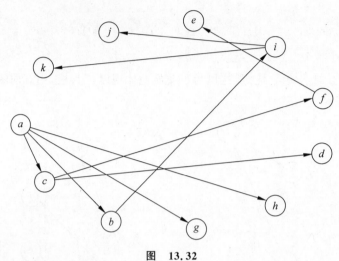

图 13.32

13.8 最小生成树

设 $G=(V,E)$ 是连通加权图，T 在 G 的所有生成树中边的权之和是最小的，则称 T 为**最小生成树**。

常见的获得最小生成树的方法有 **Prim 算法**和 **Kruskal 算法**。

Prim 算法描述如下：

(1) 首先找出 G 中权最小的边，将边添加至空树 T 中；

(2) 在 G 中找到与 T 中顶点相关联且与 T 中边不会形成简单回路的权最小的边 e，将 e 添加至 T；

(3) 重复过程(2)，直到 G 中所有顶点全部添加至 T。

以图 13.33 为例，按照 Prim 算法，边的添加顺序为：

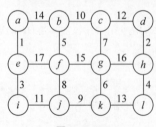

图 13.33

$ae(1)$；
$ei(3=\min(14,17,3))$；
$ij(11=\min(14,17,11))$；
$jf(8=\min(14,17,8,9))$；
$fb(5=\min(14,17,9,15,5))$；

下面依次为：$jk(9), kg(6), gc(7)$。

注意此时选择 bc 将会使现有树中出现回路，所以下一个选择为 $cd(12)$，然后依次添加 $dh(2), hl(4)$。

树的加权和为 $1+3+11+8+5+9+6+7+12+2+4=68$。

例 13.28 用 Prim 算法获得图 13.33 中的最小生成树。

nx.minimum_spanning_tree()函数可返回无向图的最小生成树，其参数 algorithm 用于

指定算法,代码如下:

```
import networkx as nx
import matplotlib.pyplot as plt
#构建无向图G
G = nx.Graph()
edges = [('a','b',14),('b','c',10),('c','d',12),('e','f',17),('f','g',15),('g','h',16),('i','j',11),('j','k',9),\
        ('k','l',13),('a','e',1),('b','f',5),('c','g',7),('d','h',2),('e','i',3),('f','j',8),('g','k',6),('h','l',4)]
G.add_weighted_edges_from(edges)
#prim算法获得最小生成树T,并输出它的所有边及权之和
T = nx.minimum_spanning_tree(G,algorithm = 'prim')
print(list(T.edges))
print(sum([T[e[0]][e[1]]['weight'] for e in list(T.edges)]))
#绘制最小生成树并显示
pos = nx.spring_layout(T)
nx.draw_networkx_edge_labels(T,pos = pos,edge_labels = nx.get_edge_attributes(T,'weight'),label_pos = 0.5)
nx.draw_networkx(T,pos = pos,with_labels = True,node_color = 'pink')
plt.show()
```

输出结果为:

```
[('a', 'e'), ('b', 'f'), ('c', 'g'), ('c', 'd'), ('d', 'h'), ('e', 'i'), ('f', 'j'), ('g', 'k'), ('h', 'l'), ('i', 'j'), ('j', 'k')]
68
```

输出图形如图 13.34 所示。

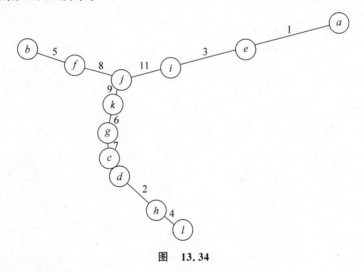

图 13.34

Kruskal 算法描述如下:

假设连通加权图 G 的顶点个数为 n, T 为空图:

(1) 找出 G 中权值最小的边 e,若将 e 添加至 T 中没有出现回路(可以不连通),则将 e 添加至 T,并将边 e 从 G 中删除。

(2) 重复(1),直到为 T 添加了 $n-1$ 条边。

我们以图 13.33 为例,用 Kruskal 算法为 T 添加边的顺序如下:

$ae(1),dh(2),ei(3),hl(4),bf(5),gk(6),cg(7),fj(8),jk(9)$，注意此时添加 $bc(10)$ 会出现回路 $bfjkgcb$，下面依次添加 $ij(11),cd(12)$，此时已为 T 添加了 $11=n-1=12-1$ 条边，添加终止。

例 13.29　用 Kruskal 算法获得图 13.33 的最小生成树。

代码如下：

```
T = nx.minimum_spanning_tree(G, algorithm = 'kruskal')
print(list(T.edges))
print(sum([T[e[0]][e[1]]['weight'] for e in list(T.edges)]))
```

输出结果为：

```
[('a', 'e'), ('b', 'f'), ('c', 'g'), ('c', 'd'), ('d', 'h'), ('e', 'i'), ('f', 'j'), ('g', 'k'), ('h','l'),
('i', 'j'), ('j', 'k')]
68
```

第14章

布尔代数和开关函数

本章我们介绍一种主要依赖两个封闭的二元运算及一个封闭的一元运算的代数系统。

1854年,乔治·布尔(George Boole)出版了 *An Investigation of the Laws of Thought* 一书,在此书中第一次给出了逻辑的概念,数理逻辑系统的创立正是基于他在本书中展示的现在称为布尔代数的思想。

1938年,克劳德·香农(Claulde Shannon)揭示了如何用逻辑的基本规则设计电路,这些基本规则成为了布尔代数的基础。

14.1 布尔代数的结构

设 B 是一个非空集合,其中包含两个特殊元素:0 及 1,在 B 上定义两个封闭的二元运算"+"和"·"及一个封闭的一元运算"‾"。称 $(B, +, \cdot, ^-, 0, 1)$ 是一个布尔代数系统,如果 $\forall x, y, z \in B$,有:

(1) $0 \neq 1$

(2) $x+y=y+x, x \cdot y=y \cdot x$ 交换律

(3) $x \cdot (y+z)=x \cdot y+x \cdot z, x+y \cdot z=(x+y) \cdot (x+z)$ 分配律

(4) $x+0=x \cdot 1=x$ 同一律

(5) $x+\bar{x}=1, x \cdot \bar{x}=0$ 互补律

由以上定义我们可以恒等代换得到如下恒等式:

(1) $\bar{\bar{x}}=x$ 双重补律

(2) $x+x=x \cdot x=x$ 幂等律

(3) $x+(y+z)=(x+y)+z, x \cdot (y \cdot z)=(x \cdot y) \cdot z$ 结合律

(4) $\overline{(x \cdot y)}=\bar{x}+\bar{y}, \overline{(x+y)}=\bar{x} \cdot \bar{y}$ 德·摩根律

(5) $x+x \cdot y=x, x \cdot (x+y)=x$ 吸收率

我们仅给出幂等律的验证过程:

$$x = x + 0$$
$$= x + x \cdot \bar{x}$$
$$= (x + x) \cdot (x + \bar{x})$$
$$= (x + x) \cdot 1$$
$$= x + x$$

在这个过程中我们先后使用了同一律、互补律、分配律、互补律及同一律进行了恒等代换。

例 14.1 设 B 为仅含全集 $\{1,2,3\}$ 和空集 $\varnothing$ 的一个集合,即 $B = \{\{1,2,3\}, \varnothing\}$,则 $\forall x, y, z \in B$,我们用集合的并与交"$\cup$"和"$\cap$"替换定义中的二元运算"$+$"和"$\cdot$",用集合的补"$^-$"替换一元运算"$^-$",式子仍然成立,从而 $(B, \cup, \cap, ^-, \varnothing, \{1,2,3\})$ 为一个布尔代数结构。

例 14.2 设 $B = \{\text{True}, \text{False}\}, \forall x, y, z \in B$,我们用 Python 中的逻辑运算符 and 和 or 替换上述等式中的二元运算"$+$"和"$\cdot$",用 not 替换一元运算"$^-$",式子仍然成立,从而 $(B, \text{and}, \text{or}, \text{not}, \text{False}, \text{True})$ 为一个布尔代数结构。

例 14.3 用例 14.2 中提供的布尔代数结构验证分配律 $x + y \cdot z = (x + y) \cdot (x + z)$ 及吸收律 $x + x \cdot y = x, x \cdot (x + y) = x$。

代码如下:

```
conclusion = True
for x in range(2):
    for y in range(2):
        for z in range(2):
            x = bool(x)
            y = bool(y)
            z = bool(z)
            conclusion = conclusion and (x or (y and z)) == ((x or y) and (x or z))    # 分配律
            conclusion = conclusion and (x or (x and y)) == x                          # 吸收率
            conclusion = conclusion and (x and (x or y)) == x                          # 吸收率
conclusion
```

输出结果为:

```
True
```

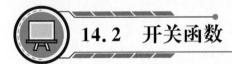

14.2 开关函数

令 $B = \{0, 1\}$,定义 B 上的 "$+$, $\cdot$, $^-$" 运算分别为:
$$0 + 0 = 0, 0 + 1 = 1 + 0 = 1 + 1 = 1$$
$$0 \cdot 0 = 1 \cdot 0 = 0 \cdot 1 = 0, 1 \cdot 1 = 1$$
$$\bar{0} = 1, \bar{1} = 0$$

若一个变量 x 只取 B 中的值,则称 x 是一个**布尔变量**。

设 $B = \{0, 1\}, B^n = \{(b_1, b_2, \cdots, b_n) | b_i \in B, 1 \leqslant i \leqslant n\}$,称 $f: B^n \to B$ 为具有 n 个布尔变量的**布尔函数**,又称**开关函数**。

例 14.4 令 $f: B^4 \to B$,对 $\forall (u, x, y, z), f(u, x, y, z) = u \cdot x + y \cdot \bar{z} = ux + y(1 - z)$ (我们用 xy 代替 $x \cdot y$),求开关函数 $f(0, 0, 0, 0), f(0, 0, 1, 1), f(1, 1, 1, 0), f(1, 1, 1, 1)$

的值。

代码如下：

```
def f(u,x,y,z):
    return int(bool(u*x+y*(1-z)))
f(0,0,0,0),f(0,0,1,1),f(1,1,1,0),f(1,1,1,1)
```

输出结果为：

(0,0,1,1)

设 $f,g:B^n \to B$ 是两个具有 n 个布尔变量的**布尔函数**，记：
$$(f+g)(b_1,b_2,\cdots,b_n) = f(b_1,b_2,\cdots,b_n) + g(b_1,b_2,\cdots,b_n)$$
$$(fg)(b_1,b_2,\cdots,b_n) = f(b_1,b_2,\cdots,b_n)g(b_1,b_2,\cdots,b_n)$$
$$\overline{f}(b_1,b_2,\cdots,b_n) = \overline{f(b_1,b_2,\cdots,b_n)}$$

则有以下定律：

(1) $\overline{\overline{f}} = f$

(2) $\overline{f+g} = \overline{f}\,\overline{g}, \overline{fg} = \overline{f} + \overline{g}$

(3) $f+g = g+f, fg = gf$

(4) $f+(g+h) = (f+g)+h, f(gh) = (fg)h$

(5) $f+gh = (f+g)(f+h), f(g+h) = fg+fh$

(6) $f+f = f, ff = f$

(7) $f+fg = f, f(f+g) = f$

(8) $f+0 = f, f+1 = 1, f \cdot 0 = 0, f \cdot 1 = f, f+\overline{f} = 1, f \cdot \overline{f} = 0$，这里的 0 和 1 表示值恒为 0 和 1 的布尔函数，也叫常量布尔函数。

例 14.5 构造一个例子验证 $fg + f\overline{g} = f$。

令 $f,g:B^3 \to B$，其中 $f(x,y,z) = xy+z, g(x,y,z) = x+y\overline{z}$，验证代码如下：

```
def f(x,y,z):return bool(x*y+z)
def g(x,y,z):return bool(x+y*(1-z))
conclusion = True
for x in [0,1]:
    for y in [0,1]:
        for z in [0,1]:
            conclusion = conclusion and (((f(x,y,z) and g(x,y,z)) or (f(x,y,z) and not g(x,y,z)))) == f(x,y,z)
conclusion
```

输出结果为：

True

利用上述定律，我们可以对某些表达式进行化简。

例 14.6 证明：对于 $f,g,h:B^n \to B$，有 $fg + \overline{f}h + gh = fg + \overline{f}h$。

$$fg + \overline{f}h + gh = fg(h+\overline{h}) + \overline{f}(g+\overline{g})h + (f+\overline{f})gh$$
$$= (fgh + fg\overline{h}) + (\overline{f}gh + \overline{f}\,\overline{g}h) + (fgh + \overline{f}gh)$$

$$= [(fgh + fg\bar{h}) + fg\bar{h}] + [(\bar{f}gh + \bar{f}g\bar{h}) + \bar{f}\bar{g}h]$$
$$= (fgh + fg\bar{h}) + (\bar{f}gh + \bar{f}g\bar{h}) = fg + \bar{f}h。$$

对于所有的正整数 n,设 $f:B^n \to B$ 是两个具有 n 个布尔变量 $b_1, b_2, \cdots, b_n$ 的布尔函数,则称:

(1) b_i 或者 $\bar{b_i}(1 \leqslant i \leqslant n)$ 为一个**文字**。

(2) 具有 $x_1, x_2, \cdots, x_n$ 形式的项,其中每一个 $x_i = b_i$ 或者 $\bar{b_i}(1 \leqslant i \leqslant n)$,为一个**基本合取式**。

(3) 若干基本合取式之和的 f 的表达形式为 f 的**析取范式**。

在不考虑基本合取式顺序的情况下,每一个非常量布尔函数都有唯一的析取范式。

例 14.7 求出 $f(x,y,z) = xy + \bar{y}z$ 的析取范式。
$$f(x,y,z) = xy(z + \bar{z}) + (x + \bar{x})\bar{y}z$$
$$= xyz + xy\bar{z} + x\bar{y}z + \bar{x}\bar{y}z$$

对于每一个基本合取式 $x_1, x_2, \cdots, x_n$,若 $x_i = b_i$,则把 x_i 替换为 1;若 $x_i = \bar{b_i}$,则把 x_i 替换为 0。这样每一个基本合取式都对应一个二进制标号,函数的析取范式可以用**最小项之和**的形式表示,记为 $\sum(7,6,5,1)$。

我们继续完善上述定义,称:

(4) 具有 $x_1 + x_2 + \cdots + x_n$ 形式的项,其中每一个 $x_i = b_i$ 或者 $\bar{b_i}(1 \leqslant i \leqslant n)$,为一个**基本析取式**。

(5) 若干基本析取式之积的 f 的表达形式,为 f 的**合取范式**。

同样地,在不考虑基本析取式顺序的情况下,每一个非常量布尔函数都有唯一的合取范式。

例 14.8 求出 $f(w,x,y,z) = (w+x+y)(x+\bar{z})$ 的合取范式。
$$w+x+y = w+x+y+0 = w+x+y+z\bar{z}$$
$$= (w+x+y+z)(w+x+y+\bar{z})$$
$$x+\bar{z} = w\bar{w}+x+\bar{z} = (w+x+\bar{z})(\bar{w}+x+\bar{z})$$
$$= (w+x+y\bar{y}+\bar{z})(\bar{w}+x+y\bar{y}+\bar{z})$$
$$= (w+x+y+\bar{z})(w+x+\bar{y}+\bar{z})(\bar{w}+x+y+\bar{z})(\bar{w}+x+\bar{y}+\bar{z})$$
$$f(w,x,y,z) = (w+x+y+z)(w+x+y+\bar{z})(w+x+\bar{y}+\bar{z})$$
$$(\bar{w}+x+y+\bar{z})(\bar{w}+x+\bar{y}+\bar{z})$$

对于每一个基本析取式 $x_1 + x_2 + \cdots + x_n$,若 $x_i = b_i$,则把 x_i 替换为 0;若 $x_i = \bar{b_i}$,则把 x_i 替换为 1。这样每一个基本析取式也对应一个二进制标号,函数的合取范式可以用**最大项之积**的形式表示,记为 $\prod(0,1,3,9,11)$。

14.3 开关函数的简化

本节我们使用 sympy.logic.boolalg 模块中的 simplify_logic() 函数简化开关函数,该方法和卡诺图及奎因-莫克拉斯基法(注:可查阅相关资料)相比,更加简单有效。

首先导入模块及函数:

```
from sympy import symbols,init_printing
from sympy.logic.boolalg import simplify_logic
init_printing()
w,x,y,z = symbols('w x y z')
```

例 14.9 简化 $f(x,y,z)=xy\bar{z}+x\bar{y}\bar{z}+\bar{x}yz+\bar{x}\bar{y}\bar{z}$。

$$f(x,y,z)=\bar{x}\bar{y}\bar{z}+\bar{x}yz+x\bar{y}\bar{z}+xy\bar{z}=\bar{x}\bar{y}\bar{z}+\bar{x}yz+(x\bar{y}\bar{z}+xy\bar{z})+xy\bar{z}$$
$$=(\bar{x}\bar{y}\bar{z}+x\bar{y}\bar{z})+(xy\bar{z}+x\bar{y}\bar{z})+\bar{x}yz=\bar{y}\bar{z}+x\bar{z}+\bar{x}yz$$

代码如下：

```
exp = (x&y&~z)|(x&~y&~z)|(~x&y&z)|(~x&~y&~z)
print(simplify_logic(exp,form = 'dnf'))
```

输出结果为：

```
(x & ~z) | (~y & ~z) | (y & z & ~x)
```

这里参数 form 指定了化简形式，'dnf'返回析取范式。

例 14.10 简化 $f(x,y,z)=xyz+xy\bar{z}+x\bar{y}z+x\bar{y}\bar{z}+\bar{x}yz+\bar{x}\bar{y}z+\bar{x}\bar{y}\bar{z}$。

代码如下：

```
exp = (x&y&z)|(x&y&~z)|(x&~y&z)|(x&~y&~z)|(~x&y&z)|(~x&~y&z)|(~x&~y&~z)
print(simplify_logic(exp,form = 'dnf'))
```

输出结果为：

```
x | z | ~y
```

即 $f(x,y,z)=x+\bar{y}+z$。

例 14.11 简化 $f(w,x,y,z)=wxy\bar{z}+w\bar{x}yz+w\bar{x}y\bar{z}+\bar{w}xyz+\bar{w}x\bar{y}z+\bar{w}\bar{x}yz+\bar{w}\bar{x}\bar{y}z$。

代码如下：

```
exp = (w&x&y&~z)|(w&~x&y&z)|(w&~x&y&~z)|(~w&x&y&z)|(~w&x&~y&z)|(~w&~x&y&z)|(~w&~x&~y&z)
print(simplify_logic(exp,form = 'dnf'))
```

输出结果为：

```
(z & ~w) | (w & y & ~z) | (y & z & ~x)
```

即 $f(w,x,y,z)=\bar{w}z+wy\bar{z}+\bar{x}yz$。

以上几个例子简化的结果为析取范式，也可以简化为合取范式的形式，只需修改参数 form 为'cnf'。

例 14.12 将例 14.11 中的开关函数简化为合取范式。

代码如下：

```
exp = (w&x&y&~z)|(w&~x&y&z)|(w&~x&y&~z)|(~w&x&y&z)|(~w&x&~y&z)|(~w&~x&y&z)|(~w&~x&~y&z)
print(simplify_logic(exp,form = 'cnf'))
```

输出结果为：

```
(w | z) & (y | ~w) & (~w | ~x | ~z)
```

即 $f(w,x,y,z)=(w+z)(\bar{w}+y)(\bar{w}+\bar{x}+\bar{z})$。

第15章

文法、有限状态机与图灵机

本章我们讨论三种类型的计算模型：文法、有限状态机与图灵机。

文法可概括自然语言的生成模式，同时也是产生各类编程语言的模型。

有限状态机可作为许多机器的模型也可用于语言识别，它在运行的过程中仅存在有限个不同的状态，包括一个输入字母表和一个转移函数集合，可以有输出，也可以没有。

图灵机具有存储能力，相比有限状态机来讲更加强大，是计算的最通用模型。

 15.1 文法

在学习文法及其关联对象之前，我们首先熟悉以下几个英语词汇，因为我们总是用它们的首字母代替这个单词所指的对象。

Vocabulary：词汇表。

Terminal symbol：终结符。

Non-terminal symbol：非终结符。

Grammar：文法。

Production rule：产生式规则。

Language：语言。

词汇表 V 是由称为符号的元素构成的一个有限的非空集合。V 上的一个词是由 V 中元素组成的有限长度的串。空串是不含任何符号的串，记为 λ。V 上所有词的集合记为 V^*，V^* 的子集称为 V 上的**语言**。

对于一般的英语语言，符号为 26 个字母。词为单词。空串为不含任何字符的串，既不是空格，也不是空集 $\varnothing$。

汉语的符号为每个汉字，词既可以是单个汉字，也可以是若干汉字组成的有具体含义的名词、动词及形容词等。

定义语言的方式是多样的，这里我们使用文法。文法提供一个词汇表和一个由规则组成的集合，词汇表中的某些元素不能由其他符号替换，称为**终结符**，记为 T；有些元素可以由其他符号替换，称为**非终结符**，记为 N；词汇表中有一个称为**初始符**的特殊元素，通常记为 S；

第15章 文法、有限状态机与图灵机

指明 V^* 中的某个串能够被其他串代替的规则,称为文法的**产生式**,记为 P。

一个短语结构**文法** $G=(V,T,S,P)$ 是由词汇表 V、V 中的终结符集合 T、初始符 S 及产生式集合 P 构成的。$N=V-T$ 为非终结符集合。

例 15.1 设 $G=(V,T,S,P)$,其中 $V=\{a,b,A,B,S\}$,$T=\{a,b\}$,$P=\{S\to ABa, A\to BB, B\to ab, AB\to b\}$,试找到此文法所能产生的终结符串。

$S\to ABa \xrightarrow{AB\to b} ba$;

$S\to ABa \xrightarrow{A\to BB} BBBa \to abababa$;

$S\to ABa \xrightarrow{B\to ab} Aaba \xrightarrow{A\to BB} BBaba \xrightarrow{B\to ab} abababa$。

在文法 G 下我们仅能产生终结符串 ba 和 $abababa$,我们称集合 $\{ba, abababa\}$ 为文法 G 生成的语言,记为 $L(G)$。

例 15.2 设文法 $G=(V,T,S,P)$,$V=\{S,0,1\}$,$T=\{0,1\}$,$P=\{S\to \lambda, S\to 0S1\}$,求 $L(G)$。

$S\to \lambda$;

$S\to 0S1 \xrightarrow{S\to \lambda} 01$;

$S\to 0S1 \xrightarrow{S\to 0S1} 00S11 \xrightarrow{S\to \lambda} 0011$;

…

所以 $L(G)=\{0^n 1^n, n\geqslant 0\}$,这里记连续 n 个 0 的文字为 0^n。

我们编写一个文法产生语言的函数。

```
import numpy as np
def L(T,P:list,S = 'S',randomTimes = 1000):
    #从产生式集合中找到由初始符直接导出的符号串
    def itemsLeftContainS():
        items = []
        for p in P:
            if p[0] == S:
                items.append(p[1])
        return items
    #判断是否为终结符串
    def isLanguage(language):
        for s in list(language):
            if s not in T:return False
        return True
    languages = set()
    for _ in range(randomTimes):
        #随机选择一个由初始符直接导出的符号串
        begin = itemsLeftContainS()
        language = begin[np.random.randint(len(begin))]
        #当它是终结符串时,加入集合 languages
        if isLanguage(language):
            languages.add(language)
        #当它不是终结符串时,尝试借用其他的产生式对它的部分符号串进行替换,替换后若变成终
        #结符串,将其加入集合 languages
        else:
            while True:
                selectIndex = np.random.randint(len(P))
```

```
                    p = P[selectIndex]
                    if p[0] in language:
                        language = language.replace(p[0],p[1])
                    if isLanguage(language):
                        languages.add(language)
                        break
    return languages
```

例 15.3 求由例 15.1 生成的语言 $L(G)$。

代码如下:

```
T = ['a','b']
P = [('S','ABa'),('A','BB'),('B','ab'),('AB','b')]
L(T,P)
```

输出结果为:

```
{'abababa', 'ba'}
```

例 15.4 求由例 15.2 生成的语言 $L(G)$。

代码如下:

```
T = ['0','1']
P = [('S',''),('S','0S1')]
L(T,P)
```

输出结果为:

```
{'',
 '000000000011111111111',
 '0000000011111111',
 '000000001111111',
 '0000000111111',
 '0000011111',
 '00001111',
 '000111',
 '0011',
 '01'}
```

例 15.5 文法 $G=(V,T,S,P)$, $V=\{S,0,1\}$, $T=\{0,1\}$, $P=\{S\rightarrow\lambda, S\rightarrow 0S, S\rightarrow S1\}$, 求 $L(G)$。

代码如下:

```
T = ['0','1']
P = [('S',''),('S','0S'),('S','S1')]
L(T,P,randomTimes = 100)
```

输出结果为:

```
{'', '0', '00', '0000', '0000000111', '0000001111111', '0000111', '00001111111', '0001', '00011',
 '000111', '000111111', '001', '0011', '001111', '01', '011', '0111', '01111', '1', '11', '11111',
 '111111'}
```

事实上,例 15.5 中的文法生成的语言为 $\{0^m1^n, m, n \geqslant 0\}$。

在函数 L() 中的 while 代码段,死循环的风险总是存在的,例如:

$$S \to 0S \to 00S \to 000S \to \cdots \to 00\cdots0S \to 00\cdots0S1 \to 00\cdots0S11 \to 00\cdots0S11\cdots1$$

我们希望以稍微高一些的概率选择 $S \to \lambda$,以避免出现死循环的情况。适当修改函数 L(),增加概率参数 Probability,代码如下:

```
def L_withProbability(T,P:list,Probability,S = 'S',randomTimes = 1000):
    def itemsLeftContainS():
        items = []
        for p in P:
            if p[0] == S:
                items.append(p[1])
        return items
    def isLanguage(language):
        for s in list(language):
            if s not in T:return False
        return True
    languages = set()
    for _ in range(randomTimes):
        begin = itemsLeftContainS()
        language = begin[np.random.randint(len(begin))]
        if isLanguage(language):
            languages.add(language)
        else:
            while True:
                selectIndex = np.random.choice(list(range(len(P))),p = Probability)
                p = P[selectIndex]
                if p[0] in language:
                    language = language.replace(p[0],p[1])
                if isLanguage(language):
                    languages.add(language)
                    break
    return languages
```

例 15.6 以概率 $P(S \to \lambda) = 0.5, P(S \to 0S) = 0.25, P(S \to S1) = 0.25$,测试例 15.5。代码如下:

```
T = ['0','1']
P = [('S',''),('S','0S'),('S','S1')]
probability = [0.5,0.25,0.25]
L_withProbability(T,P,probability,randomTimes = 100)
```

输出结果为:

```
{'', '0', '00', '000', '0000111', '0001111', '00001111111', '001', '0011', '00111', '001111', '01',
'011', '1', '11'}
```

例 15.7 语言 $L = \{0^n1^n2^n, n \geqslant 0\}$ 可以由文法 $G(V,T,S,P)$ 生成,其中 $T = \{0,1,2\}$,$V = \{0,1,2,S,A,B,C\}$,$P = \{S \to C, C \to \lambda, C \to 0CAB, BA \to AB, 0A \to 01, 1A \to 11, 1B \to 12, 2B \to 22\}$。测试函数 L_withProbability(),注意生成规则中容易造成死循环的规则为 $C \to 0CAB$,而避免死循环的规则为 $C \to \lambda$ 和 $BA \to AB$。

降低选择 $C→0CAB$ 的概率,增加选择 $C→\lambda$ 和 $BA→AB$ 的概率,代码如下:

```
T = ['0','1','2']
P = [('S','C'),('C',''),('C','0CAB'),('BA','AB'),('0A','01'),('1A','11'),('1B','12'),('2B','22')]
np.random.seed(0)
L_withProbability(T,P,[0,0.35,0.03,0.22,0.1,0.1,0.1,0.1])
```

输出结果为:

```
{'', '000011112222', '000111222', '001122', '012'}
```

在 G 的产生式 P 中,如果每一个产生式都满足形式 $A→aB$ 或 $A→a$ 或 $S→\lambda$,其中 A,B 为非终结符,a 为终结符,则称 G 为**正则文法**。

以上几个例子的生成式都不满足正则文法的规定。

例 15.8 文法 $G=(V,T,S,P),V=\{S,A,0,1\},T=\{0,1\}$,生成式 $P=\{S→0S,S→\lambda,S→1,S→1A,A→1A,A→1\}$,求 $L(G)$。

这是一个由正则文法生成的语言,代码如下:

```
T = ['0','1']
P = [('S','0S'),('S',''),('S','1A'),('S','1'),('A','1A'),('A','1')]
np.random.seed(0)
L(T,P,randomTimes = 100)
```

输出结果为:

```
{'', '0', '00', '000', '0001', '001', '0011', '01', '011', '01111', '011111', '1', '11', '111', '1111',
'11111', '1111111111'}
```

文法生成的语言为 $\{0^m1^n, m, n \geqslant 0\}$,和例 15.5 的生成语言是一样的,这说明同一种语言可以由不同的文法生成。

15.2 带输出的有限状态机

一个自动售货机为顾客提供中号的雪碧(S)和可乐(C)两种饮料,售价均为每瓶 4 元;售货机仅接收 1 元的硬币、2 元和 5 元的纸币;售货机有一个黑色按钮(B)、一个白色按钮(W)和一个绿色按钮(R);顾客想要可乐时,按黑色按钮,想要雪碧时按白色按钮,如果顾客想取消购买,按绿色按钮;如果顾客放入的金额少于 4 元,此时按黑色和白色按钮不会有任何输出(没有输出记为 N),如果顾客放入的金额超过 4 元,机器会吐出超过 4 元的部分,例如在放入 1 张 2 元的纸币和 1 张 5 元的纸币后,机器会吐出 3 个 1 元的硬币(此时输出记为 3);此时,顾客可以按下按钮 W,机器会送出一瓶雪碧(此输出记为 S),当然,也可以按下按钮 B 得到一瓶可乐(此输出记为 C),或者按下按钮 R,机器会吐出 4 个 1 元的硬币(此输出记为 4)。

机器按实际收到的金额一共有 5 个状态 s_0, s_1, s_2, s_3, s_4,其中 s_i 代表机器收到 i 元,机器接受的输入有 1、2、5、W、B 和 R,机器的输出为 N、1、2、3、4、S 和 C。

机器在状态 s_1 下,如果输入为 2,则转移至状态 s_3,如果再次输入 2,则转移至状态 s_4,并输出 1。

第15章 文法、有限状态机与图灵机

我们编写程序模拟顾客对机器的操作及机器的反馈过程，在此过程中理解机器是如何在有限的状态之间转换的。

```
trans = dict()
# trans[(nowState, input)] = (nextState, output)
# s0
trans[('s0','1')] = ('s1','N')
trans[('s0','2')] = ('s2','N')
trans[('s0','5')] = ('s4','1')
trans[('s0','W')] = ('s0','N')
trans[('s0','B')] = ('s0','N')
trans[('s0','R')] = ('s0','N')
# s1
trans[('s1','1')] = ('s2','N')
trans[('s1','2')] = ('s3','N')
trans[('s1','5')] = ('s4','2')
trans[('s1','W')] = ('s1','N')
trans[('s1','B')] = ('s1','N')
trans[('s1','R')] = ('s0','1')
# s2
trans[('s2','1')] = ('s3','N')
trans[('s2','2')] = ('s4','N')
trans[('s2','5')] = ('s4','3')
trans[('s2','W')] = ('s2','N')
trans[('s2','B')] = ('s2','N')
trans[('s2','R')] = ('s0','2')
# s3
trans[('s3','1')] = ('s4','N')
trans[('s3','2')] = ('s4','1')
trans[('s3','5')] = ('s4','4')
trans[('s3','W')] = ('s3','N')
trans[('s3','B')] = ('s3','N')
trans[('s3','R')] = ('s0','3')
# s4
trans[('s4','1')] = ('s4','1')
trans[('s4','2')] = ('s4','2')
trans[('s4','5')] = ('s4','5')
trans[('s4','W')] = ('s0','S')
trans[('s4','B')] = ('s0','C')
trans[('s4','R')] = ('s0','4')
```

我们模拟10位顾客和机器之间的互动过程，机器从状态 s_0 开始，当再次出现状态 s_0 时，互动结束。

```
import numpy as np
np.random.seed(0)
states = ['s0']
INPUTS = ['1','2','5','W','B','R']
for _ in range(10):
    # 随机生成一种输入，并确定下一个状态及输出
    INPUT = INPUTS[np.random.randint(len(INPUTS))]
    state = trans[('s0',INPUT)][0]
```

271

```
            OUT = trans[('s0',INPUT)][1]
            print('s0 + {} = {} - {}'.format(INPUT,state,OUT),end = ';')
        # 当下一个状态不是 s0 时,继续输入,直到再次出现状态 s0 时结束
        while state!= 's0':
            preState = state
            INPUT = INPUTS[np.random.randint(len(INPUTS))]
            nextValue = trans[(state,INPUT)]
            state = nextValue[0]
            OUT = nextValue[1]
            print('{} + {} = {} - {}'.format(preState,INPUT,state,OUT),end = ';')
    print('')
```

输出结果为:

```
s0 + B = s0 - N;
s0 + R = s0 - N;
s0 + 1 = s1 - N;s1 + W = s1 - N;s1 + W = s1 - N;s1 + W = s1 - N;s1 + 2 = s3 - N;s3 + W = s3 - N;s3 + R = s0 - 3;
s0 + 5 = s4 - 1;s4 + B = s0 - C;
s0 + 1 = s1 - N;s1 + 1 = s2 - N;s2 + B = s2 - N;s2 + 5 = s4 - 3;s4 + 2 = s4 - 2;s4 + 1 = s4 - 1;s4 + 2 = s4 - 2;s4 + R = s0 - 4;
s0 + 2 = s2 - N;s2 + R = s0 - 2;
s0 + 1 = s1 - N;s1 + 2 = s3 - N;s3 + B = s3 - N;s3 + W = s3 - N;s3 + 1 = s4 - N;s4 + W = s0 - S;
s0 + R = s0 - N;
s0 + 1 = s1 - N;s1 + 5 = s4 - 2;s4 + W = s0 - S;
s0 + 1 = s1 - N;s1 + 2 = s3 - N;s3 + W = s3 - N;s3 + R = s0 - 3;
```

带输出的有限状态机 $M=(S,I,O,f,g,s_0)$ 由以下 5 部分组成,以自动售货机为例加以说明:

S 为有限个状态的集合,$S=\{S_0,S_1,S_2,S_3,S_4\}$;

I 为有限个输入的集合,一般称为有限的输入字母表,$I=\{1,2,5,W,B,R\}$;

O 为有限的输出字母表,$O=\{1,2,3,4,N,C,S\}$;

f 为状态转移函数,它为每个状态及输入对指定一个新状态,比如:$f(s_1,2)=s_3$,$f(s_4,B)=s_0$;

g 为输出函数,它为每个状态及输入对指定一个输出,比如 $g(s_1,2)=N$,$g(s_4,B)=C$;

s_0 为初始状态。

有限状态机可以用列表或画图的方法表示,本书用公式的方法表示。

例 15.9 有限状态机 $M=(S,I,O,f,g,s_0)$,其中 $S=\{s_0,s_1,s_2\}$,$I=O=\{0,1\}$,状态转移函数 f 和输出函数 g 为:

$f(s_0,0)=s_0$,$g(s_0,0)=0$; $f(s_0,1)=s_1$,$g(s_0,1)=0$;
$f(s_1,0)=s_2$,$g(s_1,0)=1$; $f(s_1,1)=s_1$,$g(s_1,1)=0$;
$f(s_2,0)=s_0$,$g(s_2,0)=0$; $f(s_2,1)=s_1$,$g(s_2,1)=1$。

假设当前状态为初始状态 s_0,现给定一个输入序列"10100",求机器的状态转移序列和输出序列。

代码如下:

```
trans = dict()
# s0
trans[('s0','0')] = ('s0','0')
```

```
trans[('s0','1')] = ('s1','0')
#s1
trans[('s1','0')] = ('s2','1')
trans[('s1','1')] = ('s1','0')
#s2
trans[('s2','0')] = ('s0','0')
trans[('s2','1')] = ('s1','1')
#状态转移函数
def f(s,i):
    return trans[(s,i)][0]
#输出函数
def g(s,i):
    return trans[(s,i)][1]
#生成状态转移序列和输出序列
INPUTS = '10100'
states = ['s0']
OUTPUTS = ''
for INPUT in list(INPUTS):
    OUTPUTS += g(states[-1],INPUT)
    states.append(f(states[-1],INPUT))
states,OUTPUTS
```

输出结果为:

```
(['s0', 's1', 's2', 's1', 's2', 's0'], '01110')
```

例 15.10　许多电子装置中会用到一个称为**单位延迟机**的部件,它将输入 $x_1 x_2 \cdots x_n$ 延迟一个单位输出,即输出为 $0 x_1 x_2 \cdots x_{n-1}$,构造一个有限状态机实现此功能。

构造有限状态机,取 $S=\{s_0,s_1,s_2\}$, $I=O=\{0,1\}$,状态转移函数为: $\forall s \in S, f(s,0)=s_1, f(s,1)=s_2$,即前一个输入是 0 时,机器处于状态 s_1,前一个输入是 1 时,机器处于状态 s_2,输出函数为: $\forall i \in I, g(s_0,i)=0, g(s_1,i)=0, g(s_2,i)=1$。即从初始状态开始的转移输出 0,从 s_1 开始的转移输出 0,从 s_2 开始的转移输出 1。我们用代码来验证这一有限状态机:

```
trans = dict()
#s0
trans[('s0','0')] = ('s1','0')
trans[('s0','1')] = ('s2','0')
#s1
trans[('s1','0')] = ('s1','0')
trans[('s1','1')] = ('s2','0')
#s2
trans[('s2','0')] = ('s1','1')
trans[('s2','1')] = ('s2','1')
def f(s,i):
    return trans[(s,i)][0]
def g(s,i):
    return trans[(s,i)][1]
INPUTS = '10100111'
state = 's0'
OUTPUTS = ''
for INPUT in list(INPUTS):
```

```
        OUTPUTS += g(state, INPUT)
        state = f(state, INPUT)
OUTPUTS
```

可见输入为'10100111',输出为'01010011',实现了单位延迟机的功能。

例 15.11 现将例 15.10 扩展为 2-单位延迟机,即当输入为 $x_1 x_2 \cdots x_n$ 时,输出为 $00 x_1 x_2 \cdots x_{n-2}$。

从状态 s_0 开始,设 $f(s_0,0)=s_1, g(s_0,0)=0$;$f(s_0,1)=s_2, g(s_0,1)=0$;由于系统需要记住新的输入 x_i 的前两个输入 $x_{i-2} x_{i-1} (3 \leqslant i \leqslant n)$,这有 4 种情况:00,01,10,11,对应的状态分别记为 s_3, s_4, s_5, s_6,状态转移函数及输出函数的构造如以下代码所示:

```
trans = dict()
# 从初始状态开始的第一个转移输出 0
trans[('s0','0')] = ('s1','0')
trans[('s0','1')] = ('s2','0')
# 从初始状态开始的第二个转移输出 0
trans[('s1','0')] = ('s3','0')
trans[('s1','1')] = ('s4','0')
trans[('s2','0')] = ('s5','0')
trans[('s2','1')] = ('s6','0')
# 从 s3 出发的转移输出 0
trans[('s3','0')] = ('s3','0')
trans[('s3','1')] = ('s4','0')
# 从 s4 出发的转移输出 0
trans[('s4','0')] = ('s5','0')
trans[('s4','1')] = ('s6','0')
# 从 s5 出发的转移输出 1
trans[('s5','0')] = ('s3','1')
trans[('s5','1')] = ('s4','1')
# 从 s6 出发的转移输出 1
trans[('s6','0')] = ('s5','1')
trans[('s6','1')] = ('s6','1')
def f(s,i):
    return trans[(s,i)][0]
def g(s,i):
    return trans[(s,i)][1]
INPUTS = '111001110011'
state = 's0'
OUTPUTS = ''
for INPUT in list(INPUTS):
    OUTPUTS += g(state, INPUT)
    state = f(state, INPUT)
OUTPUTS
```

输入为'111001110011',输出结果为:'001110011100'。

例 15.12 构造一个有限状态机,实现两个二进制的整数相加。

假设两个二进制整数分别为 $x_n x_{n-1} \cdots x_2 x_1$ 与 $y_n y_{n-1} \cdots y_2 y_1$,为简单起见,令 $x_n = y_n = 0$。即这两个二进制整数的位数一样,且最高位均为 0。

可以构造仅有两个状态 $S=\{s_0, s_1\}$ 的状态机实现上述加法。

机器在状态 s_0 下,首先接收输入 $x_1 y_1$,输入有 4 种情况,$I=\{00, 01, 10, 11\}$,由于 00, 01,

10 的进位为 0，下一个状态仍取 s_0，$f(s_0,00)=f(s_0,01)=f(s_0,10)=s_0$，11 的进位为 1，下一个状态取 s_1，$f(s_0,11)=s_1$，输出为 x_1,y_1 两个数和的个位数，即 $g(s_0,00)=g(s_0,11)=0$，$g(s_0,01)=g(s_0,10)=1$。随后，机器接收输入 x_2y_2，将 x_2,y_2 与前一个进位数相加产生新的个位数及进位数，当新进位数为 0 时，下一个状态为 s_0，当新进位数为 1 时，下一个状态为 s_1，同时新产生的个位数作为第二次的输出，按这个过程依次进行下去。

代码如下：

```
trans = dict()
#s0
trans[('s0','00')] = ('s0','0')
trans[('s0','01')] = ('s0','1')
trans[('s0','10')] = ('s0','1')
trans[('s0','11')] = ('s1','0')
#s1
trans[('s1','00')] = ('s0','1')
trans[('s1','01')] = ('s1','0')
trans[('s1','10')] = ('s1','0')
trans[('s1','11')] = ('s1','1')
def f(s,i):
    return trans[(s,i)][0]
def g(s,i):
    return trans[(s,i)][1]
x = list('0101001')
y = list('0011011')
state = 's0'
OUT = []
while len(x)>0:
    INPUT = x.pop() + y.pop()
    OUT.append(g(state,INPUT))
    state = f(state,INPUT)
OUT.reverse()
OUT = ''.join(OUT)
OUT
```

输出结果为：

```
'1000100'
```

对应 '0101001' 与 '0011011' 的二进制加法运算结果。

以上讨论的有限状态机的输出函数为二元函数 out=g(state,input)，我们称这种类型的有限状态机为**米兰机**。如果输出函数仅与当前状态有关，即 out=g(state)，称这种类型的有限状态机为**摩尔机**。

例 15.13 构造一个摩尔机，当已读取的输入符号的个数能够被 3 整除时，输出 1，否则输出 0。

代码如下：

```
def f(s,x):
    if s == 's0' or s == 's3':return 's1'
    if s == 's1':return 's2'
    return 's3'
def g(s):
```

```
            return 1 if s == 's2' else 0
INPUTS = 'abcdefghijk'
s = 's0'
for INPUT in list(INPUTS):
    print(g(s),end = '')
    s = f(s,INPUT)
```

输出结果为：

```
00100100100
```

代码中的循环，实现每次输入一个符号，产生的状态依次为 $s0,s1,s2,s3,s1,s2,s3,s1,s2,s3,s1$，当状态为 $s2$ 时，已读取的输入符号的个数刚好是 3 的倍数。

15.3 不带输出的有限状态机

不带输出的有限状态机称为**有限状态自动机**，记为 $M(S,I,f,s_0,F)$，它仅有状态转移函数 f 而没有输出函数 g，在机器的状态集 S 中包含一个子集 F，称为终结状态集。

在进一步讨论有限状态自动机之前，我们先介绍有关串及串的集合的一些概念。

设 V 是一个词汇表，记 V^* 为 V 上所有词组成的集合。$A,B \subseteq V^*$，A 和 B 的**连接** $AB = \{xy \mid x \in A, y \in B\}$，如 $A = \{a,0\}$，$B = \{b,11\}$，则 $AB = \{ab,a11,0b,011\}$。

A 的幂可以如下递归地定义：$A^0 = \{\lambda\}$，$A^n = A^{n-1}A$，其中 $A^{n-1}A$ 表示 A^{n-1} 和 A 的连接，如 $A = \{0,11\}$，则

$$A^3 = A^2 A = \{00,011,110,1111\}\{0,11\}$$
$$= \{000,0011,0110,01111,1100,11011,11110,111111\}$$

$A^* = \bigcup_{k=0}^{\infty} A^k$，称为 A 的**克莱因闭包**，如 $A = \{01\}$，则 $A^* = \{\lambda,01,0101,010101,\cdots\} = \{(01)^n \mid n \geq 0\}$。

转移函数 f 可以扩展为 $f: S \times I^* \to S$。设 $l = x_1 x_2 \cdots x_n$ 是 I^* 中的一个串，则 $f(s, x_1 x_2 \cdots x_n) = f(f(s, x_1 x_2 \cdots x_{n-1}), x_n) = f(f(f(s, x_1 x_2 \cdots x_{n-2}), x_{n-1}), x_n) = \cdots$，并且当串 $l = \lambda$ 时，$f(s, \lambda) = s$。

如果机器将输入串 $l = x_1 x_2 \cdots x_n$ 转移至 F 中的某个状态，此时我们说机器 M 可以识别串 l，称 M 能识别的串集为 M 能识别的语言，记为 $L(M)$。

我们首先编写一个通用的函数判断自动状态机在接收输入串后是否转移至终结状态，如果转移至终结状态，返回 True 和这个终结状态，否则返回 False 和当前状态。

```
def recognize(l:str,f,F:list,s = 's0'):
    l = list(l)
    for INPUT in l:
        s = f(s,INPUT)
    if s in F:
        return True,s
    return False,s
```

例 15.14 设有限状态自动机 $M = (S = \{s_0, s_1\}, I = \{0,1\}, f, s_0, F = \{s_0\})$，其中状态转

移函数 f 为：$f(s_0,0)=s_1, f(s_0,1)=s_0, f(s_1,0)=s_1, f(s_1,1)=s_1$。验证 $L(M)=A^*$，其中 $A=\{1\}$。

代码如下：

```
#转移函数
def f(s,x):
    if s == 's0' and x == '1':return 's0'
    return 's1'
#对每一个输入串,判断是否被转移至终结状态
languages = ['','0','1','01','11','111','1111']
F = {'s0'}
for l in languages:
    bRecognized,_ = recognize(l,f,F)
    print(bRecognized,end = ' ')
```

输出结果为：

True False True False True True True

本例中的机器可以识别的语言为 $\{1^n | n \geqslant 0\}$。

例 15.15 构造一个有限状态自动机 M，使得 $L(M)=\{0^n 1 | n \geqslant 0\}$。

设置初始状态 s_0，非终结状态 s_1，终结状态 s_2。如果第一位是 1，状态从 s_0 变成 s_2；如果第一位是 0，状态从 s_0 变成 s_1，如果第二位是 1，状态从 s_1 变成 s_2，如果第二位是 0，状态从 s_1 变回 s_0；为了保证串的末尾只能是一个 1，添加非终结状态 s_3，若当前状态是 s_2，则后面不管输入 0 还是 1，状态从 s_2 变成 s_3，再有新的输入则保持在状态 s_3 不动。方法如下：

```
def f(s,x):
    if s == 's0' and x == '0':return 's1'
    if s == 's0' and x == '1':return 's2'
    if s == 's1' and x == '0':return 's0'
    if s == 's1' and x == '1':return 's2'
    if s == 's2':return 's3'
    if s == 's3':return 's3'
F = {'s2'}
languages = ['','0','00','1','01','001','0001','00001','0000011']
for l in languages:
    bRecognized,_ = recognize(l,f,F)
    print(bRecognized,end = ' ')
```

输出结果为：

False False False True True True True True False

例 15.16 构造一个有限状态自动机 M，使得 $L(M)=\{0^n, 0^n 11x | n \geqslant 0, x\ 为任意串\}$。

设置初始状态且是终结状态 s_0，非终结状态 s_1，终结状态 s_3。如果第一位是 0，保持状态 s_0 不变，这样由零个以上连续的 0 构成的串均将 s_0 变为自身；如果第一位是 1，状态从 s_0 变成 s_1，如果第二位是 1，状态从 s_1 变成 s_3，此后保持状态 s_3 不变，这样将 s_0 变为 s_3 的串只能是开头零个以上连续的零，接着是 11，然后是任意的串。方法如下：

```
def f(s,x):
    if s == 's0' and x == '0':return 's0'
```

```
        if s == 's0' and x == '1':return 's1'
        if s == 's1' and x == '0':return 's2'
        if s == 's1' and x == '1':return 's3'
        if s == 's2':return 's2'
        if s == 's3':return 's3'
F = {'s0','s3'}
languages = ['','0','00','000','11','0000110101','0101']
for l in languages:
    bRecognized,_ = recognize(l,f,F)
    print(bRecognized,end = ' ')
```

输出结果为:

```
True True True True True True False
```

例 15.17 构造有限状态自动机 M,使得 M 能识别包含连续两个 0 的串。

设置初始状态 s_0,非终结状态 s_1,终结状态 s_2。如果第一位是 0,状态从 s_0 变成 s_1;如果第二位是 1,状态从 s_1 变成 s_0,重新开始搜索连续的两个 0;如果第二位是 0,状态从 s_1 变成 s_2。方法如下:

```
def f(s,x):
    if s == 's0' and x == '0':return 's1'
    if s == 's0' and x == '1':return 's0'
    if s == 's1' and x == '0':return 's2'
    if s == 's1' and x == '1':return 's0'
    if s == 's2':return 's2'
F = {'s2'}
languages = ['','0','00','000','1010','111100','01011']
for l in languages:
    bRecognized,_ = recognize(l,f,F)
    print(bRecognized,end = ' ')
```

输出结果为:

```
False False True True False True False
```

例 15.18 构造有限状态自动机 M,使得 M 能识别不包含连续两个 0 的串。

设置初始状态且是终结状态 s_0,终结状态 s_1。如果第一位是 1,保持状态 s_0 不变,如果第一位是 0,状态从 s_0 变成 s_1;如果第二位是 1,状态停留或跳转到 s_0,如果第二位是 0,前一位也是 0,此时添加非终结状态 s_2,状态从 s_1 变成 s_2。到达状态 s_2 意味着出现了两个连续的 0,此后保持状态 s_2 不变,因为状态 s_2 不是终结状态。方法如下:

```
def f(s,x):
    if s == 's0' and x == '0':return 's1'
    if s == 's0' and x == '1':return 's0'
    if s == 's1' and x == '0':return 's2'
    if s == 's1' and x == '1':return 's0'
    if s == 's2':return 's2'
F = {'s0','s1'}
languages = ['','0','00','000','1010','111100','01011']
for l in languages:
```

```
        bRecognized,_ = recognize(l,f,F)
        print(bRecognized,end = ' ')
```

输出结果为:

True True False False True False True

例15.19 构造有限状态自动机 M,使得 M 能识别以 111 结束的串。

设置初始状态 s_0,非终结状态 s_1,s_2,终结状态 s_3。从状态 s_0 开始,当输入 1 时,状态从 s_0 变成 s_1,若之后的输入仍是 1,状态从 s_1 变成 s_2,再次输入 1 时,状态从 s_2 变成 s_3,之后的输入若仍为 1,则保持状态 s_3 不变,输入的过程若有 0 出现则返回初始状态 s_0。方法如下:

```
def f(s,x):
    if s == 's0' and x == '0':return 's0'
    if s == 's0' and x == '1':return 's1'
    if s == 's1' and x == '0':return 's0'
    if s == 's1' and x == '1':return 's2'
    if s == 's2' and x == '0':return 's0'
    if s == 's2' and x == '1':return 's3'
    if s == 's3' and x == '0':return 's0'
    if s == 's3' and x == '1':return 's3'
F = {'s3'}
languages = ['','01','011','000111','1010110','11111001111']
for l in languages:
    bRecognized,_ = recognize(l,f,F)
    print(bRecognized,end = ' ')
```

输出结果为:

False False False True False True

例15.20 构造有限状态自动机 M,使得 M 能识别含奇数个 1 的串。

设置初始状态 s_0,终结状态 s_1。从状态 s_0 开始,当输入为 0 时,保持初始状态不变,当输入为 1 时,状态从 s_0 变成 s_1;在状态为 s_1 时,若输入为 0,保持状态 s_1 不变,当输入为 1 时,状态从 s_1 变成 s_0。方法如下:

```
def f(s,x):
    if s == 's0' and x == '0':return 's0'
    if s == 's0' and x == '1':return 's1'
    if s == 's1' and x == '0':return 's1'
    if s == 's1' and x == '1':return 's0'
F = {'s1'}
languages = ['','01','011','000111','1010110','11110101111']
for l in languages:
    bRecognized,_ = recognize(l,f,F)
    print(bRecognized,end = ' ')
```

输出结果为:

False True False True False True

例 15.21 构造一个稍微复杂的有限状态自动机 M，使得 M 能识别含奇数个 1 的串。

设置初始状态 s_0，终结状态 s_1, s_3，非终结状态 s_2。从状态 s_0 开始，当输入为 0 时，保持初始状态不变，当输入为 1 时，状态从 s_0 变成 s_1；在状态为 s_1 时，若输入为 0，保持状态 s_1 不变，当输入为 1 时，状态从 s_1 变成 s_2；在状态为 s_2 时，若输入为 0，保持状态 s_2 不变，当输入为 1 时，状态从 s_2 变成 s_3；在状态为 s_3 时，若输入为 0，状态从 s_3 变成 s_1，若输入为 1，状态从 s_3 变成 s_2。方法如下：

```
def f(s,x):
    if s == 's0' and x == '0':return 's0'
    if s == 's0' and x == '1':return 's1'
    if s == 's1' and x == '0':return 's1'
    if s == 's1' and x == '1':return 's2'
    if s == 's2' and x == '0':return 's2'
    if s == 's2' and x == '1':return 's3'
    if s == 's3' and x == '0':return 's1'
    if s == 's3' and x == '1':return 's2'
F = {'s1','s3'}
languages = ['','01','011','000111','1010110','111110101111']
for l in languages:
    bRecognized,_ = recognize(l,f,F)
    print(bRecognized,end = ' ')
```

输出结果为：

False True False True False True

我们称例 15.20 和例 15.21 中的有限状态自动机是**等价的**。

15.4 正则集合与语言的识别

正则集合是从空集、仅含空串的集合、仅含单个字符的集合开始，以任意顺序通过连接、并或克莱因闭包运算形成的集合。

为了定义正则集合，首先定义集合 I 上的**正则表达式**：

符号 $\varnothing$ 是一个正则表达式；

符号 λ 是一个正则表达式；

若 $x \in I$，则符号 x 是一个正则表达式；

若 A, B 是正则表达式，则符号 $(AB), (A \cup B)$ 和 A^* 都是正则表达式。

正则表达式表示的集合称为**正则集合**。

例 15.22 找出集合 $I = \{0,1\}$ 的正则表达式，表示下列集合：

(1) 仅含一个 1 的串集；

(2) 长度为偶数的串集；

(3) 长度为奇数的串集；

(4) 以 1 结束但不包含 000 的串集；

(5) 包含奇数个 1 的串集。

解答如下：

(1) 仅含一个 1 的串可以表示为：0^*10^*。

(2) 长度为偶数的串可以表示为：$(00 \cup 01 \cup 10 \cup 11)^*$。

(3) 记 $A = (00 \cup 01 \cup 10 \cup 11)^*$，则长度为奇数的串可以表示为：
$(0A) \cup (1A) \cup (A0) \cup (A1)$。

(4) 以 1 结束但不包含 000 的串可以表示为：$(001 \cup 01 \cup 1)^*1$。

(5) 包含奇数个 1 的串可以表示为：$0^*10^*(10^*10^*)^*$。

克莱因定理　一个集合是正则的，当且仅当它能被一个有限状态自动机识别。

定理的证明这里不再给出，我们仅构造几个例子说明正则表达式表示的集合可以被有限状态自动机识别。

例 15.23　构造有限状态自动机用以识别集合 $I = \{0, 1\}$ 上长度为偶数的串。

方法如下：

```
# 识别函数,判断是否能识别且输出当前状态
def recognize(l:str,f,F:list,s = 's0'):
    l = list(l)
    for INPUT in l:
        s = f(s,INPUT)
    if s in F:
        return True,s
    return False,s
# 构造有限状态自动机
def f(s,x):
    if s == 's0' and x == '0':return 's1'
    if s == 's0' and x == '1':return 's2'
    if s == 's1' and x == '0':return 's3'
    if s == 's1' and x == '1':return 's4'
    if s == 's2' and x == '0':return 's5'
    if s == 's2' and x == '1':return 's6'
    if s == 's3' and x == '0':return 's1'
    if s == 's3' and x == '1':return 's2'
    if s == 's4' and x == '0':return 's1'
    if s == 's4' and x == '1':return 's2'
    if s == 's5' and x == '0':return 's1'
    if s == 's5' and x == '1':return 's2'
    if s == 's6' and x == '0':return 's1'
    if s == 's6' and x == '1':return 's2'
F = {'s0','s3','s4','s5','s6'}
# 判断识别效果
languages = ['','0','00','1','01','001','0001','00001','010011']
for l in languages:
    bRecognized,_ = recognize(l,f,F)
    print(bRecognized,end = ' ')
```

输出结果为：

True False True False True False True False True

可以看到所有偶数长度的串均被成功识别。

例 15.24　按照正则表达式可以构造出有限状态自动机，但有时这个构造方法未必是最简单的。事实上，可以将例 15.23 中的状态自动机简化如下：

```
def f(s,x):
    if s == 's0':return 's1'
    if s == 's1':return 's2'
    if s == 's2':return 's1'
F = {'s0','s2'}
languages = ['','0','00','1','01','001','0001','00001','010011']
for l in languages:
    bRecognized,_ = recognize(l,f,F)
    print(bRecognized,end = ' ')
```

输出结果与例 15.23 相同。

例 15.25 构造有限状态自动机用以识别以 1 结束且不含 000 的串。

方法如下：

```
def f(s,x):
    if s == 's0' and x == '0':return 's2'
    if s == 's0' and x == '1':return 's1'
    if s == 's1' and x == '0':return 's2'
    if s == 's1' and x == '1':return 's1'
    if s == 's2' and x == '0':return 's3'
    if s == 's2' and x == '1':return 's1'
    if s == 's3' and x == '0':return 's4'
    if s == 's3' and x == '1':return 's1'
    if s == 's4' and x == '0':return 's4'
    if s == 's4' and x == '1':return 's4'
F = {'s1'}
languages = ['','0','00','1','10001','1001','001','0001','00001','010011']
for l in languages:
    bRecognized,_ = recognize(l,f,F)
    print(bRecognized,end = ' ')
```

输出结果为：

False False False True False True True False False True

例 15.26 证明集合 $\{0^n1^n | n \geqslant 0\}$ 不是正则集合。

由克莱因定理，我们仅需要说明集合 $\{0^n1^n | n \geqslant 0\}$ 不能被有限状态自动机识别。

假设集合 $\{0^n1^n | n \geqslant 0\}$ 可以被有限状态自动机 M 识别，且 M 中共有 $n+1$ 个状态 ($n \geqslant 0$)。现给机器输入可识别串 $0^{n+2}1^{n+2}$，设对应的状态序列为：

$$s_1 = f(s_0,0), s_2 = f(s_1,0), \cdots, s_{n+2} = f(s_{n+1},0), s_{n+3} = f(s_{n+2},1), \cdots s_{2n+4} = f(s_{2n+3},1),$$

因为 M 中仅有 $n+1$ 个状态，所以由鸽巢原理，在状态集 $\{s_1,s_2,\cdots,s_{n+2}\}$ 中至少有两个状态是相同的，不妨设为 s_i 和 s_j ($s_i = s_j$ 且 $i<j$)，记 $t=j-i$，从而有 $f(s_i,0^t) = s_i$，这说明如果机器能识别 $0^{n+2}1^{n+2}$，也一定能识别 $0^{n+t+2}1^{n+2}$，矛盾。

15.5 图灵机

图灵机由一个控制器和一条无限长的纸带组成，控制器在任何时刻都处于有限个状态中的某一个状态，纸带被分成一个一个的小方格，每个小方格内可以写有符号，也可以为空，当为空时,我们一般用字母 B 代替,控制器能读写纸带上小方格的内容。控制器根据当前状态 s_{now} 以及读取到的内容 c,执行函数 $(s_{next}, out, direction) = f(s_{now}, c)$,函数返回的第一个分量 s_{next} 为机器的下一个状态,并将纸带上当前方格的内容 c 修改为第二个分量 out,第三个分量 direction 为控制器沿纸带移动的方向:R 或 L,控制器在对纸带执行完写操作之后向右(左)移动一个方格。如果函数 f 在 (s_{now}, c) 处没有定义,则机器停机。

我们首先通过一个例子来了解图灵机的工作原理。

例 15.27 构造一个图灵机,将纸带内容 BB101110BB 修改为 BB100010BB,即一旦读到两个连续的 1,将其修改为 0,然后停机。

首先定义一个图灵机:

```
def Turing_Modify_First_11_To_00(tape,f,s = 's0'):
    tape = list(tape)
    index = 0
    alpha = tape[index]           #读取纸带内容
    [s,out,d] = f(s,alpha)        #执行转移函数
    while out != None:
        tape[index] = out         #更新纸带内容
        index = index + d         #控制器的移动
        alpha = tape[index]       #读取新位置的内容
        [s,out,d] = f(s,alpha)    #执行转移函数
    return ''.join(tape)
```

> **注意**:这里的初始位置为纸带的左起第一位。

定义图灵机的转移函数:

```
def f(s,x):
    if s == 's0' and x == 'B':return ['s0','B',1]
    if s == 's0' and x == '0':return ['s0','0',1]
    if s == 's0' and x == '1':return ['s1','1',1]
    if s == 's1' and x == '0':return ['s0','0',1]
    if s == 's1' and x == '1':return ['s2','0',-1]
    if s == 's1' and x == 'B':return ['s3','B',1]
    if s == 's2' and x == '1':return ['s3','0',1]
    return [None,None,None]
```

测试图灵机:

```
tape = 'BB101110BB'
Turing_Modify_First_11_To_00(tape,f)
```

输出结果为:

```
'BB100010BB'
```

如果转移函数 f 在 $(s, *)$ 处没有定义,我们把状态 s 称为终结状态。当控制器的状态转移至某个终结状态时,说明图灵机可以识别纸带上的内容。

我们首先定义一个识别函数,用以判断图灵机是否可以识别某符号串:

```
def Turing_Recognize_Str(tape,f,terminateState,s = 's0'):
    tape = list(tape)
```

```
        if s == terminateState:
            return True
        index = 0
        while True:
            [s,out,d] = f(s,tape[index])
            tape[index] = out
            if s == terminateState:return True
            if s == None:return False
            index += d
            if index >= len(tape) or index < 0:return False
```

例 15.28 构造一个图灵机,能够识别串 $B^m(01)^nB^p$,其中 $m\geqslant 0, n,p\geqslant 1$。
图灵机的转移函数构造如下:

```
def f(s,x):
    if s == 's0' and x == 'B':return ['s0','B',1]
    if s == 's0' and x == '0':return ['s1','0',1]
    if s == 's1' and x == '1':return ['s2','1',1]
    if s == 's2' and x == '0':return ['s1','0',1]
    if s == 's2' and x == 'B':return ['s3','B',1]
    return [None,None,None]
```

测试图灵机:

```
tapes = ['B1001BB','01B','B01010101BBB']
for tape in tapes:
    print(Turing_Recognize_Str(tape,f,'s3'),end=';')
```

输出结果为:

```
False;True;True;
```

例 15.29 构造一个图灵机,使其能识别串 $B^m0^n1^nB^p$,其中 $m\geqslant 0, n,p\geqslant 1$。
图灵机的转移函数构造如下:

```
def f(s,x):
    if s == 's0' and x == 'B':return ['s0','B',1]
    if s == 's0' and x == '0':return ['s1','2',1]
    if s == 's1' and x == '0':return ['s1','0',1]
    if s == 's1' and x == '1':return ['s1','1',1]
    if s == 's1' and x == 'B':return ['s2','B',-1]
    if s == 's1' and x == '2':return ['s2','2',-1]
    if s == 's2' and x == '1':return ['s3','2',-1]
    if s == 's3' and x == '1':return ['s3','1',-1]
    if s == 's3' and x == '0':return ['s4','0',-1]
    if s == 's4' and x == '0':return ['s4','0',-1]
    if s == 's3' and x == '2':return ['s5','2',1]
    if s == 's4' and x == '2':return ['s0','2',1]
    if s == 's5' and x == '2':return ['s6','2',1]
    return [None,None,None]
```

测试图灵机:

```
tapes = ['B01B','B0101B','000111BB']
for tape in tapes:
    print(Turing_Recognize_Str(tape,f,'s6'),end = ';')
```

输出结果为:

True;False;True;

本例说明图灵机对串的识别比有限自动状态机功能更为强大,因为串集$\{0^n1^n|n\geqslant 1\}$不是正则集合,同时也说明图灵机的构造是一个非常复杂的过程。

参 考 文 献

[1] GRIMALDI R P. 离散数学与组合数学[M]. 林永钢,译. 北京:清华大学出版社,2007.
[2] ROSEN K H. 离散数学及其应用[M](原书第8版). 徐六通,杨娟,吴斌,译. 北京:机械工业出版社,2019.
[3] 屈婉玲,耿素云,张立昂. 离散数学[M]. 北京:清华大学出版社,2014.
[4] RUSSELL S J, NORVIG P. 人工智能:一种现代的方法[M]. 殷建平,祝恩,刘越,等译. 3版. 北京:清华大学出版社,2013.
[5] 毕文斌,毛悦悦. Python漫游数学王国:高等数学、线性代数、数理统计及运筹学[M]. 北京:清华大学出版社,2022.